30天挑戰精通
POWERSHELL

第四版 │ Windows、Linux 和 macOS 適用

James Petty、Travis Plunk、Tyler Leonhardt、

Don Jones、Jeffery Hicks 著

莊志弘 (軟體主廚) 譯╱Don Jones、陳傳興 (Bruce Chen) 專文推薦

博碩文化

30天挑戰精通 POWERSHELL
第四版｜Windows、Linux 和 macOS 適用

James Petty、Travis Plunk、Tyler Leonhardt、
Don Jones、Jeffery Hicks 著

莊志弘(軟體主廚) 譯／Don Jones、陳傳興(Bruce Chen) 專文推薦

本書如有破損或裝訂錯誤，請寄回本公司更換

作　　者：James Petty、Travis Plunk、Tyler Leonhardt、Don Jones、Jeffery Hicks
譯　　者：莊志弘 (軟體主廚)
責任編輯：盧國鳳

董 事 長：曾梓翔
總 編 輯：陳錦輝

出　　版：博碩文化股份有限公司
地　　址：221 新北市汐止區新台五路一段 112 號 10 樓 A 棟
　　　　　電話 (02) 2696-2869　傳真 (02) 2696-2867

發　　行：博碩文化股份有限公司
郵撥帳號：17484299　戶名：博碩文化股份有限公司
博碩網站：http://www.drmaster.com.tw
讀者服務信箱：dr26962869@gmail.com
訂購服務專線：(02) 2696-2869 分機 238、519
（週一至週五 09:30 ～ 12:00；13:30 ～ 17:00）

版　　次：2024 年 6 月四版一刷

建議零售價：新台幣 760 元
I S B N：978-626-333-860-9
律師顧問：鳴權法律事務所 陳曉鳴律師

國家圖書館出版品預行編目資料

30 天挑戰精通 PowerShell：Windows、Linux 和
macOS 適用 / James Petty, Travis Plunk, Tyler
Leonhardt, Don Jones, Jeffery Hicks 著；莊志弘譯. --
四版 . -- 新北市：博碩文化股份有限公司 , 2024.06
　面；　公分
譯　自：Learn Powershell in a month of lunches :
covers Windows, Linux and macOS, 4th ed.

ISBN 978-626-333-860-9(平裝)

1.CST: 系統程式

312.5　　　　　　　　　　　　　　　113006261

Printed in Taiwan

歡迎團體訂購，另有優惠，請洽服務專線
博碩粉絲團 (02) 2696-2869 分機 238、519

商標聲明

有限擔保責任聲明

著作權聲明

推薦序一

先讓我把時間倒回到 2017 年前後，那段時間有幾項技術正在發酵、發芽、成長：

❑ 當時有個火紅的技術產品叫做 Docker，一下子讓全世界都跟瘋了一樣，每天大家都在談容器化（Containerization），我也不例外，開始接觸容器、學習容器，最後也順利導入容器。

❑ 拜 git 及 Github 所賜，分散式版控（Version Control）技術推廣大大突破，但只有版控，還是無法解決「最後一哩」的問題。

❑ 第三個非常重要的概念和技術解決了「最後一哩」的問題，即 CI/CD（Continuous Integration ／ Continuous Delivery/Deployment）。

❑ 從開發、版控、容器，到 CI/CD 完成「最後一哩」持續自動化部署，最後整合並成長為現在大家都知道的 DevOps。

這裡面，不論是封裝為 Docker 容器或是使用 git 的版控，還是由 CI/CD 成長而成的 DevOps，我都很高興，能身處於一個高度參與這些發展和使用這些技術的團隊。當初在實施整個 DevOps Pipeline（流水線）時，我們發現，有個**非常關鍵的技術**並沒有出現在上述火紅的關鍵字之列，它就是指令碼（Script）或 CLI（Command-line interface）。我這樣形容吧，DevOps 工具本身或許有 GUI 可以操作設定，但真正在底層工作的，都是一堆自動化的指令碼或 CLI。因此，我開始進入指令碼與 CLI 的世界。

舉例來說，以我們在開發 ASP.NET Core 應用程式時都會用的「建置（Build）動作」為例，你要如何整合到 DevOps Pipeline 之中呢？如果你只熟悉 Visual Studio 等 IDE 開發環境，你根本無從下手。但如果你熟悉 dotnet CLI 的運作，流程大概會是這樣的：

```
dotnet new console -o consoleApp
dotnet build .\consoleApp\ --output .\consoleApp\build
dotnet .\consoleApp\build\consoleApp.dll
dotnet publish .\consoleApp\ -o .\consoleApp\publish -c release
```

> **TIP** dotnet build 會自動做 dotnet restore（+1）動作。

如果你剛好是 .NET 開發人員，我會建議打開你的命令提示字元，玩玩上面幾行指令，體驗一下不一樣的開發流程；這些指令與你的 IDE 開發環境並不衝突，是可以相輔相成的。重點來了，下圖是一個我用 Azure DevOps 裡面的 ASP.NET Core 範本建立的 CI 流程，請對照一下每一個 dotnet 圖示與上面的指令：

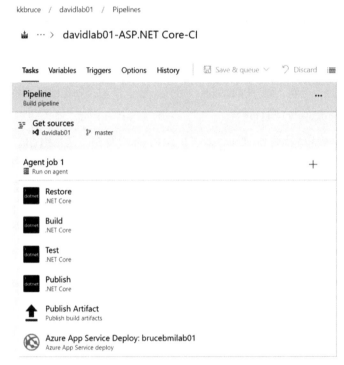

ASP.NET Core CI

　　可以很清楚地看到，假如你不懂 dotnet CLI，你要如何設計 ASP.NET Core 的 CI 流程？反之，假如你懂 dotnet CLI，那麼要設計 ASP.NET Core 的 CI 流程，是不是易如反掌。假設應用程式都開發好了，團隊決定要將應用程式進行容器化，那麼你懂 docker CLI 和不懂 docker CLI 的區別又出來了。我們先不說 docker CLI，我們先專心把要建置為映像檔（image）的 Dockerfile 給寫出來：

```
FROM mcr.microsoft.com/dotnet/aspnet:8.0 AS base
USER app
WORKDIR /app
EXPOSE 8080

FROM mcr.microsoft.com/dotnet/sdk:8.0 AS build
ARG BUILD_CONFIGURATION=Release
WORKDIR /src
COPY ["Demo/Demo.csproj", "Demo/"]
RUN dotnet restore "./Demo/Demo.csproj"
COPY . .
WORKDIR "/src/Demo"
RUN dotnet build "./Demo.csproj" -c $BUILD_CONFIGURATION -o /app/build

FROM build AS publish
ARG BUILD_CONFIGURATION=Release
RUN dotnet publish "./Demo.csproj" -c $BUILD_CONFIGURATION -o /app/
    publish /p:UseAppHost=false

FROM base AS final
WORKDIR /app
COPY --from=publish /app/publish .
ENTRYPOINT ["dotnet", "Demo.dll"]
```

　　這是一個標準 ASP.NET Core 的 Dockerfile。先不管你懂不懂 Dockerfile 那些 FROM 之類的關鍵字，有沒有發現，dotnet CLI 又出現了，而且十之八九又和我一開始的 4（+1）行 dotnet CLI 一樣。接著，就能把專案程式碼與 Dockerfile 送到 CI Server 去進行專案建置與映像檔建置和發行等動作，這些動作……你沒猜錯，也是一堆指令碼。

CI 是如此，CD 更是如此。以我們的 CD 環境來說，有傳統的 Windows IIS、Windows Service、Docker 環境（又區分為 docker.exe 及 docker-compose.exe 執行環境）、Kubernetes 叢集環境，每一種你都必須撰寫對應的指令碼，對目標伺服器進行部署前的環境準備、專案應用程式部署，以及最後啟動專案應用程式等作業。

撰寫這篇推薦序的當下，剛好我在改一支 CD 部署指令碼，裡面有個需求是這樣的，我需要取得 Domain Name 裡的 HostName，以下面為例，我需要拿到 blog 這個主機名稱：

```
# $Name 是 PowerShell 的變數
$DockerHost="blog.kkbruce.net"
```

用你習慣的程式語言想一下，你要花多久時間處理，來取得這個字串：

```
$HostName=$DockerHost.Split('.')[0];
```

對，你沒看錯，.Split('.')[0]，我用的是 .NET（C#）語法。這才是我想講的話，如果你懂 .NET（C#），那麼學會 PowerShell 對你來說就是神兵利器，可以得到 1+1>2 的效果。你應該沒看過在 C# 裡面寫 PowerShell，但在 PowerShell 裡面充滿了 .NET（C#），且現在的 PowerShell Core 在不呼叫 Windows 專用 API 的情況下，是可以跨平台執行的。

再舉一個實際維運應用的例子。當專案開發完成上線之後，你怎麼知道你的服務隨時都是正常運作？時間越久，我們團隊需要監控的 Web 與 API 越來越多，又該怎麼辦？

```
# 讀取網頁清單
$WebList = (Import-Csv "$PSScriptRoot\WebUrls.csv").WebUrl
foreach ($url in $WebList) {
    $result = Invoke-WebRequest -Uri $url -UseBasicParsing
    if ($result.StatusCode -eq 200) {
        Write-Host "`t $url connection StatusCode equals 200."
    } else {
        # 發送通知
        Write-Error "`t  $url connection StatusCode not equals 200."
    }
}
```

這是簡化版監控 Web 的 PowerShell 指令碼,其實核心程式碼只有二行:一是讀取 CSV 的 Web 清單,二是發送一個 HTTP 請求確認狀態碼。監控 API 的程式碼也差不多。有新服務,就往 CSV 加清單資料,簡單、免費、實用又有效。ASP.NET 的開發人員都知道,早期 IIS 的 ASP.NET 專案在重新部署之後,第一次載入頁面會延遲較久的老問題。我們一樣用類似上述的 PowerShell 指令碼,在部署完成後拿來當 Web 頁面預熱處理。甚至還有大型 B2B API 資料交換的經驗,從連線 MS SQL 讀取資料、資料處理、資料序列化、OAuth 驗證流程、POST JSON 到廠商 API 端點,從頭到尾全是用 PowerShell 來完成。

我用了那麼多篇幅說那麼多故事,就是想說,PowerShell 不只在 IT 工作上重要,在開發及維護時也是非常好用。雖然作者強調,你不需要有任何 PowerShell 或 Bash 的經驗也能學習,但 .NET(C#)的開發人員根本就是天生學習 PowerShell 的人材呀!你們擁有 IT 工程師所沒有的程式語言基礎,又比任何入門者熟悉底層的 .NET(C#),這會讓你們在學習 PowerShell 這條路上走得又快又順又好。

回到正題。市面上針對 PowerShell 的中文書非常稀少,這是一本簡單易懂的入門書,且作者規劃得很好,每天用一點時間學一點技巧,讓我們在很短的時間內,就能把 PowerShell 的精髓學好。在未來的世界,可預見指令碼與 CLI 只會越來越重要,但如果只會打 dir,就有點可惜了。利用本書,把 PowerShell 指令碼的基礎打好,從一行命令開始,到一小段指令碼,再加入程式結構,後續慢慢改善整個指令碼的結構。此外,PowerShell 也有類似 C# 的 NuGet 的第三方函式庫,例如上述的 MS SQL 作業,就是利用 MS SQL 提供的 PowerShell 模組來完成的。再舉個例子,團隊碰過許多 FTP(SFTP)自動化需求,單純用 .NET(C#)就很不好解決,但學會使用 PowerShell 之後,這類需求處理起來真的是輕鬆又愉快。

我因為學習 PowerShell 而看到不一樣的世界,相信你學習 PowerShell 之後也能開闊你的眼界。

陳傳興(Bruce Chen)
微軟最有價值專家(Microsoft MVP)
https://blog.kkbruce.net
2024 年 5 月於新竹

推薦序二

當我坐下來撰寫這篇推薦序的時候，我的第一個念頭是：『哇！有太多的內容需要消化了。』我與 PowerShell 的緣分始於 2005 年，這是大約在 PowerShell 於 TechEd Barcelona 2006 公開發布的一年前。《*Learn Windows PowerShell in a Month of Lunches*》是本書的前身，它並非我經手的第一本 PowerShell 書籍。Jeff Hicks 和我先與 SAPIEN Technologies 合作撰寫了三個版本的《*Windows PowerShell: TFM*》。在那之後，你可以想像得到，我實際上做了一個決定，那就是不再撰寫任何有關 PowerShell 的書籍了！然而，我很快就發現，市面上已出版的十幾本 PowerShell 書籍，它們都遺漏了一個重要的讀者需求。那些書將 PowerShell 教授成了一種程式語言，目標讀者是當時仍人數眾多的 VBScript 編寫者。但是 PowerShell 本身的目標群體更大且更廣泛：不是只有程式設計師而已。

那正是我開始運用 PowerShell 實體課程中所講解的內容來構思一本書的時候：一本「不會在第 3 章就急著進入流程控制陳述式，且真正專注於以最適當的教學順序來讓學習 PowerShell 變得盡可能簡單」的書。我希望能做出並維持這樣一個承諾：只要你願意每天投入一個小時，維持一個月，我將讓你擁有實際運用 PowerShell 的能力。

Month of Lunches 這一系列書籍的命運有點坎坷。出版社的利潤極為微薄，而推出新的系列需要大量的人力和物力。原本有另一間出版社決定嘗試出版這個系列，但是在最後一刻打了退堂鼓。此時，Manning 挺身而出——我希望這對他們來說是一個最佳的決定——他們說：『讓我們來做吧。』我們構思了一種與該公司慣用風格截然不同的新封面設計，顯示出他們對這個新系列充滿了創新的思維。

《*Learn Windows PowerShell in a Month of Lunches*》成功熱賣，成為全世界最暢銷的 PowerShell 書籍之一。它已經被翻譯成多種不同的語言，為許多人打開了接觸 PowerShell 的大門。我收到了數千名讀者的回饋，訴說著本書如何幫助他們進入 PowerShell 的世界。對許多人而言，這是他們第一次的 PowerShell 學習經驗。對於這之中的大多數人來說，這並非終點，我深感榮幸，有這麼多的讀者信任 Jeff 和我，能讓我們引導他們踏上這段學習旅程。

當 Microsoft 終於讓 PowerShell 開放原始碼（!!!!）並且跨平台（!!!!!!!），我們知道，是時候出版一本新的 Month of Lunches 系列書籍了──一本專注於 PowerShell 而非 Windows PowerShell 的書。

然而，到那個時間點，Jeff 和我都對寫作感到些許的倦怠。我的職業生涯正走向一條不同的道路──我接下了公司副總裁的職位，我深知我將很難跟上 PowerShell 快速變化和不斷擴大的範疇。我的最後一本書《Shell of an Idea: The Untold History of PowerShell》，從各個方面來看，都像是一封對社群和產品團隊表達熱愛的告白信，他們在過去十多年裡一直是我的支持者和朋友。本書揭露了 PowerShell 艱難的誕生過程，我在撰寫它的時候就已經清楚，我將無暇再寫更多有關於 PowerShell 的未來。

這就是為什麼我對這部作品的作者們願意參與其中而深感欣慰的原因。普遍來說，PowerShell 社群裡面充滿了無比慷慨的人，他們總是願意回答問題並提供幫助。「抽離」對我而言，也就意謂著我將從 PowerShell.org 抽離，這個我共同創立的網站，以及在背後支持它的非營利組織。這也表示我將從 PowerShell + DevOps 全球高峰會抽離，一個我最初使用美國運通卡資助它的研討會。然而，PowerShell 社群如同他們經常會做的那樣，再次挺身而出：新加入的人承諾不僅會讓組織持續運作，而且還要讓它發展壯大。本書的一位共同作者 James Petty 就是其中之一，我永遠感激他和他的團隊為了維護社群精神所付出的努力。

本書主要的架構基礎是來自於我第一本以 Month of Lunches 為標題的書所敘述的主題，以及 Jeff Hicks 和我在三個版本中所精煉的內容──連同一本名為《Learn PowerShell Scripting in a Month of Lunches》的書，該書籍的內容從我創作至今，依然與時俱進。然而，本書卻突破了僅限於 Windows 作業系統的限制，將 PowerShell 視為是真正通用全平台的工具：無論你是在 Windows、Linux 或 macOS 執行 PowerShell，都能找到適合的範例──考慮到這些作業系統之間的顯著差異，對於作者們來說，無疑是一項龐大的任務。

我對 PowerShell 社群有著無比的感激。他們讓我深深地感受到被接納、被賞識，並且深信自己對這個社群有著重要的價值——這是我期盼每個人在生命旅程中都能有機會體驗的。這是一個我極力推薦你去探索的社群，你可以加入 PowerShell.org，或是眾多由熱心志工營運的其他網站、GitHub 儲存庫、Twitter 帳號和其他管道。你一定會感到這是值得的。

最後，我希望讓你知道，你在 PowerShell 上的投資會帶來驚人的回報。PowerShell 在軟體中幾乎是獨樹一幟，在於它並未試圖要重新創造（reinvent）任何事物。相反地，它只是想將那些已經存在世界上的混亂、複雜、強大的東西，變得更加統一且易於使用。例如，PowerShell 就對 Linux 表示了尊重，並不試圖將 Microsoft 的思維模式強加在該作業系統上。反之，PowerShell 只是讓 Linux 已經存在的一切變得更容易操作一些。

我真心期待，你的 PowerShell 學習之旅，不論是剛啓程或是已經在途中，都能如同我所經歷的一樣，收穫豐碩且充實。我希望你能對本書的作者們表達你的支持，因為他們為了將本書呈現在你的面前，付出了無比的心力。而且我希望你能將新學到的知識分享給那些剛踏上這段旅程的人。關於 PowerShell 的討論和文章已經有很多了，儘管如此，你對它的觀點可能會幫助某人擁有「啊哈！」時刻，開創他們自己在 PowerShell 上的成功之路。

—— DON JONES

前言

我萬萬沒有想到，有一天我會被邀請來協助撰寫技術類的書籍，更遑論這本書竟然是《Learn PowerShell in a Month of Lunches》的第四版——正是這本書在多年前啟發了我，開始了這段旅程。

當我聽說 Travis Plunk 和 Tyler Leonhardt 已經與 Manning 簽約，將撰寫這本暢銷書的第四版時，我就在想：『有誰比 PowerShell 團隊中的這兩位還適合撰寫接下來的這一版？』為了延續 Don Jones 和 Jeffery Hicks 在前幾個版本的成功模式，Tyler 和 Travis 會依照他們原有的章節進行撰寫。但因為 PowerShell 現在已經可以在 Linux 和 macOS 上使用，所以將會著重於這兩種作業系統，並展示 PowerShell 7 開放原始碼和跨平台的能力。此外，本書會被取名為《Learn PowerShell in a Month of Lunches》，不再使用前三版的書名《Learn Windows PowerShell in a Month of Lunches》。我對這一版內容的擴充和更新相當期待，所以我購買了 MEAP（編輯註：即 Manning Early Access Program），並隨著各章節的發布一一閱讀。

時間來到一年之後。PowerShell 7 已經正式發布。同時，該書的讀者與初期的審閱人明確表示，大多數系統管理員大部分的時間還是在 Windows 這個作業系統上工作，所以他們希望第四版能同時包含 Windows、Linux 與 macOS。於是，我就被邀請加入本書的創作團隊，一起來完成它，更新書中的內容，將最新版本的 PowerShell 及 Windows 作業系統納入其中。我接續了 Tyler 和 Travis 的工作，並持續推進這個專案，確保這三種作業系統都有被涵蓋到。最終，本書的內容確實有些偏重於 Windows，但那是可預期的，畢竟 PowerShell 在 Windows 上的功能確實更為豐富。我原本就在企業環境中工作，每天都在使用 PowerShell 管理 Windows 伺服器。

這一路上，從我閱讀第一本書到參與這一版的撰寫，這真的是一段奇妙的旅程，我彷彿繞了一圈又回到最初的起點。無論你是剛開始接觸 PowerShell 的新手，還是正在尋找最新技巧與訣竅的資深系統管理員，希望你們都會喜歡這本書。

—— JAMES PETTY

致謝

　　我要向我的妻子 Kacie 表達深深的感謝，她在這個專案進行期間對我提供了強大的支持。我同樣要感謝 Don Gannon-Jones 對我的支持、指導，以及鼓勵我加入這個專案。從我閱讀 Don 的第一本 PowerShell 的 Month of Lunches 系列書籍開始，到參與這一版的撰寫，這真的是一段奇妙的旅程，我彷彿繞了一圈又回到最初的起點。

　　我也要對 Manning 出版社的員工表示感謝：專案編輯 Deirdre Hiam；文字編輯 Carrie Andrews；文字校稿員 Katie Tennant；以及技術校稿員 Shawn Bolan。

　　向所有的審閱人致謝：Aldo Solis Zenteno、Birnou Sebarte、Brad Hysmith、Bruce Bergman、Foster Haines、Giuliano Latini、James Matlock、Jan Vinterberg、Jane Noesgaard Larsen、Jean-Sebastien Gervais、Kamesh Ganesan、Marcel van den Brink、Max Almonte、Michel Klomp、Oliver Korten、Paul Love、Peter Brown、Ranjit Sahai、Ray Booysen、Richard Michaels、Roman Levchenko、Shawn Bolan、Simon Seyag、Stefan Turalski、Stephen Goodman、Thein Than Htun，以及 Vincent Delcoigne，感謝你們。你們的寶貴建議讓這本書更臻完美。

關於本書

很高興你決定加入我們這一場為期一個月的旅程！一個月看起來或許很久，但我們保證，這是值得的。

誰應該閱讀這本書

本書的目標讀者相當廣泛，但主要還是針對剛開始學習 PowerShell 的人。相關的工作職位可能包括技術客服或伺服器管理員。

你需要知道的初步資訊，大部分都涵蓋在第 1 章中，但有些事情我們還是要在這裡先告知你。首先，我們強烈建議你跟著書中的範例一起操作。為了獲得最好的學習體驗，我們建議你在虛擬機器上執行所有的範例。我們已經盡力確保範例能跨平台執行，但你會發現，有幾個章節是特別針對 Windows 作業系統的。

其次，請準備好從頭到尾依序閱讀每一章。我們會在第 1 章詳細地說明這一點，但最重要是，每一章都會介紹一些你在後續章節所需的新概念。你真的不應該試圖一口氣讀完整本書——請堅持每天閱讀一章的學習方式。人腦一次只能吸收有限的資訊，以分段的方式學習 PowerShell，實際上你會學得更快、更透徹。

關於書中的程式碼

第三，本書包含了許多程式碼片段。其中大部分都相對簡短，所以你應該能輕易地用鍵盤將它們打出來。事實上，我們建議你親手打出這些程式碼，因為這有助於強化一項基本的 PowerShell 技能：精準打字！較長的程式碼片段會以清單（listing）的形式呈現在書中，也可以從 Manning 網站的本書頁面下載：www.manning.com/books/learn-powershell-in-a-month-of-lunches。

此外，你應該要留意一些慣例。程式碼總是會以特殊的字體呈現，就像下面這個範例一樣：

```
Get-CimInstance -class Win32_OperatingSystem
  -computerName SRV-01
```

這個範例也同時展示了本書使用的換行符號。該符號表示這兩行在 PowerShell 中應該視為一行來輸入。換句話說，不要在 Win32_OperatingSystem 之後按下 Enter 或 Return ——繼續打字就對了。PowerShell 支援長行（long lines），但本書的頁面寬度所能容納的內容是有限的。

有時候，我們也會用**粗體字**來強調與「章節內的先前步驟」有所不同的程式碼，例如：當一個新功能增加到現有的程式碼時。另外，有時候，你也會在文字之中看到程式碼字體，例如：當我們寫到 Get-Command 的時候。這樣做只是為了提醒你，你正在看的是你將會在 shell 中輸入的命令、參數或是其他元素。

第四，你會看到我們在多個章節中反覆提到的一個符號：反引號（`）。以下是一個例子：

```
Invoke-Command -scriptblock { Get-ChildItem } `
  -computerName SRV-01,localhost,DC02
```

在第一行結尾的字元並非墨水滴——它是一個你會打出來的真實字元。在一支美式鍵盤上，反引號（或稱為重音符號）通常位於左上角，在 Esc 鍵的下方，與波浪號（~）在同一顆按鍵上。當你在書上的程式碼看到反引號時，請按照原樣打出來。此外，當它出現在一行的結尾時——像上面的例子那樣——請確保它是該行的最後一個字元。如果你在它後面輸入任何空格或定位字元，那麼反引號將無法正常運作，程式碼範例也將無法執行。

本書的 liveBook（線上）版本也有提供可執行的程式碼片段，網址是：https://livebook. manning.com/book/learn-powershell-in-a-month-of-lunches。要下載書中完整的範例程式碼，請造訪 Manning 網站，或是從 GitHub 下載：www.manning.com/books/learn-powershell-in-a-month-of-lunches，或是 https://github.com/psjamesp/Learn-PowerShell-in-a-Month-of-Lunches-4th-Edition。（編輯註：讀者也可以到博碩文化官網搜尋書名或書號，下載範例程式碼：https://www.drmaster.com.tw/bookinfo.asp?BookID=MP12206。）

liveBook 討論區

購買《*Learn PowerShell in a Month of Lunches, Fourth Edition*》（即購買英文實體書），就包含了免費使用 liveBook 的權益，liveBook 是 Manning 的線上閱讀平台。使用 liveBook 專屬的討論功能，你可以針對全書或特定的小節或段落發表評論。讀者還能輕鬆為自己做筆記，提問或回答技術問題，並從作者和其他使用者那裡獲得幫助。要進入討論區，請造訪：https://livebook.manning.com/book/learn-powershell-in-a-month-of-lunches/discussion。想了解更多關於 Manning 討論區的資訊，以及討論區的行為規範，請造訪：https://livebook.manning.com/discussion。

Manning 對讀者們的承諾是提供一個平台，讓讀者之間，以及讀者和作者之間可以進行有意義的對話。但這並不代表作者們會有一定程度的參與，因為他們在討論區的貢獻是自願的（而且是無償的）。我們鼓勵你向他們提出一些富有挑戰性的問題，以免他們興趣缺缺！只要這本書還在出版，你都可以在 Manning 網站上造訪討論區和找到之前討論的記錄。

關於作者

JAMES PETTY 是 DevOps Collective 的總裁兼 CEO，該機構負責營運 PowerShell. org，他也是 Microsoft Cloud and Datacenter 這一個項目的 MVP。他每年 4 月會舉辦 PowerShell + DevOps 全球高峰會，每年秋季也會舉辦 DevOps + Automation 高峰會，此外，他還在美國各地協助舉辦許多次的 PowerShell Saturday 活動。他是《*The PowerShell Conference Book: Volume 1*》的共同作者；他也是 Chattanooga PowerShell 使用者社團的共同創辦人，以及 PowerShell on the River 的共同主辦人，這是一個在田納西州 Chattanooga 市舉辦的 PowerShell 兩天研討會。

TRAVIS PLUNK 從 2013 年開始就在各式各樣的 PowerShell 團隊中擔任軟體工程師，而他從 1999 年開始就在 Microsoft 服務。在 PowerShell 開放原始碼不久之後，他就參與了 PowerShell 開放原始碼的工作，並且迅速地完成了 PowerShell 核心引擎（core PowerShell engine）的移植。

TYLER LEONHARDT 在 PowerShell 團隊中擔任軟體工程師已經大約 2 年，在 Microsoft 服務近 3 年。他是 VS Code 的 PowerShell 擴充套件的核心維護人員，並且作為 PowerShell 團隊的一份子，活躍於多個社群平台（Twitter、Twitch 串流、LinkedIn）。

JEFFERY HICKS 是一位擁有超過 30 年豐富經驗的 IT 資深老手，主要擔任 IT 基礎設施顧問，專門研究 Microsoft 的伺服器技術，尤其是自動化和提升效率等方面。他連續多年獲得 Microsoft MVP Award 的肯定。現在他是一位獨立作家、講師及顧問，為全球的 IT 專業人士教授並介紹 PowerShell 的知識以及自動化的好處。他撰寫和合著過幾本書，並為多家線上網站和紙本刊物撰文，他也是 Pluralsight 課程的製作人，並經常在各種技術研討會和使用者社團中擔任講者。你可以在這裡追蹤 Jeff 的動態，以及他發表的內容：http://twitter.com/JeffHicks、https://jdhitsolutions.com/blog 和 https://jdhitsolutions.github.io/。

關於譯者

　　莊志弘是「軟體主廚的程式料理廚房」部落格（https://dotblogs.com.tw/supershowwei）及「軟體廚房」粉絲團（https://www.facebook.com/appcookhouse）的經營者，至今（2024年）連續八次當選微軟最有價值專家。軟體開發的生涯從.NET 1.1開始，在.NET 生態圈的開發經驗超過20年，曾經服務於國際貿易、系統整合、傳播媒體、投資顧問等行業。2021年創辦了「主廚的軟體廚房有限公司」，提供軟體專案開發、顧問等服務，懷抱著為各種問題找出 Best Practice 的夢想持續地在 IT 這條路上摸索著，同時也是敏捷開發的信仰者。

目錄

1 開始之前 ⋯⋯⋯⋯⋯⋯⋯⋯⋯⋯⋯⋯⋯⋯⋯⋯ **001**
CHAPTER

11 CHAPTER 格式化：為何要在最後完成 ……………… 165

12 CHAPTER 篩選與比較 ………………………………………… 187

14 利用背景作業進行多工處理 ·············· 219
CHAPTER

15 逐一處理多個物件 ··············· 237
CHAPTER

24 處理錯誤 ···································· **359**
CHAPTER

25 偵錯技巧 ···································· **369**
CHAPTER

26 訣竅、秘訣和技巧 ····················· **381**
CHAPTER

27 學無止境 ·· **399**
CHAPTER

附錄：*PowerShell* 速查表 ························· **403**

開始之前 1

PowerShell 剛滿 15 歲了（在 2021 年 11 月 14 日）。很難相信它已經存在這麼長的時間，但仍有許多 IT 人員還沒有使用過它。我們能理解——一天的時間只有那麼多，你也已經習慣了你一直都很熟悉的做事方式。也有可能是你的資訊安全主管不允許你使用 PowerShell，因為他們認為它只會被不法分子利用。無論原因為何，我們很高興你能加入我們的學習之旅。我們使用 PowerShell 已經有很長一段時間了。事實上，我們的其中兩位作者，James 和 Tyler，正是從本書的早期版本開始學習 PowerShell 的。

在 2009 年左右，隨著大家對 PowerShell 的概念有了新的認知，業界亦產生了巨大的變化。PowerShell 並不是一種指令碼語言，也不是一種程式語言，所以我們對 PowerShell 的教學方式也需要改變。PowerShell 實際上是一種命令列 shell（a command-line shell），你可以在此執行各種命令列工具。與所有優秀的 shell 一樣，它也有指令碼編寫的功能，但是你不一定要使用它們，當然也就不需要從它們開始學起。

本書的前幾個版本就是這種文化轉變下的產物，而我們至今仍然秉持著這種思維。這是我們迄今為止構思出來的，對於那些沒有指令碼編寫背景的人來說，教授 PowerShell 最好的方式（就算你真有經驗，也不會有壞處）。不過，在我們深入教學內容之前，先讓我們為你建立知識背景。

1.1 為什麼你不能再對 PowerShell 視而不見

從 Batch、KiXtart，一路到 VBScript。不可否認，PowerShell 並不是 Microsoft（或其他人）第一次嘗試為 Windows 系統管理員提供自動化功能。我們認為，讓你理解「為何需要關注 PowerShell」是非常重要的——當你這麼做的時候，你投入學習 PowerShell 的時間將變得更有價值。首先，讓我們回顧一下 PowerShell 問世之前的日子，並看看使用這個 shell 的好處。

1.1.1 沒有 PowerShell 的日子

Windows 的系統管理員一向喜歡使用「圖形使用者介面」（GUI）點來點去來完成他們的工作。畢竟，Windows 最大的賣點就是 GUI ——而這個作業系統的名字也不叫做 Text，是吧？GUI 的好處是它可以讓你一眼就發現你可以做什麼。你還記得第一次開啟「Active Directory 使用者和電腦」（Active Directory Users and Computers）的時候嗎？你可能會將滑鼠懸停在圖示上，並閱讀工具提示、選擇下拉選單、點擊右鍵等，全都是為了看看有什麼功能可以使用。GUI 讓學習「工具」變得更容易。但不幸的是，投資在 GUI 操作的時間和精力，所得到的效益是 0。如果你在 Active Directory 上建立一個新的使用者需要 5 分鐘的時間（假設你要填寫的欄位很多，所以這是合理的預估時間），那麼你的速度將不會比這個速度還快。建立 100 個使用者就要花上 500 分鐘來完成——除非你能加快打字跟點擊的速度，不然沒辦法讓這個過程更快。

Microsoft 曾經試圖解決這個問題，但過程顯得有點隨便，其中 VBScript 或許是最為成功的一次嘗試。你可能需要花上一個小時，來編寫一份能從一個 CSV 檔案匯入新使用者的 VBScript 指令碼，只要你願意投資這一小時，未來建立新使用者只需要幾秒鐘的時間。然而，VBScript 的問題在於 Microsoft 沒有全心全意地投入資源來支援它。Microsoft 必須確保 VBScript 能存取各種功能，但是當開發人員忘了（或是沒時間）整合這些功能，你就被卡住了。你想用 VBScript 來修改網路介面卡上的 IP 位址嗎？好的，你可以做。但當你想檢查它的網路連線速度時，抱歉，你辦不到，因為沒有人記得將這個功能以某種方式連接起來，讓 VBScript 可以存取。Windows PowerShell 的軟體架構師 Jeffrey Snover 將這種情況稱為「最後一哩路」（the last mile）。你可以用 VBScript（或其他類似的技術）做到很多事情，但是它往往會在某個關鍵時刻讓你失望，永遠都無法帶你走完那「最後一哩路」抵達終點。

Windows PowerShell 是 Microsoft 所做的一次認真嘗試，目的是希望能做得更好，並帶你走完那「最後一哩路」。直到目前為止，這次的嘗試可以說是成功的。許多 Microsoft 內部的產品組（product groups）都採用了 PowerShell，龐大的第三方生態系統也很依賴它，而且全球的專家社群和愛好者也天天都在持續拓展 PowerShell 的可能性。

1.1.2 有了 PowerShell 之後

Microsoft 為 Windows PowerShell 設下的目標，是希望能夠完全使用 PowerShell 建立一套完整的產品管理功能。Microsoft 依然致力於開發 GUI 的主控台（console），但是這些主控台的背後實際上都是執行 PowerShell 的命令。這種策略迫使 Microsoft 必須確保每一件你可能會在產品中做的事情，都能夠透過 PowerShell 來達成。如果你需要將重複性的工作自動化，或是建立一個不太能使用 GUI 完成的工作流程，你可以轉向使用 PowerShell，而且你有完全自主的控制權。

經過多年的發展，許多 Microsoft 的產品，包括 Exchange、SharePoint、System Center 系列產品、Microsoft 365、Azure，以及別忘了還有 Windows Admin Center，都已經採用這種開發策略。除了 Microsoft 的產品之外，Amazon Web Services（AWS）和 VMware 等其他品牌的產品，也對 PowerShell 展現出濃厚的興趣。

從 Windows Server 2012 這個 PowerShell v3 首次登場的版本開始，以及之後更高的版本，幾乎完全可以由 PowerShell 管理，或是由建立在 PowerShell 之上的 GUI 來管理。這也是你為什麼不能對 PowerShell 視而不見的原因：在過去幾年裡，PowerShell 已經成為越來越多管理工作的基石。PowerShell 已經轉變為無數高階技術的根基，這些高階技術包括「預期狀態設定」（Desired State Configuration，DSC）等等，不勝枚舉。PowerShell 可以說是無所不在！

試著問自己這個問題：如果我負責一支 IT 管理團隊（也許你就是如此），我會希望誰來擔任高階、高薪的職位？是那些每次執行任務都需要化好幾分鐘在 GUI 上點擊的人，還是那些可以在幾秒鐘之內透過自動化來完成任務的人？從 IT 產業的各個領域中，我們已經明白答案。你可以詢問一位 Cisco 系統管理員，或是一位 AS/400 管理人員，又或者是一位 UNIX 系統管理員。答案都是：『我會希望，有個能透過命令列高效率完成工作的人在我的團隊中。』在未來，Windows 的世界會分成兩派：會使用 PowerShell 的系統管理員，以及不會的人。我們最愛引用 Don Gannon-Jones 在 Microsoft TechEd 2010 大會上的一句名言：『Your choice is Learn PowerShell, or 'Would you like fries with that?'』。我們很高興你下定決心跟我們一起學習 PowerShell！（編輯註：'Would you like fries with that?' 這句話強調學習 PowerShell 的重要性，並暗示如果不學習 PowerShell，職業前景可能會受到限制，類似於一位速食店員工，詢問顧客是否需要加購薯條。這句話的意譯可以是「你不是選擇學習 PowerShell，就是改行從事較低技術的工作」。）

1.2 天啊！ Windows、Linux 加上 macOS

2016 年中，Microsoft 做出了一個前所未有的決定，將 PowerShell 第 6 版（當時被稱為 PowerShell Core）開放原始碼。同一時間，他們還發布了不隨附於 Windows 的 PowerShell 版本——為的是支援 macOS 和眾多發行版本的 Linux。這消息令人驚呼！如今，這個以物件為中心的 shell 可以在各種作業系統上使用，而且可以被全球社群協助優化和改善。因此，在這一版當中，我們會盡全力展示 PowerShell 在多種平台上的應用，並收錄在 macOS 和 Linux 環境上的範例。我們仍然認為，PowerShell 最主要的受眾還是 Windows 的使用者，不過，我們也想讓你清楚了解它在其他作業系統上的運作方式。

我們已經盡力讓這本書的所有內容都能跨平台相容。然而，在撰寫本書時，能在 Linux 和 macOS 上執行的命令只有 200 出頭，所以我們想展示的內容並不是都能跨平台的。有鑑於此，我們想特別提醒你，第 19 章和第 20 章，這兩個章節的內容是完全針對 Windows 的。

1.3 這本書適合你嗎？

本書並非嘗試要迎合所有人的要求。Microsoft 的 PowerShell 團隊大致上將 PowerShell 的使用者分為三類：

❏ 執行命令和使用其他人開發的工具的系統管理員（不考慮作業系統）
❏ 將命令和工具組合成更複雜的工作流程的系統管理員（不考慮作業系統），而且可能還會將這些工作流程封裝成工具，讓缺少經驗的系統管理員可以使用
❏ 開發可重用的工具和應用程式的系統管理員（不考慮作業系統）及開發者

本書主要是爲第一類的使用者所設計的。不過我們認爲，對任何人來說，即使是開發者，能了解如何使用 PowerShell 執行命令，是相當值得的投資。畢竟，如果你打算打造自己專屬的工具和命令的話，你應該要知道 PowerShell 的運作方式，這能幫助你的工具和命令的運作方式與 PowerShell 的環境完美契合。

如果你有興趣編寫指令碼來使複雜的工作流程自動化，例如使用者帳號建立和設定，那麼在閱讀完本書後，你將學會如何實現。你甚至還會學到如何開始建立自己專屬的命令，讓其他系統管理員也可以使用。但是本書不會深入探討 PowerShell 能做到的每一件事情。我們的目標是讓你能在正式環境中使用 PowerShell，來讓工作變得有效率。

我們還會展示幾種使用 PowerShell 結合外部管理工具的方式，例如：與「通用訊息模型（Common Information Model，CIM）類別」遠端連線進行互動及「正規表示式」（regular expression），這是兩個馬上可以想到的例子。基本上，我們介紹的只有這些工具，而且專注在 PowerShell 如何與它們結合。那些主題都應該要有專門的書籍來介紹（事實上也已經有了），因此，我們會完全專注在 PowerShell 的部分。如果你想自行鑽研這些工具，我們會提供進一步探索的方向和建議。總之，本書並非你學習 PowerShell 的終點，反而是一個好的起點。

1.4　如何運用這本書

本書的核心理念就是鼓勵你每天閱讀一個章節。你不一定眞的要在吃午餐的時候閱讀，但每個章節應該會花你大約 40 分鐘，這樣你還有 20 分鐘可以享用剩下的三明治，並練習章節中示範的內容。

1.4.1　章節概述

在本書的章節中，從第 2 章到第 26 章爲主要內容，爲你帶來 25 天值得期待的午餐閱讀時間。預計你可以在大概一個月之內閱讀完本書的主要內容。請盡量依照進度按表操課，不需要在同一天內閱讀額外的章節。對你來說，更重要的是撥出時間練習每一章所教你的內容，因爲實際操作 PowerShell 將有助於鞏固你所學到的知識。不是每一個章節都會花到整整一個小時的時間，所以有些時候，你可以在回到工作崗位之前，利用多出來的時間做更多的練習題（以及享用午餐）。我們發現，有很多人，當他們保持每天只閱讀一個章節時，學習速度更快，因爲這樣讓你的大腦有時間去消化新的觀念，並且也有時間自主練習。請勿操之過急，你會發現自己的學習進度比你想像的還要快。

第 27 章爲你的下一段 PowerShell 旅程提供了未來可能探索的方向。最後，我們在附錄附上一份「PowerShell 速查表」，它統整了本書提及的所有「陷阱」；當你想尋找某部分的內容，卻忘了在書中的哪裡時，這份速查表可以作爲參考資料。

1.4.2 動手練習

本書大部分的主要章節都有附帶一些能讓你實際操作的練習題。你會拿到操作說明，也許還會有一、兩個提示。這些練習題的答案會放在各個章節的最後面。但是請盡量在不看答案的情況下，盡力完成每道練習題。

1.4.3 補充教材

我們專門爲這本書製作了一段影片：Tyler 的「How to navigate the help system in PowerShell」；你可以在 Manning 的免費資源中心找到它：http://mng.bz/enYP。

我們也建議你參考 James 所經營的 PowerShell.org 網站和 YouTube 頻道：www.youtube.com/powershellorg，這個 YouTube 頻道內收錄了大量的影片。在裡面你可以找到「PowerShell + DevOps 全球高峰會」活動的錄影片段，以及網路社群的線上研討會，還有很多精彩的內容。重點是，全部免費！

1.4.4 深入探索

在本書中，有幾個章節只會粗略地介紹一些讓人感到驚奇的技術，對於想要自行深入研究這些技術的人，我們另外在這些章節的最後面附上一些建議。我們還列出一些額外的資源，其中包括一些免費的工具和內容，你可以根據需要利用它們來進一步提升你的技能。

1.4.5 追求卓越

當我們在學習 PowerShell 的時候，經常會偏離主題的方向，想要去了解某件事情爲什麼會這樣運作。雖然這麼做我們沒有學到太多額外的實用技能，但卻讓我們對於

PowerShell 的本質以及它運作的原理有更深的認識。我們在本書的章節中加入了一些這一類偏離主題的內容，並把它們放在標題爲「追求卓越」的小專欄裡面。閱讀這些內容只需花你短短幾分鐘的時間，如果你是那種喜歡探究事物運作原理的人，這些內容能爲你帶來一些有趣的附加知識。而如果你覺得這些內容會讓你從實際的主題中分心，那麼你可以在第一次閱讀的時候選擇略過。等到你完全掌握了章節的核心內容之後，隨時可以回過頭來深入研究。

1.5 設定你的實驗環境

在整本書中，會需要使用 PowerShell 進行大量的練習，你需要一個實驗環境來協助練習。所以請勿在你公司的正式環境中進行練習。

要執行本書中的大部分範例——以及完成所有的練習題——你只需要一個內建了 PowerShell 7.1 以上版本的 Windows。我們建議使用 Windows 10 或 Windows Server 2016 以上的 Windows 版本，這些版本都內建了 PowerShell v5.1。如果你打算繼續深入了解 PowerShell，你就必須取得內建了 PowerShell 的 Windows 版本。在大部分的練習題裡面，我們會同時附上適用於 Linux 環境的補充說明。

> **NOTE** 你需要另行下載並安裝 PowerShell 7，它能與內建的 Windows PowerShell 5.1 同時執行。不過，大部分的練習題將會使用 Windows PowerShell。有關如何安裝 PowerShell 7 的操作說明可以參考 http://mng.bz/p2R2。

我們也會採用 Visual Studio Code（VS Code），並搭配最新穩定版本的 PowerShell 擴充套件，你可以從市集下載它。如果你使用的是非 Windows 版本的 PowerShell，那麼你擔心的機會就比較少。請直接從 http://github.com/PowerShell/PowerShell 下載適用於你的 macOS 或 Linux（或其他作業系統）的 PowerShell 版本，這樣你就可以順利使用了。但也請注意，在我們的範例中，有很多功能（functionality）是 Windows 專屬的。舉例來說，你無法在 Linux 取得服務清單，因爲 Linux 沒有服務（它有類似的 daemon，即常駐程式），儘管如此，我們還是會盡可能地使用跨平台的範例（例如 Get-Process）。

> **TIP** 你應該只需要一台能執行 PowerShell 的電腦就能實現本書中的每一件事情，但如果你有兩、三台電腦，它們都在同一個網域，會讓某些事情變得更有趣。

1.6　安裝 PowerShell

如果你現在還沒有安裝 PowerShell 7，那沒關係。我們會在下一章教你詳細的安裝步驟。如果你要查詢或下載 PowerShell 的最新版本，請前往 https://docs.microsoft.com/en-us/powershell。這是 PowerShell 的官方網頁，提供了最新版本的連結及安裝教學。

> **TIP**　請檢查你的 PowerShell 版本：打開 PowerShell 主控台，輸入 `$PSVersionTable`，然後按下 Enter 鍵。

在你往下更進一步之前，請先撥出一點時間來自訂你的 PowerShell。如果你使用的是文字模式的主控台主機，我們強烈建議你將預設的字型變更為 Lucida 等寬字型。因為預設的字型讓人難以辨識某些 PowerShell 所使用的特殊符號。請依照以下步驟來調整字型：

1　點擊控制方塊（也就是主控台視窗左上角的 PowerShell 圖示），並從選單中點選 Properties（屬性）。

2　在彈出的對話視窗中，瀏覽各個分頁來變更字型、視窗顏色、視窗大小及位置等設定。

> **TIP**　請確保視窗大小（window size）和螢幕緩衝區（screen buffer）的寬度是相同的。

你所做的變更將會套用到預設的主控台設定，意思是當你開啟新視窗時，這些設定會保持不變。但是這些都只適用在 Windows：在非 Windows 的作業系統上，你通常是安裝 PowerShell，然後打開作業系統命令列工具（如 Bash shell）執行 `powershell`。你的主控台視窗會根據你之前的設定來決定顏色、螢幕配置等，所以請依照你的喜好來進行設定。

1.7　聯絡我們

我們非常熱衷於幫助像你這樣的讀者學習 Windows PowerShell，也竭盡心力提供許多學習資源。我們也十分重視你的回饋，因為這有助於我們發想可以新增到網站上的有益資源，並作為改善本書後續版本的參考。在 Twitter 上，你可以在 @TravisPlunk 找到 Travis，在 @TylerLeonhardt 找到 Tyler，以及在 @PsJamesP 找到 James。我們也經常在 https://forums.powershell.org 論壇中出現，如果你有任何 PowerShell 的問題，可以在那裡找到我們。另一個提供豐富資源的寶地是 https://powershell.org，裡面包括免費電子書、實體研討會、免費線上研討會以及其他眾多資源。James 負責協助這個組織的運作，我們亦極力推薦你將這個網站作為閱讀完本書後繼續學習 PowerShell 的地方。

1.8　立即有效運用 PowerShell

立即有效（immediately effective）是我們為本書設定的主要目標。每一章都會盡量關注在某一知識上，讓你能夠立刻使用在現實的正式環境中。這表示我們會在一開始先忽略某些細節，但在需要時，我們保證會在適當的時候回過頭來詳細討論。我們經常處於兩難的情況：是先提供你 20 頁的理論基礎？還是在不講解細微差異、注意事項及詳細內容的情況下，就直接進入主題並完成某些成果？當有這樣的情況出現時，我們大多選擇了後者，目的是讓你感受到「立即有效」。但是，我們仍然會在後續的章節中講解那些重要的細節和差異。

好了，相關背景知識就介紹到這裡。現在是時候來開始感受「立即有效」了。

你的第一堂午餐課程已經在等著你了。

初探 *PowerShell*

2

本章的目的是讓你熟悉環境，並協助你選擇一種 PowerShell 介面（你沒看錯，你有選擇的權利）。如果你曾經使用過 PowerShell，可能會覺得這些是重複的內容，不過還是建議你稍微瀏覽一下本章——說不定能在裡面找到對日後有所幫助的小秘訣。

此外，本章僅適用於在 Windows、macOS 以及 Ubuntu 18.04 執行的 PowerShell。雖然其他發行版本的 Linux 也有類似的設定流程，但是本章不會介紹。關於其他安裝說明，你可以參考 PowerShell 的 GitHub 頁面：https://github.com/PowerShell/PowerShell#。

實用術語

我們應該要定義本章中經常使用的一些術語：

▶ PowerShell：指的是你所安裝的 7.x 版本。

▶ shell：基本上，shell 指的是一個能夠接受文字命令的應用程式，且通常透過「指令碼」或類似「終端機」的互動模式，與你的電腦或其他裝置進行互動。舉例來說，Bash、fish 或 PowerShell 都屬於 shell 的一種。

▶ 終端機：終端機（terminal）是一個可以執行 shell 的應用程式，讓使用者可以透過視覺化的方式與 shell 進行互動。終端機不受限於特定的 shell，所以你可以在任何終端機上執行你想要的 shell。

▶ Windows PowerShell：指的是內建在你的 Windows 10 裝置中的 PowerShell 5.1。

2.1 Windows 上的 PowerShell

從 Windows 7（和 Windows Server 2008）開始，PowerShell 就已經被內建在 Windows 個人電腦之中。但要特別留意的是，在 Windows 上，PowerShell 7 的執行檔名稱已經有所改變：不再是 `powershell.exe`，而是 `pwsh.exe`。PowerShell 7 是可以與 Windows PowerShell（5.1）並存的，所以預設情況下，Windows PowerShell（5.1）還是會被安裝（這也是為什麼執行檔名稱需要改變）。

我們先來安裝 PowerShell 7。安裝的管道有很多種（如 Microsoft Store、winget、Chocolatey），可以選擇你想要的任何一種，而在本書中，我們將採取最直接的方式，就是從 PowerShell 的 GitHub 儲存庫（PowerShell/PowerShell）下載 MSI 檔案。請確定你下載的是穩定版本（stable release），這表示它是 PowerShell 團隊所發行的最新 GA（正式發行）版本（圖 2.1）。

README.md

Get PowerShell

You can download and install a PowerShell package for any of the following platforms.

Supported Platform	Download (LTS)	Downloads (stable)	Downloads (preview)	How to Install
Windows (x64)	.msi	.msi ←	.msi	Instructions
Windows (x86)	.msi	.msi	.msi	Instructions
Ubuntu 20.04	.deb	.deb	.deb	Instructions
Ubuntu 18.04	.deb	.deb	.deb	Instructions
Ubuntu 16.04	.deb	.deb	.deb	Instructions
Debian 9	.deb	.deb	.deb	Instructions
Debian 10	.deb	.deb	.deb	Instructions
Debian 11	.deb	.deb	.deb	
CentOS 7	.rpm	.rpm	.rpm	Instructions
CentOS 8	.rpm	.rpm	.rpm	
Red Hat Enterprise Linux 7	.rpm	.rpm	.rpm	Instructions
openSUSE 42.3	.rpm	.rpm	.rpm	Instructions
Fedora 30	.rpm	.rpm	.rpm	Instructions
macOS 10.13+ (x64)	.pkg	.pkg	.pkg	Instructions
macOS 10.13+ (arm64)	.pkg	.pkg	.pkg	Instructions
Docker				Instructions

▌圖 2.1　這裡展示了 PowerShell 的多種安裝方式，（箭頭處）特別指出「要在 Windows 上安裝 PowerShell」所使用的 MSI 檔案

　　按照「MSI 安裝精靈」的指引，保留所有預設的設定，然後你就安裝完成了。有幾種啟動 PowerShell 的方式（圖 2.2）。在安裝完成之後，你可以在工作列的搜尋欄中尋找它。同時，現在正好可以說明圖示（icon）的些許變化。

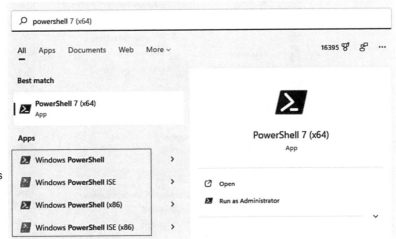

內建在 Windows 中的 Windows PowerShell

▌圖 2.2　Windows 10 的「開始」功能表中顯示了 PowerShell 7 與 PowerShell 5.1 並存的情形

　　如果你點擊 PowerShell 7 的圖示（我們建議你也將它設定為工作列上的捷徑），將會啟動 PowerShell 的主控台。如果你對 Windows PowerShell 不陌生，你會明顯地看到它的外觀有所不同。這是因為背景顏色是黑色，而不是之前熟悉的藍色。不過，因應本書的需要，為了更容易閱讀，我們改變了主控台的顏色。

　　當你要在一個沒有事先安裝 GUI shell 的伺服器上執行 PowerShell 時，PowerShell 主控台應用程式（console application）就是你唯一的選項：

❑ 這個主控台應用程式很輕巧。它啟動速度快，而且不會佔用太多記憶體。

❑ 除了 PowerShell 本身所需要的之外，它不會再使用到任何 .NET Framework 的元件。

❑ 你可以將背景顏色設定為黑色，文字顏色設定為綠色，假裝你回到 1970 年代，仿彿正在操作大型主機。

　　如果你決定使用主控台應用程式，那麼我們有一些設定上的建議提供參考。你可以點擊視窗左上角的控制方塊，點選 Properties。結果就像圖 2.3 中的對話視窗一樣。在 Windows 10 上的外觀看起來稍有不同，因為有增加一些新的選項，但基本概念是一樣的。

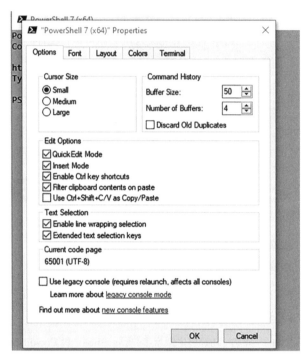

▌圖 2.3　調整主控台應用程式的設定

在 Options（選項）頁籤中，你可以增加 Command History（命令歷史）的 Buffer Size（緩衝區大小）。這個緩衝區會讓主控台記住「你曾經輸入過的命令」，你可以透過鍵盤的 ↑ ↓ 鍵來查看這些命令，以便重新呼叫。

在 Font（字型）頁籤中，請選擇一個比預設 12 點還大一點的字型大小。拜託了！就算你的視力有 2.0，還是請你放大一點就好。在 PowerShell 中，你會需要馬上區分出許多外觀相似的符號——像是'（單引號）和`（反引號）——而過小的字型對此沒有幫助。

在 Layout（佈局）頁籤中，將兩個寬度的大小設定為相同的值，並確認「顯示結果的視窗」能夠符合你的螢幕大小。如果不這麼做，在視窗的底部會出現一條橫向的捲軸，這會導致一部分 PowerShell 的輸出結果超出了視窗的邊界而被切斷，隱藏在視窗的右邊，你就看不到那一部分的內容。我們的學生曾經花了半小時執行命令，他們誤以為沒有產生任何結果，但實際上結果是被往右推擠到了可視範圍之外。這實在令人困擾。

最後，在 Colors（顏色）頁籤中，請不要過度調整設定。保持高對比度的顏色和易於閱讀的設定。而且，你如果想要的話，也可以將顏色調整成和 Windows PowerShell 終端機一樣。

請牢記這一點：這個主控台應用程式不是 PowerShell 的本體；它只是作為你和 PowerShell 互動的介面。

> **NOTE** 在本書的學習過程中，我們不打算使用 Windows PowerShell 或 ISE。由於 ISE 並不支援 PowerShell 7，因此我們會改為使用 Visual Studio Code，這在本章的後面會詳細介紹。

2.2 macOS 上的 PowerShell

如果你是使用 Mac，這一小節是專門為你準備的。我們將討論如何在 macOS 安裝及執行 PowerShell。本書假設你知道如何啟動 Terminal ——這是 macOS 預設的終端機應用程式。當然，如果你在 macOS 上有其他偏好的終端機程式，也是可以使用的，但是在本書中，我們主要會使用預設的終端機程式。現在，讓我們開始來安裝 PowerShell ！

2.2.1 在 macOS 上的安裝方式

目前，PowerShell 並不是 macOS 內建的程式。或許有一天它會被整合進去，但是在此之前，我們必須自行安裝。幸好，這個安裝過程很簡單，而且方法有很多種。我們會介紹一種在 macOS 上安裝 PowerShell 最簡單的方式：使用 Homebrew ——這是一個在 macOS 上首選的軟體套件管理系統。有了 Homebrew，我們透過終端機就能安裝 PowerShell，連一次滑鼠都不用點擊。

> **NOTE** Homebrew 並不是 macOS 內建的軟體程式，所以如果你還沒有安裝它，可以前往 Homebrew 的官方網站（https://brew.sh）查看安裝教學。趕快去安裝吧。我們在這裡等你回來！

在安裝並設定好 Homebrew 之後，你就能安裝 PowerShell 了。現在你只需要在 Mac 上開啟 Terminal。利用 Homebrew，一行命令就能安裝好 PowerShell：

```
brew cask install powershell
```

將上述的命令輸入到 Terminal 並且按下 Enter 鍵。你會看到 Homebrew 開始安裝 PowerShell（圖 2.4）。

```
==> Satisfying dependencies

All Formula dependencies satisfied.

==>Downloading
https://github.com/PowerShell/PowerShell/releases/download/v7.1.3/powershell-
7.1.3-osx-x64.pkg

==> Verifying SHA-256 checksum for Cask 'powershell'.

==> Installing Cask powershell

==> Running installer for powershell; your password may be necessary.

==> Package installers may write to any location; options such as --appdir are
ignored.

installer: Package name is PowerShell - 7.1.3

installer: Installing at base path /

installer: The install was successful.

powershell was successfully installed!
```

▌圖 2.4　Homebrew 正在安裝 PowerShell

一切準備就緒！讓我們啟動它。可問題是，我們要執行什麼？要啟動 PowerShell，你只需要執行 pwsh 這個命令，PowerShell 就會在你的終端機中開啟。你應該能看到以下顯示的內容：

```
~ pwsh
PowerShell 7.1.3
Copyright (c) Microsoft Corporation. All rights reserved.

https://aka.ms/pscore6-docs
Type 'help' to get help.

PS /Users/steve>
```

我們現在已經在 macOS 的 Terminal 應用程式中啟動 PowerShell 了！做得太好了。這是在 macOS 上與 PowerShell 互動的主要方式之一。我們等一下會再介紹另外一個主要方式，在此之前，我們要先解決 Linux 作業系統使用者的問題。

2.3　Linux（Ubuntu 18.04）上的 PowerShell

在這裡，我們想告訴你的是，PowerShell 真的很厲害，它可以在數不清的眾多 Linux 發行版本上執行。在這裡，我們也想要告訴你，如果我們真的一一詳述每個版本的安裝過程，那麼我們的出版社可能會覺得困惑，為什麼本書的頁數會爆增到一百萬頁。我們將教你如何在 Ubuntu 18.04 上安裝 PowerShell，因為在撰寫本書的時候，它是最新的 LTS 版本。如果你的機器上執行的是其他版本，請放心！所有關於如何在支援的 Linux 發行版本上安裝 PowerShell 的說明文件，都能在 PowerShell 官方文件找到針對該主題的文章：http://mng.bz/YgnK。

好了，我們現在要來進行安裝。還有，我們應該也有提到過……本書假設你知道如何在 Ubuntu 18.04 啟動 Terminal 應用程式。你可以使用任何終端機程式來完成這些步驟，但我們主要還是會選擇預設的那一個。

2.3.1　在 Ubuntu 18.04 上的安裝方式

Ubuntu 18.04 內建了 Canonical 公司專屬的套件管理工具，名為 snap。它讓我們能夠用一行命令來安裝 PowerShell。首先，請開啟 Terminal，並輸入下列命令：

```
snap install powershell --classic
```

輸入完成後，按下 Enter 鍵執行它。系統可能會要求你輸入密碼，如果是的話，請直接輸入。這是因為用 snap 安裝 PowerShell 需要 root 權限。執行的結果應該會像下面這樣：

```
PowerShell 7.1.3 from Microsoft PowerShell ✓ installed
```

> **NOTE**　我們在命令中加入了 --classic 參數，因為 PowerShell 被視為是「傳統的 snap 套件」。傳統的 snap 移除了對 snap 套件的各種限制，讓 PowerShell 能與作業系統有完整的互動。

一切準備就緒！讓我們啓動它。可問題是，我們要執行什麼？要啓動 PowerShell，你只需要執行 pwsh 這個命令，PowerShell 就會在你的終端機中開啓。你應該能看到以下顯示的內容：

```
~ pwsh
PowerShell 7.1.3
Copyright (c) Microsoft Corporation. All rights reserved.

https://aka.ms/pscore6-docs
Type 'help' to get help.

PS /Users/tyleonha>
```

我們現在已經在 Ubuntu 18.04 的 Terminal 中啓動 PowerShell 了！做得太好了。這是在 Ubuntu 18.04 上與 PowerShell 互動的主要方式之一。現在我們已經在終端機中成功執行它，接下來，我們要讓 PowerShell 也能在其他介面上執行。

2.4 Visual Studio Code 與 PowerShell 擴充套件

等等！別急著走。我們知道，這聽起來像是我們要你去取得那款你的 C# 開發者朋友都在使用的應用程式，但事情不是這樣的！請讓我們解釋一下。

Microsoft 提供了兩款名稱非常相似但截然不同的產品（有句話是這樣說的：『在 IT 領域中有兩大難題：快取失效、為事物命名，以及差一錯誤』，這眞是再正確不過的見解了）。其中的第一款產品你可能已經聽過：Visual Studio。它是一款功能齊全的整合開發環境（IDE）。通常是 C# 和 F# 的開發者會使用它。而 Visual Studio Code 則是完全不同的應用程式。它是一款輕量化的文字編輯器（text editor），與其他文字編輯器（像是 Sublime Text 或 Notepad++）有點類似，但是它增加了一些功能來加強使用者體驗。

其中一個增加的是可擴充功能（extensibility）。使用者可以為 Visual Studio Code 撰寫擴充套件（extension），並將它們上架到 Visual Studio Code 的市集，供其他人下載使用。PowerShell 的開發團隊在市集上架了一個 PowerShell 的擴充套件，該套件提供了許多實用的功能，在你學習 PowerShell 的過程中，會給予大大的幫助。我們建議你使用 Visual

Studio Code 搭配 PowerShell 擴充套件作為 PowerShell 的編輯器,而且它們跟 PowerShell 一樣,都是開放原始碼且可以跨平台使用的。你可以在下列的網址找到原始碼:

❑ Visual Studio Code:https://github.com/Microsoft/vscode

❑ PowerShell 擴充套件:https://github.com/PowerShell/vscode-powershell

　同時,這也是一個很好的機會,讓我們告訴你,如果你對這些產品有任何問題,可以在它們各自的 GitHub 頁面中提出。這是回報問題與提供建議最好的方式。好了,讓我們進入安裝步驟吧。

> **NOTE**　當你在後續章節學習撰寫指令碼的時候,Visual Studio Code 與 PowerShell 擴充套件會更為實用。我們保證。到時候你一定會這麼覺得。

關於 PowerShell ISE 呢?

如果你已經對 PowerShell 有一點認識,並且熟悉 PowerShell ISE 的話,你可能會想了解為什麼沒有提到它。PowerShell ISE 與 PowerShell 並不相容,而且目前它已經進入了支援模式(support mode),也就是只會收到與安全性相關的更新。開發團隊的主要工作重心已轉向 Visual Studio Code 搭配 PowerShell 擴充套件。

2.4.1 安裝 Visual Studio Code 與 PowerShell 擴充套件

　如果你能讀到這裡,表示你已經在作業系統上安裝 PowerShell 了。至於安裝 Visual Studio Code 的話,你可以使用相同的步驟。不管你是使用 Windows、macOS 還是 Linux,只需前往 https://code.visualstudio.com/Download 下載並執行安裝檔即可(圖 2.5):

❑ 要新增 PowerShell 擴充套件的話,請啟動 VS Code 並前往市集。

❑ 搜尋 PowerShell 並點擊 Install。

　如果你偏好使用命令列,你也可以透過終端機來安裝 VS Code 和 PowerShell 擴充套件:

❑ macOS:開啟 Terminal,然後執行 `brew cask install vscode`。

❑ Ubuntu 18.04:開啟 Terminal,然後執行 `snap install code --classic`。

▌圖 2.5　在 VS Code 中的 PowerShell 7 擴充套件圖示，以及 Install 按鈕

你已經開始逐漸上手了！你有按照步驟正確完成操作的話，那麼在終端機內執行 code 命令應該會成功開啟 Visual Studio Code。如果沒有，請關閉所有的終端機視窗，再開啟一個新的，然後嘗試執行 code 命令。確定有安裝了之後，接著你就需要安裝 PowerShell 擴充套件。既然我們在 PowerShell 的世界中偏好打字，那就用一行命令來安裝擴充套件。你可以像這樣使用 code 命令來安裝擴充套件：

```
code --install-extension ms-vscode.powershell
```

這將會輸出以下結果：

```
~ code --install-extension ms-vscode.powershell
Installing extensions...
Installing extension 'ms-vscode.powershell' v2019.9.0..
Extension 'ms-vscode.powershell' v2019.9.0 was successfully installed.
```

讓我們來檢視一下待辦清單：

```
PowerShell installed ✔
Visual Studio Code installed ✔
PowerShell extension installed ✔
```

我們已經準備好要來看看所有能提供的功能有哪些。如果你還沒把應用程式開起來的話，請在終端機中輸入 code 命令來啟動 Visual Studio Code。

2.4.2　掌握 Visual Studio Code

從這裡開始，無論你使用的作業系統是什麼，操作體驗都會是一致的。現在，在我們面前的是 Visual Studio Code。初次接觸可能會覺得有些複雜，但只要稍加練習，你就能夠掌握其強大的功能，來幫助你寫出一流的 PowerShell 指令碼。在開啟 Visual Studio

Code 後，我們應該調整設定，讓它能與 PowerShell 合作無間。首先，點擊左邊一排特殊
圖示的 PowerShell 小圖示。在圖 2.6 中它被圈起來。

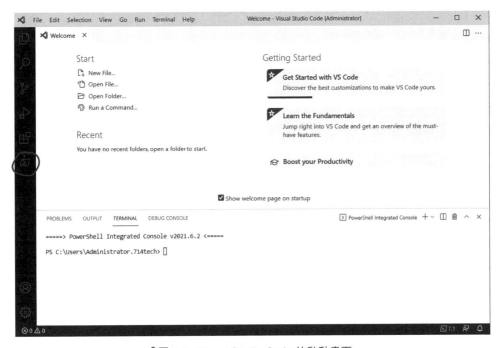

▌圖 2.6　Visual Studio Code 的啟動畫面

點擊了 PowerShell 圖示之後，會有幾個東西跳出來。讓我們看看會看到什麼（圖 2.7）：

❏ Command Explorer（A）：一個可執行命令的清單。當你把滑鼠停留在其中一個的上
面時，它會提供幾個不同的操作選項。你可以再次點擊 PowerShell 圖示來隱藏它。

❏ 指令碼編輯區（B）：直到本書的最後部分我們才會使用到它，而這裡是你的指令碼會
顯示在不同頁籤的地方。

❏ Integrated Console（C）：所有神奇的事情都在這裡發生。這裡是 PowerShell 的主要介
面。你可以在這裡執行命令，就像你在 Terminal 應用程式使用 PowerShell 一樣。

在 Integrated Console 的右上角，可以看到幾個不同的操作選項。讓我們從右邊開始看
起。首先，可以看到一個「x」的圖示。點擊它會隱藏 Integrated Console 及整個終端機區
域。如果你想要重新開啟它，請按 Ctrl + ` （反引號）。接著你會看到「插入符號」（^）
的圖示。這個會隱藏指令碼區域，並且將終端機區域最大化。再來我們會看到「垃圾桶」

的圖示。這個會關閉終端機。請跟著我們一起宣誓：『我保證永遠永遠永遠不關閉 POWERSHELL 的 INTEGRATED CONSOLE。』Integrated Console 是 PowerShell 擴充套件及其所有功能的核心，如果你關閉它，擴充套件將無法正常運作——所以，拜託，請切勿關閉 Integrated Console。

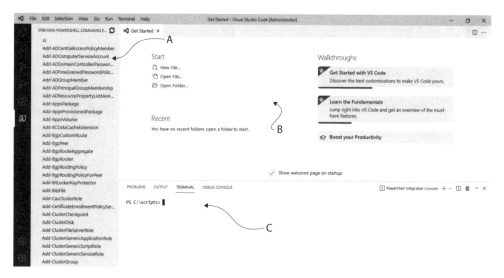

▌圖 2.7　Visual Studio Code 搭配 PowerShell 擴充套件的功能解析

接下來，我們可以看到「分割終端機區域」的按鈕和一個「加號」的按鈕。點擊這些按鈕會開啓新的終端機，而你可以在這些按鈕旁邊的下拉選單中看到它們。要注意的是，由於 Bash 預設會被安裝，所以 Visual Studio Code 會將 Bash 作為終端機的預設選項。但是你可以輕鬆地在設定裡調整這個，不過針對這件事，我們可以稍後再進行討論。現在，如果你在 Visual Studio Code 開啓了 Bash 的終端機，你可以輸入 pwsh，就像你在 Terminal 應用程式中做的一樣，那麼你就會進入 PowerShell。

PowerShell Integrated Console 與一般的終端機有何差異？

正如我們之前所提到的，PowerShell Integrated Console 是 PowerShell 擴充套件的核心。你認為 Command Explorer 中的命令是從哪裡來的？沒錯，它們就是從 Integrated Console 來的。這個擴充套件中有太多的功能需要依賴 Integrated Console，而 Integrated Console 僅此一家，別無分號。任何其他的終端機，即便它執行的是 PowerShell，都不算是「整合式」的。請記住：千萬不要刪除 Integrated Console。

在 Visual Studio Code 中使用 PowerShell 主要是用來撰寫指令碼和模組，而在 Terminal 應用程式中的 PowerShell 則更偏向快速執行幾個命令或長時間執行的任務。這兩者都有其特定的目的，我們將在本書中閱讀到更多相關的內容。

2.4.3　自訂 Visual Studio Code 與 PowerShell 擴充套件

正如我們之前所說的，對於 Visual Studio Code 來說，可擴充功能是一大特點。因此，你可以輕鬆地根據喜好來自訂 Visual Studio Code 和 PowerShell 擴充套件。我們會分享一些你可以嘗試進行的調整——有的很實用，有的則是爲了好玩！

首先，我們從 Visual Studio Code 的 Settings 頁面開始。我們可以在此調整幾乎所有我們想要調整的設定。請前往 File > Preferences > Settings 來開啓 Settings 頁面（圖 2.8）。在這裡，你可以利用搜尋框搜尋你想要的任何設定，或是直接捲動畫面查看所有選項。有很多可以調整的選項！如果你想知道有哪些是 PowerShell 擴充套件的設定，你只需要搜尋 powershell，就能看到所有相關的設定。

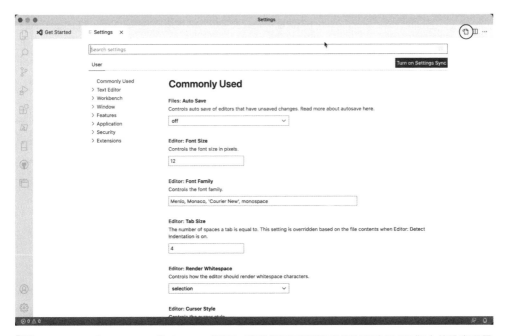

▌圖 2.8　Visual Studio Code 的 Settings 頁面。我們指明了哪裡可以看得到 JSON 版本的設定項目

你可能有注意到我們在截圖中標出了一個按鈕。如果你點擊它，就會看到你調整過的設定項目以 JSON（JavaScript Object Notation，JavaScript 物件標記法）的形式呈現。如果你還不太熟悉 JSON，也沒關係。你還是可以使用一般的設定視窗來完成在 JSON 形式下能做到的所有事情。

表 2.1 列出了一些常用的設定項目，你可以直接把它們複製到搜尋框中，並按照你的喜好進行調整。

▌表 2.1　建議的設定項目

設定項目	說明
Tab Completion	Tab Completion 設定是為了重現你在一般的終端機使用 PowerShell 的體驗。你稍後會更深入了解這個概念，而你可能會發現這個設定很實用。
Terminal.Integrated.Shell.Windows Terminal.Integrated.Shell.OSX Terminal.Integrated.Shell.Linux	如果你還記得本章前面的內容，當我們在 Visual Studio Code 的終端機區域按下「+」符號，它會開啟 Bash。這是因為在 macOS 和 Linux 預設的終端機是 Bash。你可以將這個設定修改為 `pwsh` 來切換到 PowerShell。
Files.Default Language	當你在 Visual Studio Code 開啟一個新檔案時，系統預設認為該檔案為純文字檔。你可以透過修改 Default Language 設定來改變這個行為。將此設定修改為 `powershell`，新建的檔案將預設為 PowerShell 檔案，並具備所有 PowerShell 擴充套件的功能。

另一個你可以變更的 Visual Studio Code 設定是色彩主題（color theme）。預設的深色主題滿好的，但如果你想尋找適合你的主題，那麼還有眾多選項可供調整。要進行變更非常簡單，只需要開啟 Command Palette（命令選擇區）。在 macOS 上按下 Cmd + Shift + P，或是在 Windows/Linux 上按下 Ctrl + Shift + P （又或者，不論在哪個作業系統都可以直接按 F1 ）。

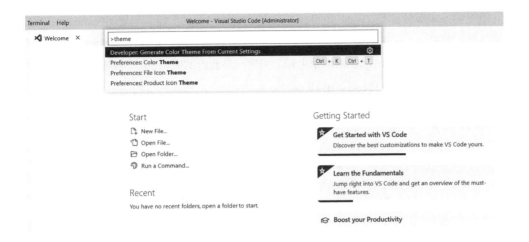

■圖 2.9　Visual Studio Code 的 Command Palette。搜尋你想進行的操作

Command Palette（圖 2.9）是 Visual Studio Code 中最實用的功能之一，因為它能讓你搜尋到所有可以進行的操作。我們現在想要做的是「變更色彩主題」，所以就讓我們在 Command Palette 中搜尋 theme。

你應該會看到一個名稱為 Preferences: Color Theme 的選項——請點選它。它會列出可用的佈景主題供你選擇（圖 2.10）。使用 ↑ ↓ 鍵來查看這些佈景主題；你會發現，Visual Studio Code 的佈景主題會立即更新，所以你可以在確定之前，先預覽效果。

■圖 2.10　在 Visual Studio Code 進行主題選擇

選單中，大部分都是 Visual Studio Code 內建預設的佈景主題；但是，PowerShell ISE 的佈景主題是 PowerShell 擴充套件提供的。你可以在擴充套件市集搜尋到更多酷炫的佈景主題（我們個人喜歡 Horizon 佈景主題，但這只是我們的愛好！），只要在選單中點選 Install Additional Color Themes 項目即可。

> **TRY IT NOW** 在本書接下來的內容中，我們假設你在撰寫或檢查指令碼時，都是使用安裝了 PowerShell 擴充套件的 Visual Studio Code，而非其他的指令碼編輯器。你可以自行調整設定和選擇你喜愛的色彩主題，如果你決定要在 Terminal 應用程式中使用 PowerShell，也沒問題──本書中大部分的內容仍然適用。若有特定的功能只適用於主控台或編輯器，我們也會讓你知道。

2.5 重新回來上打字課

PowerShell 是命令列介面（command-line interface），這意謂著你會需要打很多字。打字容易發生一些錯誤，像是打錯字。不過，幸好 PowerShell 應用程式有方法來協助你降低這些錯誤的發生。

> **TRY IT NOW** 以下的範例在書中是難以呈現的，但是在實際操作中看到它們運作時，會覺得相當有趣。建議你在自己的 shell 嘗試相同的操作。

主控台應用程式在 4 個地方有支援「Tab 鍵自動完成」的功能：

❑ 輸入 Get-P 之後，連續按 Tab 鍵幾次。你會發現一個自動完成選項的清單。當你繼續輸入更多字時，這個選項會逐漸減少，而當 PowerShell 判斷只有一個特定的命令時，它將會為你自動完成該命令。

❑ 輸入 Dir，然後輸入一個空格，再輸入 /，最後按下 Tab 鍵。PowerShell 會顯示你可以在此目錄中進一步查看的檔案和子資料夾。

❑ 輸入 Get-Proc 並按下 Tab 鍵。然後輸入一個空格和一個連字號（-）。接著開始按下 Tab 鍵，你會看到 PowerShell 提供此參數的可能選項。你也可以輸入部分的參數名稱（如 -E），再按 Tab 鍵兩次，來查看符合的參數。如果要清空命令列，請按下 Esc 鍵。

❏ 輸入 New-I 並按下 Tab 鍵。再輸入一個空格，然後輸入 -I，接著再按 Tab 鍵。繼續輸入一個空格後，連續按下 Tab 鍵兩次。PowerShell 會顯示該參數的有效值。這只適用於已經預先定義好一組可接受範圍值的參數（這種值組被稱為 enumeration，譯為列舉）。如果要清空命令列，請按下 Esc 鍵；因為你還不想執行這行命令。

　　配備了 PowerShell 擴充套件的 Visual Studio Code，在它的編輯器區域中，提供了類似 Tab 鍵自動完成的功能，而且更加強大：IntelliSense。它能夠做到剛剛我們展示的所有 4 種情形中的自動完成功能，差別在於你會看到一個酷炫的彈出選單，如圖 2.11 所示。請使用你的 ↑ ↓ 鍵來往上或往下捲動，找到你想要的項目後，按下 Tab 鍵或 Enter 鍵確認，然後繼續輸入。

> **CAUTION**　有一件事情非常、非常、非常、非常重要，就是當你在 PowerShell 打字的時候，要非常、非常、非常、非常精準。在某些情況下，一個打錯的空格、引號，甚至換行，都可以讓一切無法運作。如果你遇到錯誤，請一而再，再而三地檢查你所輸入的內容。

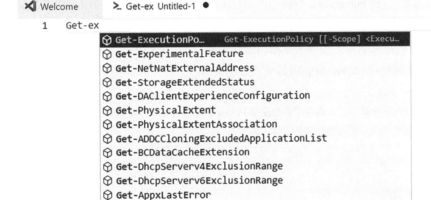

▎圖 2.11　在配備了 PowerShell 擴充套件的 Visual Studio Code 中，IntelliSense 的功能與 Tab 鍵自動完成很相似。當你正在完成的項目有相關可用的資訊時，它也會顯示在畫面上給你參考

2.6 目前是哪一個版本？

在 PowerShell 中，有一個簡單的方法可以檢查你的版本。只需輸入 $PSVersionTable 並按下 Enter 鍵：

```
PS /Users/steve> $PSVersionTable
Name                        Value
----                        -----
PSVersion                   7.1.3
PSEdition                   Core
GitCommitId                 7.1.3
OS                          Linux 4.18.0-20-generic #21~18.04.1-Ubuntu...
Platform                    Unix
WSManStackVersion           3.0
SerializationVersion        1.1.0.1
PSCompatibleVersions        {1.0, 2.0, 3.0, 4.0...}
PSRemotingProtocolVersion   2.3
```

你會立即看到每一個 PowerShell 相關元件的版本號，包括 PowerShell 自己。如果這個方法沒用，或者顯示的 PSVersion 不是 7.0 以上的版本號，那麼你使用的 PowerShell 不是這本書所需要的正確版本。請參考本章前面的小節（2.2、2.3 和 2.4，這取決你使用的作業系統）來取得最新版本 PowerShell 的安裝說明。

TRY IT NOW 我們不要再等了，現在就開始使用 PowerShell。首先，請檢查你的版本號，確保它至少是 7.1。如果不是，請在繼續學習之前，將版本升級至 v7.1 以上。

2.7 練習題

由於這是本書的第一批練習題，我們將花一些時間來說明應該要如何做這些練習題。對於每個練習題，我們都會給你一些你可以自行嘗試完成的任務。偶爾，我們會提供一、兩個提示，協助你朝著正確的方向前進。在那之後，就要靠你自己了。

我們掛保證，要完成每一個練習題的所有必要知識，都在該章節或之前章節的內容之中（而且我們最有可能提示你的資訊是之前有討論到的內容）。這並不是說答案就直接擺在你的眼前；通常，該章節都會引導你自行探索，你必須經歷這個探索的過程來找到答案。這可能會讓你感到有些挫折，但逼著自己這樣做，長期來看，絕對會使你在未來使用 PowerShell 更加得心應手。我們保證。

請記住，你可以在每一章的結尾找到範例的解答。我們的答案可能與你的不完全相同，而且隨著內容變得更加複雜，這種情況會越來越常見。你會發現，在 PowerShell 中，幾乎每項任務都有好幾種解法。我們會跟你分享我們最常用的解法，但如果你有不一樣的做法，那並不代表你有做錯。只要是能完成任務的方法，都是對的。

> **NOTE**　針對本章的練習題，無論你使用的作業系統是 Windows 10、macOS 或 Linux，你只要在機器上安裝 PowerShell 7.1 以上的版本，就算完成了。

我們先從最簡單的開始：我們只希望你能夠將「主控台」和「裝有 PowerShell 擴充套件的 Visual Studio Code」設定到滿足你的需求的程度。請按照以下 5 個步驟操作：

1　如果你還沒有下載及安裝任何所需的軟體，請你先去下載及安裝。

2　在你的 Terminal 應用程式中設定字型樣式和文字大小（你可能需要稍微找一下這個選項！），以及在 Visual Studio Code 中進行相同的設定（小提示 ...... 它是一個設定選項！）。

3　在 Visual Studio Code 中，請將 Console 區域放到最大；至於 Commands Explorer，你可以自行選擇保留或移除。

4　在這兩個應用程式中，分別輸入單引號（'）和反引號（`），並確認你可以清楚辨別這兩者在呈現上的差別。在美式鍵盤上（至少是這樣），反引號與波浪號（~）是同一個按鍵，該按鍵位於 Esc 鍵的下方。

5　請嘗試輸入小括號 ( )、中括號 [ ]、角括號 < > 和大括號 { }，檢查你所選擇的字型和大小，確認能讓這些符號清楚顯示、一目了然。如果這些符號看起來不易分辨，請更換其他字型或選擇更大的字型大小。

我們已經引導你完成大部分的步驟了，因此在這些練習題中，你不需要對答案，唯一要做的就是確實完成這 5 個步驟就好。

使用說明系統 3

在第 1 章中我們曾提及圖形使用者介面（GUI），它之所以易於學習和使用的一個主要原因，就是它的可發現性（discoverability），而像 PowerShell 這種命令列介面（CLI），由於缺少可發現性，學習和使用起來往往更加困難。但是實際上，PowerShell 其實擁有非常優秀的可發現性特質——只是這些特質不那麼明顯。其中一個主要的可發現性功能，就是它的說明系統（help system）。

3.1 說明系統：如何找到命令

請你稍微忍耐片刻，讓我們站上講台說教一下。我們所在的產業並不太重視閱讀這件事，雖然當我們希望使用者能「閱讀那份充滿善意的說明文件」（read the friendly manual）時，我們會使用一個縮寫，巧妙地將這件事傳遞給使用者知曉——即 RTFM。但是，大多數的系統管理員還是傾向於直接動手開始，利用一些像是工具提示、右鍵選單等等（那些 GUI 可發現性工具），來理解如何操作。這是我們習慣上的做法，我們相信你也是這麼做的。但有一點我們必須明確說明：

> 如果你不打算花時間閱讀 PowerShell 的說明文件，那麼你使用 PowerShell 的效果將大打折扣。你學不會如何使用它；你也學不會如何利用它來管理 Azure、AWS、Microsoft 365 等服務；那麼你還是繼續使用 GUI 會比較好。

　　這句話已經說得很清楚了。雖然它的說法很不客氣，但這是事實。試想一下，如果沒有工具提示、選單和右鍵選單的幫助，要如何了解 Azure 虛擬機器或其他的管理介面呢？而這跟不花時間閱讀和了解說明文件就想學習使用 PowerShell，是同樣的情形。這就像嘗試組裝百貨公司的 DIY 傢俱，卻不看說明書一樣。這樣的經歷會讓你感到挫折、困惑且沒有成效。所以，為何要這樣做呢？

　　當你要執行某項任務，但是卻不知道該使用哪一項命令時，說明系統就是你尋找該命令的地方。在考慮使用你最愛的搜尋引擎之前，建議先嘗試使用說明系統。

　　如果你執行一項命令時出現了錯誤，說明系統能告訴你如何正確地執行該命令，以避免出錯。而當你想要組合多項命令來完成複雜的工作時，說明系統能告訴你如何正確地組合每一項命令。你不需要在 Google 或 Bing 上搜尋範例；你應該學習如何使用這些命令，這樣你才能建立屬於自己的範例和解法。

　　我們承認我們的說教可能有點過於直接，但是在許多論壇中，我們看到使用者遇到的問題，其中有 90%，只要他們肯花幾分鐘坐下來，深呼吸並閱讀說明文件，問題就能迎刃而解。接下來，我們來閱讀這一章，它主要是為了幫助你更好地理解你在 PowerShell 中閱讀的說明文件。

　　從此刻起，我們鼓勵你閱讀說明文件，原因如下：

❏ 雖然我們在範例中展示了很多命令，但是為了讓你更輕鬆掌握概念，我們幾乎不會展示每一個命令的全部功能、選項和特性。我們建議你詳細閱讀我們展示的每一個命令的說明文件，這樣你就能熟悉每一個命令能做得到的額外行為。

❏ 在練習題中，我們或許會提示你關於任務應該使用的一些命令，但是我們不會提示你語法。你需要使用說明系統自行找出那些語法來完成練習題。

❏ 我們向你保證，要成為 PowerShell 的專家，精通說明系統是個關鍵。雖然你不可能在其中找到每一項微小的細節，且很多非常進階的技巧並不在說明系統中，但是，若想要成為一名在日常工作中表現卓越的系統管理員，你一定要精通說明系統。本書會讓你更加了解這個系統，也會教你那些在說明文件中被省略的概念，而這一切只有在與內建的說明系統一起搭配使用時，才有成效。

　　好了，現在我們要下台停止說教了。

> **命令與 cmdlet**
>
> PowerShell 包含許多種可執行的命令。有些被稱為 cmdlet (我們將在下一章介紹 cmdlet)，有些被稱為函式等等。總體而言，它們都是命令，而且說明系統適用於所有這些命令。cmdlet 是 PowerShell 特有的，而你執行的很多命令都是 cmdlet。但當我們談論到更通用的可執行工具類別時，會盡量統一使用「命令」這個詞彙。

3.2　可更新的說明文件

當你第一次在 PowerShell 啟動說明系統時，你可能會感到驚訝，因為，嗯，它似乎沒有什麼內容，但等等，我們可以解釋這一切。

從 PowerShell v3 這個版本開始，Microsoft 增加了一個名為「可更新的說明系統」（updatable help）的新功能。PowerShell 可以直接從網路上下載最新、已修正和更詳盡的說明文件。當你第一次查詢某個命令的說明時，你會得到一個自動產生的精簡版內容，同時還附帶一條如何更新說明文件的訊息，它可能看起來像下面這樣：

```
PS /User/travisp> help Get-Process
NAME
    Get-Process

SYNTAX
    Get-Process [[-Name] <string[]>] [-Module] [-FileVersionInfo]
    [<CommonParameters>]

    Get-Process [[-Name] <string[]>] -IncludeUserName [<CommonParameters>]

    Get-Process -Id <int[]> -IncludeUserName [<CommonParameters>]

    Get-Process -Id <int[]> [-Module] [-FileVersionInfo] [<CommonParameters>]

    Get-Process -InputObject <Process[]> [-Module] [-FileVersionInfo]
    [<CommonParameters>]

    Get-Process -InputObject <Process[]> -IncludeUserName
 ➥ [<CommonParameters>]
```

```
ALIASES
    gps


REMARKS
    Get-Help cannot find the Help files for this cmdlet on this computer. It
    is displaying only partial help.
        -- To download and install Help files for the module that includes
    this cmdlet, use Update-Help.
        -- To view the Help topic for this cmdlet online, type: "Get-Help
    Get-Process -Online" or
        go to https://go.microsoft.com/fwlink/?LinkID=113324.
```

> **TIP**　你絕對會注意到你還沒有安裝本機的說明文件。當你第一次查詢說明時，PowerShell 就會提示你更新說明文件。

　　更新 PowerShell 的說明文件應該是你的首要任務。在 Windows PowerShell 中，你需要以「系統管理員」或等同於「root」的身分來更新說明文件。但在 PowerShell 6 以上的版本中，你可以用「目前的使用者」身分進行更新。只需要開啟 PowerShell 並執行 Update-Help，幾分鐘後你就可以開始使用了。

> **TIP**　如果你不是在 en-us 語言環境底下執行的話，你可能需要指定 -UICulture en-US 才能讓 Update-Help 正常運作。

　　定期每個月更新說明文件是非常重要的。PowerShell 甚至可以為非 Microsoft 的命令下載說明文件，只要這些命令的模組（module）有被擺放到正確的位置，且更新說明文件的線上位置也有被編寫進模組。（模組是 PowerShell 增加命令的方式，在第 7 章會有更詳細的說明。）

　　你有沒有一些電腦是不能夠上網的？不用擔心：只要找到一台可以上網的電腦，使用 Save-Help 儲存一份說明文件的副本到本機。再將它存放在檔案伺服器或其他內部網路能存取的位置。然後執行 Update-Help 並加上 -Source 參數，指向你存放說明文件的內部網路位置。這樣，你內部網路的任何電腦都可以從這個集中點更新說明文件，而不必從網際網路下載。

說明文件是開放原始碼的

Microsoft 的 PowerShell 説明文件是開放原始碼的資料，你可以在這裡找到它：https://github.com/MicrosoftDocs/PowerShell-Docs。這裡是查看最新原始碼的好地方，這些原始碼可能還沒有被編譯成 PowerShell 可以下載和顯示的說明文件。

3.3　查詢說明文件

　　PowerShell 提供了一個名為 `Get-Help` 的 cmdlet，用來存取說明系統。你可能會在一些範例（特別是網路上的範例）看到有人使用 `Help` 關鍵字來代替。但事實上，`Help` 關鍵字不是一個原生的 cmdlet；它是一個函式（function），它其實是 `Get-Help` 這個核心 cmdlet 的一個封裝。

macOS/Linux 上的說明文件

當你在 macOS 和 Linux 上查看說明文件時，它們會透過作業系統中傳統的 man（manual）功能來呈現，這通常會暫時「佔用」視窗的整個畫面來顯示說明文件，當你閱讀完畢後，視窗會回到正常的畫面。

　　`Help` 的運作方式與基本的 `Get-Help` 類似，但是 `Help` 將輸出的結果輸送給 `less`，讓你能用分頁的方式進行瀏覽，而不是一次看到所有說明文件的內容。執行 `Help Get-Content` 和 `Get-Help Get-Content` 產生的結果是一樣的，但前者採用分頁式顯示。你也可以執行 `Get-Help Get-Content | less` 來達到那種分頁式顯示的效果，但這樣會需要打更多的字。我們大多時候只會用 `Help`，但我們希望你能了解隱藏在背後的技巧。

　　順帶一提，有時候分頁式顯示會讓人覺得有點不太方便，尤其是當你已經看到你需要的資訊，但它還是要求你繼續用空白鍵來顯示剩餘的資訊時。如果你遇到這種情況，請按 `q` 來取消命令，並且回到 shell 的提示字元。在 `less` 中，`q` 代表退出（quit）。

　　說明系統有兩大主要的目標：一是協助你找到能完成特定工作的命令。二是在你找到這些命令之後，教你如何正確使用它們。

3.4 使用 Help 尋找命令

嚴格來講，說明系統並不知道 shell 中具體有哪些命令。它只知道有哪些說明主題（help topic）是可供查詢的，且有可能某些命令沒有說明文件，這樣的話，說明系統就不會知道這些命令的存在。幸好，Microsoft 開發的每一個 cmdlet 幾乎都提供了說明主題，所以你通常不會感覺到有什麼不同。此外，說明系統可以取得不僅限於特定 cmdlet 的資訊，還包括了背景知識和其他基本資訊。

跟大多數的命令一樣，Get-Help（當然也包括 Help）有幾個參數。其中最重要的一個參數是 -Name。這個參數用來指定你想要取得的說明主題名稱，它是一個位置參數（positional parameter），所以你不需要輸入 -Name，直接輸入你要尋找的名稱即可。它也接受萬用字元，這讓說明系統在尋找命令時更加方便。

例如，假設你想要對 .NET 物件上的事件（event）做某些事情。你不知道有哪些命令可以用，於是你決定搜尋與事件相關的說明主題。你可能會執行以下其中一個命令：

```
Help *event*
Help *object*
```

在你的電腦上，第一個命令會回傳如下的結果清單：

```
Name                     Category ModuleName

Get-Event                Cmdlet   Microsoft.PowerShell.Utility
Get-EventSubscriber      Cmdlet   Microsoft.PowerShell.Utility
New-Event                Cmdlet   Microsoft.PowerShell.Utility
Register-EngineEvent     Cmdlet   Microsoft.PowerShell.Utility
Register-ObjectEvent     Cmdlet   Microsoft.PowerShell.Utility
Remove-Event             Cmdlet   Microsoft.PowerShell.Utility
Unregister-Event         Cmdlet   Microsoft.PowerShell.Utility
Wait-Event               Cmdlet   Microsoft.PowerShell.Utility
```

> **NOTE** 在你從其他來源安裝了一些模組後，你可能會注意到命令說明清單中包含了來自像是 Az.EventGrid 和 Az.EventHub 這些模組的命令（及函式）。即使你還沒有將這些模組載入到記憶體，說明系統仍會顯示它們，這能幫助你發現在電腦上可能被忽略的命令。只要模組有安裝在正確的位置，它就能找到命令，我們會在第 7 章進一步討論。

在前述的命令清單中，很多 cmdlet 顯然都和事件有關。在你的環境中，也可能存在一些不相關的命令，或是一些提供背景知識的「about」主題（詳情將在 3.6 節中說明）。當你使用說明系統來尋找 PowerShell 的命令時，建議你盡量試著使用最廣義的關鍵字來進行搜尋，例如 *event* 或是 *object*，而不是 *objectevent*，因為這樣你可以得到更多的結果。

當你找到一個似乎能完成工作的 cmdlet 時（例如範例中的 Register-ObjectEvent 看起來很符合你的需求），你可以查詢與該特定主題有關的說明：

Help Register-ObjectEvent

請不要忘記 Tab 鍵自動完成！再次提醒，這個功能讓你只需要輸入命令的部分名稱，然後按下 Tab 鍵，shell 會自動完成最相近的內容。繼續按下 Tab 鍵，你會看到其他相似的選項。

> **TRY IT NOW** 請輸入 Help Register- 並按下 Tab 鍵。這樣會找到一些相似的命令，但不會自動完成完整的命令。在 Windows 的機器上，當你第二次按下 Tab 鍵時，它會持續顯示其他可用的命令選項。但在非 Windows 的機器上，如果你按下 Tab 鍵，第二次再按的時候，則會顯示可用的命令清單。

你也可以在 Help 中使用萬用字元，主要是 * 這個萬用字元，它代表零或多個字元。如果 PowerShell 只找到一個符合你輸入查詢的項目，它就不會列出該項目的所有主題。而是直接顯示該項目的內容。

> **TRY IT NOW** 執行 Help Get-EventS*，你應該會看到 Get-EventSubscriber 的說明文件，而不是一個與查詢相符的說明主題清單。

如果你一直在 shell 中跟著操作，你現在應該會看到 Get-EventSubscriber 的說明文件。這份文件稱為摘要說明（summary help），主要是提供命令的簡短說明和語法提示。當你想要迅速回想一個命令的使用方式時，這些資訊非常有用，而且這裡也是我們開始深入解析說明文件的起點。

> **追求卓越**
>
> 有些時候，我們想要分享一些資訊，雖然這些資訊很好，但是對於理解 shell 來說並不是必要的知識。我們會把這些資訊放在一個標題為「追求卓越」的小專欄裡面，就像現在這一個。如果你選擇忽略這些資訊，沒有問題；但如果你選擇閱讀它們，你經常可以學到一些新的方法，或是對 PowerShell 會有更深入的領悟。
>
> 我們曾提過，Help 命令主要不是用來搜尋 cmdlet；它是用來搜尋說明主題。但是因為每個 cmdlet 都有一個說明文件，所以其實它有異曲同工之妙。而你也可以直接使用 Get-Command cmdlet（或其別名 gcm）來搜尋 cmdlet。
>
> 與 Help cmdlet 一樣，Get-Command 也接受萬用字元，因此你可以執行 gcm *get* 來搜尋所有名稱中含有 get 的命令。然而，這樣的搜尋結果除了 cmdlet 外，還會包含像是 wget 這種可能不太相關的外部命令。
>
> 更好的做法是使用 -Noun 或 -Verb 參數。因為只有 cmdlet 的名稱含有名詞和動詞，所以結果將僅限於 cmdlet。Get-Command -Noun *event* 會回傳一個與事件相關的 cmdlet 清單；Get-Command -Verb Get 則會回傳所有具有取得功能的 cmdlet。你也可以使用 -CommandType 參數，來指定特定的 cmdlet 類型：Get-Command *event* -Type cmdlet 會列出名稱中含有 event 的所有 cmdlet，且不會包含任何外部的應用程式或命令。

3.5 解析說明文件

PowerShell 的 cmdlet 說明文件遵循一定的慣例。學會理解你所看到的內容，是從這些文件中獲取最多資訊，且更有效地使用 cmdlet 的重要關鍵。

3.5.1 參數集和一般參數

大部分的命令可以因應你的需求而有多種執行方式。例如，這是 Get-Item 說明文件中關於語法的部分：

```
SYNTAX
    Get-Item [-Stream <String[]>] [-Credential <PSCredential>] [-Exclude
    ➡ <String[]>] [-Filter <String>] [-Force] [-Include
    <String[]>] -LiteralPath <String[]> [<CommonParameters>]

    Get-Item [-Path] <String[]> [-Stream <String[]>] [-Credential
```

➡ `<PSCredential>] [-Exclude <String[]>] [-Filter <String>] [-Force]`
`[-Include <String[]>] [<CommonParameters>]`

請注意，上述的語法中，命令被列出了兩次，這表示該命令支援兩組參數集；因此，你有兩種該命令不同的使用方式。其中有一些參數會在這兩組之間共享。例如，你可以看到這兩組都有 -Filter 參數。不過，這兩組參數集中，各自至少有一個特定的參數只存在於某一組。舉例來說，第一組有 -LiteralPath 參數，第二組則沒有，而第二組中有 -Path 參數，第一組則沒有；兩組參數集中，都可能有其他非共享參數。

這裡說明了其運作方式：如果你使用了某一組之中特定的參數，你就被鎖定在那組，且只能使用該組內的其他參數。舉例來說，如果你選擇使用 -LiteralPath，你就不能使用另一組的 -Path 參數，因為它不屬於第一組。這裡意思就是 -Path 和 -LiteralPath 是互斥（mutually exclusive）的——你永遠不能同時使用它們，因為它們隸屬於不同的參數集。

有時候，你可能只會用到在多個參數集之間共享的參數來執行命令。在這些情況下，shell 通常會預設選擇第一組參數集。由於每一組參數集都代表著不同的行為，所以了解你正在執行的參數集是很重要的。

你會注意到，每一個 PowerShell cmdlet 的每一組參數集都以 `[<CommonParameters>]` 作為結尾。這指的是一組 11 個參數（在撰寫本書的時候），這些參數適用於每一個 cmdlet，無論你如何使用 cmdlet。我們在本書的後面會討論其中的一些一般參數，並在真實任務中使用它們。不過，在本章的後面，如果你有興趣的話，我們會告訴你在哪裡可以了解到更多關於這些一般參數的資訊。

NOTE 細心的讀者現在應該已經注意到我們範例中的某些變化。讀者會發現，依據他們所使用的 PowerShell 版本，看到的 Get-Item 說明文件會有所不同。你甚至可能會看到一些新的參數。不過，我們所要闡述的基礎知識和核心觀念仍然保持不變。所以，請不要過於糾結你看到的說明文件與我們在書中的範例有所出入。

3.5.2 選擇性參數和必要參數

在執行 cmdlet 時，你不必使用所有參數。PowerShell 的說明文件中，將選擇性參數（optional parameter）放在中括號之中。例如，[-Credential <PSCredential>] 就表示整個 -Credential 參數是選擇性的。你完全不需要使用它；如果你沒有透過這個參數指定其他憑證，cmdlet 可能會使用目前使用者的預設憑證。這也解釋了爲何 [<CommonParameters>] 是被放在中括號之中：你可以不使用任何一般參數來執行命令。

幾乎每個 cmdlet 都至少有一個選擇性參數。有些參數你可能從未使用過，而有些你可能在日常中經常使用。請記住，當你選擇使用一個參數時，只需要輸入參數名稱的一部分，足夠 PowerShell 明確識別你所指的參數即可。例如，-F 對於 -Force 來說是不夠明確的，因爲 -F 也可能是指 -Filter。但若使用 -Fo，就可以確定是指 -Force，因爲沒有其他參數是以 -Fo 開頭的。

如果你嘗試執行一個命令，卻忘記其中的必要參數（mandatory parameter），該怎麼辦？舉例來說，查看 Get-Item 的說明文件，你會發現 -Path 是必要的。這點可以從整個參數——它的名稱和值——都沒有被中括號括起來確認。這表示，如果整個參數和它的值有被中括號括起來，那麼該參數就是選擇性的（圖 3.1）。請試著執行 Get-Item 但不提供檔案路徑看看。

```
Get-Item [-Path] <System.String[]> [-Stream <System.String[]>] [-Credential
<System.Management.Automation.PSCredential>] [-Exclude <System.String[]>] [-Filter <System.String>] [-Force]
[-Include <System.String[]>] [<CommonParameters>]
```

▌圖 3.1 這是 Get-Item 的說明文件，其中顯示路徑變數可以接受一個由中括號 [ ] 表示的字串陣列

TRY IT NOW 請依照前述指示，執行 Get-Item 但不加任何參數。

PowerShell 應該會提示你輸入必要的 -Path 參數。如果你輸入 ~ 或 ./ 並按下 Enter 鍵，命令就會正確執行。你也可以按 Ctrl + C 來取消該命令。

3.5.3 位置參數

PowerShell 的設計者知道有些參數會被頻繁使用，所以你可能不會想要一直輸入參數的名稱。這些常用的參數通常是位置性（positional）的：只要你將值放在正確的位置，就可以不用輸入參數的名稱。你可以用兩種方式辨別位置參數：透過語法摘要（syntax summary）或完整的說明文件。

從語法摘要中尋找位置參數

你會在語法摘要發現第一種方式：參數名稱（只有名稱）會被中括號括起來。例如，請查看 `Get-Item` 的第二組參數中的前兩個參數：

```
[-Path] <String[]> [-Stream <String[]>]...[-Filter <String>]
```

第一個參數，`-Path`，不是選擇性的。這點可以從整個參數（它的名稱和值）都沒有被中括號括起來確認。但是參數名稱是被中括號括起來的，這表示它是一個位置參數——你可以直接提供路徑，無需輸入 `-Path`。而且因為這個參數在說明文件中是出現在第一個位置，你可以知道「路徑」是你必須提供的第一個參數。

第二個參數，`-Stream`，是選擇性的；它和它的值都被中括號括了起來。在這些中括號內，`-Stream` 並沒有被另一組中括號括起來，這就表示它不是一個位置參數。如果它是位置參數的話，它看起來會像 `[[-Stream] <string[]>]`。因此，你必須使用參數名稱來提供參數值。

`-Filter` 參數（出現在語法後面的部分；請執行 `Help Get-Item` 並自行尋找）是選擇性的，因為它整個被中括號括了起來。`-Filter` 名稱在中括號內，這表示如果你想使用這個參數，你必須輸入參數名稱（或者至少是部分名稱）。而使用位置參數有些小技巧：

- 你可以同時使用位置參數和需要指定名稱的參數。位置參數應該始終放在正確的位置上。例如，`Get-Item ~ -Filter *` 是合法的：`~` 會對應到 `-Path` 參數，因為該值位於第一個位置，而 `*` 會因為指定了參數名稱而對應到 `-Filter` 參數。
- 指定參數名稱一直都是有效的，而當你這麼做時，參數的順序就不是那麼重要了。`Get-Item -Filter * -Pa *` 是合法的，因為我們有指定參數名稱（對於 `-Path`，我們使用了縮寫）。

> **NOTE** 有一些命令，例如 Get-ChildItem，會有多個位置參數。第一個是 -Path，接著是 -Filter。當你使用多個位置參數時，要確保不要搞混了它們的順序。Get-ChildItem ~ Down* 是有效的，其中 ~ 會對應到 -Path，而 Down* 會對應到 -Filter。但是，Get-ChildItem Down* ~ 不會得到任何結果，因為 ~ 會對應到 -Filter，且很有可能沒有任何項目是符合的。

我們提供了一個建議的做法：在你熟悉某個 cmdlet 之前，請使用參數名稱，直到你對「一直重複輸入常用參數」感到厭煩時，再來使用位置參數，以節省輸入時間。但是，當你想要將命令儲存到文字檔中，方便重複使用時，請確保使用完整的 cmdlet 名稱和完整的參數名稱（請避免使用位置參數和參數名稱縮寫）。這樣做的目的是未來更容易閱讀和理解該檔案，而且因為你不必重複輸入參數名稱（畢竟這是你將命令儲存到檔案中的原因），所以不會替自己增加額外的打字工作。

從完整的說明文件中尋找位置參數

我們說過，你可以用兩種方式來找到位置參數。第二種方式需要你使用 Help 命令的 -Full 參數來開啟說明文件。

> **TRY IT NOW** 請執行 Help Get-Item -Full。當你查看說明文件時，可以使用空白鍵逐頁瀏覽，如果想在瀏覽完畢之前中途停止，請按下 Ctrl + C。現在，請你完整瀏覽這份文件的每一頁，這樣你就可以捲動回去查看所有內容。另外，你也可以嘗試使用 -Online 參數代替 -Full 參數，它應該適用於任何裝有瀏覽器的客戶端電腦或伺服器。但請注意，使用 -Online 的效果取決於說明文件的品質。如果該文件有問題，你可能看不到完整的內容。

往下翻頁，直到你看見 -Path 參數的說明內容。它應該看起來像圖 3.2。

```
-Path <System.String[]>
    Specifies the path to an item. This cmdlet gets the item at the specified location. Wildcard characters are
    permitted. This parameter is required, but the parameter name Path is optional.

    Use a dot ('.') to specify the current location. Use the wildcard character ('*') to specify all the items in
    the current location.

    Required?                    true
    Position?                    0
    Default value                None
    Accept pipeline input?       True (ByPropertyName, ByValue)
    Accept wildcard characters?  true
```

▌圖 3.2　從 Get-Item 的說明文件中截取一部分內容，其中顯示 -path 變數是必要的

　　從上述的例子中，你可以明白這是一個位置參數，根據位置索引 0 來判斷，它就位於 cmdlet 名稱後方第一個位置。

　　我們一直鼓勵學生在開始使用 cmdlet 時，專心閱讀完整的說明文件，而不是只看簡略的語法說明。閱讀說明文件可以揭示更多的細節，包括參數的使用說明。你還會發現，該參數接受萬用字元，所以你可以輸入像是 `Down*` 這樣的值。你不必完整地輸入一個項目的名稱，例如 Downloads 目錄。

3.5.4　參數值

　　說明文件也會給你關於「每個參數可接受的輸入類型是什麼」的線索。大部分的參數都期望某種類型的輸入值，這些值會直接跟在參數名稱的後面，並使用「空格」與參數名稱隔開（不是使用冒號、等號或任何其他的字元，但偶爾也可能會有例外）。在簡略的語法說明中，期望的輸入類型會用角括號 < > 來表示：

```
-Filter <String>
```

　　在完整的語法說明中也是這樣呈現的：

```
-Filter <String>
    Specifies a filter in the format or language of the provider. The
 value of this parameter qualifies the Path parameter.

    The syntax of the filter, including the use of wildcard characters,
 depends on the provider. Filters are more efficient than
    other parameters, because the provider applies them when the cmdlet
 gets the objects rather than having PowerShell filter
    the objects after they are retrieved.

    Required?                    false
    Position?                    named
    Default value                None
    Accept pipeline input?       False
    Accept wildcard characters?  true
```

讓我們來看看一些常見的輸入類型：

❏ String：由一系列的字母和數字所組成。有時候會包含空格，但當它們含有空格的時候，整個字串必須用引號括起來。例如，像是 /usr/bin 這樣的字串不需要用引號括起來，但 ~/book samples 就需要，因為它中間有空格。目前，你可以隨意使用單引號或雙引號，不過建議最好還是用單引號。

❏ Int、Int32 或 Int64：一個整數值（不含小數部分的數字）。

❏ DateTime：一般來說，指的是一個可以根據「你的電腦的地區設定」而被解讀為日期的字串。在美國，通常是像 10-10-2010 這樣的格式，表示了月、日和年。

當我們接觸到其他更特殊的類型時，我們會再進一步討論。你可能也會發現有些值多了中括號：

```
-Path <String[]>
```

String 後方兩個緊鄰的中括號不是表示某些內容是選擇性的。反之，String[] 表示該參數可以接受一個陣列、一個集合或是一個字串序列。在這種情況下，提供一個單獨的值是完全合法的：

```
Get-Item -Path ~
```

不過，指定多個值也是允許的。一個簡單的方式是使用逗號來分隔每個值。PowerShell 會將所有用逗號隔開的值序列視為是陣列：

```
Get-Item -Path ~, ~/Downloads
```

再次提醒，任何含有空格的單一值都必須用引號括起來。但是，整個值的序列則不應該用引號括起來；要確保只有單獨的值是放在引號之內。以下這樣是合法的：

```
Get-Item -Path '~', '~/Downloads'
```

雖然這兩個值都不需要使用引號括起來，但是你想要的話也是可以的。不過，像下面這樣的用法是錯誤的：

```
Get-Item -Path '~, ~/Downloads'
```

這樣子的話，cmdlet 將會試圖搜尋名為 ~, ~/Downloads 的檔案，這應該不是你想要的結果。

你也可以用其他方式將多個值傳遞給參數，例如，從檔案中讀取電腦名稱或使用其他命令。但是，這些技巧稍微複雜一點，所以我們會在後續的章節中進一步討論，屆時你會學到一些實現這些技巧所需的 cmdlet。

另一種你可以為參數指定多個值的方式（前提是它是必要參數），是完全不指定參數。跟所有的必要參數一樣，PowerShell 會提示你輸入參數值。對於接受多個值的參數，你只需要輸入第一個值後按下 `Enter` 鍵。接著，PowerShell 會提示你輸入第二個值，你在輸入後按下 `Enter` 鍵。持續這樣的步驟，直到所有參數值都輸入完成，最後在空白提示處按下 `Enter` 鍵，讓 PowerShell 知道你已經完成。跟以往一樣，如果你不想要被提示輸入，可以用 `Ctrl` + `C` 來終止命令。

除此之外的其他參數被視為開關（switch），不需要提供任何輸入值給它們。在簡略的語法說明中，它們看起來像下面這樣：

```
[-Force]
```

而在完整的語法說明中，它們看起來像這樣：

```
-Force [<SwitchParameter>]
    Indicates that this cmdlet gets items that cannot otherwise be
accessed, such as hidden items. Implementation varies from
    provider to provider. For more information, see about_Providers
(../Microsoft.PowerShell.Core/About/about_Providers.md).
    Even using the Force parameter, the cmdlet cannot override security
restrictions.


    Required?                    false
    Position?                    named
    Default value                False
    Accept pipeline input?       False
    Accept wildcard characters?  false
```

`[<SwitchParameter>]` 這部分確認了這是一個開關，且它不期望有輸入值。開關永遠不會是位置性的；你必須輸入參數的名稱（或至少是它的縮寫版本）。開關永遠是選擇性的，所以你可以選擇是否使用它。

例如，`Get-Item .*` 不會顯示任何檔案，但是 `Get-Item .* -Force` 則會列出所有檔名以 . 開頭的檔案，因為檔名以 . 開頭通常被認為是隱藏檔案（hidden file），而 `-Force` 參數指示命令要包含隱藏檔案。

3.5.5　尋找命令的範例

我們經常透過範例來學習，這也是我們嘗試在本書中塞入大量範例的原因。PowerShell 的設計者深知大多數的系統管理員都喜歡有範例，所以他們在說明文件中建立了很多範例。如果你捲動到 `Get-Item` 說明文件的最後面，你應該會注意到有十幾個如何使用該 cmdlet 的範例。

如果你只想查看這些範例，我們有一個較為簡單的方法。請使用 `Help` 命令的 `-Example` 參數，而非使用 `-Full` 參數：

```
Help Get-Item -Example
```

TRY IT NOW　　請使用這個新的參數查看 cmdlet 的範例。

NOTE　　由於 PowerShell 起源於 Windows，所以很多範例都使用 Windows 的路徑。然而你應該明白，你同樣可以使用 macOS 或 Linux 的路徑。事實上，無論在哪個平台上，PowerShell 都不會特別限制你使用 / 或 \ 當作目錄的分隔符號。

我們很愛這些範例，即使其中有一些可能有點複雜。如果你覺得某個範例太難懂，那麼請暫時不要理會它，先看其他的。或者可以稍微實驗一下（請確保是在非正式環境的電腦上），來看看你能否理解該範例的作用及原理。

3.6　查閱「about」主題

在本章的前面，我們提過 PowerShell 的說明系統除了提供特定 cmdlet 的說明之外，還包括背景知識的主題。這些背景知識的主題被稱「about」（關於）主題，因為它們的檔案名稱都是以 `about_` 開頭。你或許還記得，我們在前面也提過，所有的 cmdlet 都支援一組一般參數（common parameter）。你覺得要如何更深入地了解這些一般參數呢？

TRY IT NOW 在你繼續閱讀之前，請試著用説明系統列出這些一般參數看看。

你可以先嘗試使用萬用字元。因為 common 這個詞在本書中重複出現多次，它應該是一個適合作為開始的關鍵字：

```
Help *common*
```

事實上，它是一個非常好的關鍵字，因為它只配對到一個説明主題：About_common_parameters。也因為它是唯一符合的説明主題，所以它會立即自動顯示出來。當你稍微翻閱這個説明文件時，你會發現以下 11 個一般參數（撰寫本書的當下是 11 個）：

```
-Verbose
-Debug
-WarningAction
-WarningVariable
-ErrorAction
-ErrorVariable
-OutVariable
-OutBuffer
-InformationAction
-InformationVariable
-PipelineVaribale
```

該説明文件指出，PowerShell 有兩個額外的風險緩解（risk mitigation）參數，但並不是所有的 cmdlet 都能支援這些參數。雖然在説明系統中 about 主題極為重要，但因為它們沒有直接關聯到某個特定的 cmdlet，所以很容易被忽略。如果你執行 help about* 查詢所有的 about 主題，你可能會對 shell 中藏有這麼多大量的説明文件感到驚訝。

TRY IT NOW 請執行 get-help about_* 命令來查看所有的 about 主題。接著，再執行 got-help about_Updateable_Help。

3.7 查閱線上說明文件

PowerShell 的說明文件是由一般普通人撰寫的，這表示它們可能存在錯誤。除了更新說明文件（你可以執行 `Update-Help` 來更新），Microsoft 也在官方網站上提供了說明文件。使用 PowerShell 的 `help` 命令加上 `-Online` 參數後，系統會嘗試開啓指定命令的網頁版說明文件，即使在 macOS 或 Linux 也是如此！以下列命令為例：

```
Help Get-Item -Online
```

Microsoft 的 Docs 網站提供這些說明文件，而且它的內容通常比 PowerShell 本身安裝的版本還要新。如果你覺得某個範例或語法說明可能有誤，建議你瀏覽線上的說明文件。不是所有的 cmdlet 都有線上說明文件，要看每一個產品團隊（如負責 VM 功能的 Azure Compute 團隊、Azure Storage 團隊等等）是否有提供說明文件。但如果有的話，它會是內建說明文件的最佳補充。

我們很喜歡線上說明文件，因為當我們在 PowerShell 輸入命令時，可以在另一個視窗閱讀內容（說明文件在網頁瀏覽器中也能整齊呈現）。

這裡要特別提一下，對我們來說很重要的一件事情：自 2016 年 4 月起，Microsoft 的 PowerShell 團隊已經開放了他們所有說明文件的原始碼。這意謂著任何人都可以貢獻範例、修正錯誤，並全面提升說明文件的品質。你可以在 https://github.com/MicrosoftDocs/Powershell-Docs 找到這個線上的開放原始碼專案，裡面通常只包含 PowerShell 團隊擁有的文件；它不一定會包含其他團隊製作的 PowerShell 命令的文件。你可以直接向這些團隊提議開放他們文件的原始碼！

3.8 練習題

> **NOTE** 針對本章的練習題，你需要一台安裝了 PowerShell 7 的電腦。

我們希望本章能讓你深刻體會到精通 PowerShell 說明系統的重要性。現在，請透過完成以下任務來磨練你的技能。請記住，後面有參考答案。請特別留意任務中的「斜體字」，它們是幫助你完成任務的線索：

1 請執行 `Update-Help` 命令，並確保它能夠執行成功，且不出現任何錯誤，這樣你的電腦上就儲存了一份說明文件的副本。這會需要連上網際網路。

2 你是否能找出任一個可以將「其他 cmdlet 的輸出結果」轉換成 *HTML* 格式的 cmdlet？

3 有哪些 cmdlet 能夠將輸出結果轉送進檔案（*file*）中？

4 有多少個 cmdlet 可以用來操作處理程序（*process*）？（提示：切記，cmdlet 的名稱都是單數名詞。）

5 要在 PowerShell 設置（*set*）中斷點，你會考慮使用哪個 cmdlet？（提示：專屬於 PowerShell 的名稱通常以 *PS* 開頭。）

6 你已經知道別名其實是 cmdlet 的簡稱。那麼有哪些 cmdlet 能夠幫我們建立、更改、匯出或匯入這些別名（*alias*）呢？

7 有沒有辦法保留你在 shell 中輸入的所有內容的記錄（*transcript*），並將這些記錄儲存到文字檔中？

8 列出所有的處理程序可能會讓人有點混亂。要如何根據名稱來取得處理程序？

9 有沒有辦法透過 `Get-Process` 知道是誰啟動了該處理程序？

10 有沒有辦法在遠端主機上執行一個命令（*command*）？（提示：*Invoke* 是用來立即執行某項操作的動詞。）

11 請查閱 `Out-File` 這個 cmdlet 的說明文件。透過這個 cmdlet 產生的檔案，預設寬度是多少字元？有沒有參數可以讓你改變這個寬度？

12 預設的情況下，`Out-File` 遇到你所指定的檔名相同時，會直接覆蓋已存在的檔案。有沒有參數可以避免 cmdlet 覆蓋已存在的檔案？

13 如何列出 PowerShell 中已定義的所有別名（*alias*）？

14 結合使用別名和參數名稱的縮寫，要如何輸入「最簡短的命令」來找出名稱中包含 *process* 的命令（*command*）？

15 有多少 cmdlet 可以處理一般物件？（提示：請用單數型態的 *object* 而不是複數型態的 *objects*。）

16 在本章中，我們稍微提到了陣列（*arrays*）。你可以參考哪一個說明主題來獲得更多關於它們的資訊？

3.9 練習題參考答案

1 `Update-Help`

或是如果一天之內要執行多次的話，請改用下面的命令：

`Update-Help -force`

2 `help html`

或是你可以嘗試改用 `Get-Command`：

`Get-Command -Noun html`

3 `Get-Command -Noun file,printer`

4 `Get-Command -Noun process`

或是

`Help *Process`

5 `Get-Command -Verb set -Noun psbreakpoint`

或是你如果對具體的名詞沒有把握，可以改用萬用字元：

`help *breakpoint`

或是

`help *break*`

6 `help *alias`

或是

`Get-Command -Noun alias`

7 `help transcript`

8 `help Get-Process -Parameter Name`

9 `help Get-Process -Parameter IncludeUserName`

10 要透過 SSH 執行的命令是：

```
help Invoke-Command -Parameter hostname
```

或者，要透過傳統 Windows 協定執行的命令是：

```
help Invoke-Command -Parameter computername
```

11 Help Out-File -Full

或是

```
Help Out-File -Parameter Width
```

應該會顯示 PowerShell 主控台中預設寬度是 80 個字元。你可以使用此參數進行調整。

12 如果你執行 Help Out-File -Full 並查看其參數時，你應該會看到 -NoClobber。

13 Get-Alias

14 Gcm -na *process*

15 Get-Command -Noun object

16 help about_arrays

或是你可以使用萬用字元：

```
help *array*
```

執行命令

當你開始在網路上瀏覽 PowerShell 的範例時，很容易會覺得 PowerShell 是一種以 .NET 為基礎的指令碼或程式語言。我們的 Microsoft 最有價值專家（MVP）獲獎者，以及其他數以百計的 PowerShell 使用者，都是相當認真的極客（geek，又譯技客），他們喜歡深入研究 shell，探索其潛能。但幾乎我們所有人最初都是從本章標題開始起步的：執行命令。所以這也是你要在本章中學習的事情：不是編寫指令碼，不是編寫程式碼，而是執行命令和使用命令列工具。

4.1 關於安全性

好了，現在要來談論這一頭房間裡的大象了。PowerShell 非常出色，而且令人驚艷。但是，那些心懷惡意的人也和我們一樣喜愛 PowerShell。確保正式環境的安全性是每個人的首要之務。現在你應該能感受到 PowerShell 的強大威力，並開始擔心這種威力是否可能成為一個安全隱患。確實有可能。在這一小節中，我們的目標是幫助你深入了解 PowerShell 如何對環境中的安全性造成影響，並指導你調整 PowerShell，在安全性與功能性之間達到你所期望的平衡。

首先要強調的是，PowerShell 不會為它觸及的資料或功能增加額外的權限。PowerShell 只允許你進行原本就有權限的動作。如果你不能透過圖形化介面在 Active Directory 新增使用者，那麼在 PowerShell 中也是一樣的。PowerShell 只是一個利用你現有權限的工具。

PowerShell 並不是一個繞過現有權限的工具。假設你想要將一份指令碼部署到你的使用者那裡，但這份指令碼的功能是使用者正常情況下無權限執行的。那麼，該指令碼對他們來說是無效的。如果你想讓使用者能夠執行某些操作，你必須授予他們相對應的權限。PowerShell 只能執行那些使用者已經被授予權限的命令或指令碼。

PowerShell 的安全機制不是為了限制使用者輸入或執行他們已有權限的命令。它的理念是，「欺騙使用者輸入一個冗長又複雜的命令」這件事情是困難的，所以 PowerShell 不會套用任何使用者現有權限以外的安全策略。但根據過去的經驗，我們知道「欺騙使用者去執行一個可能含有惡意命令的指令碼」是很容易的。這也是為何 PowerShell 的安全設計目的是為了避免使用者在無意中執行指令碼。這裡強調的「無意中」（unintentionally）是重點：PowerShell 的安全措施不是為了阻止一個下定決心的使用者執行指令碼。而是為了避免使用者被誤導，從「不受信任的來源」執行指令碼。

4.1.1 執行原則

PowerShell 包含的第一項安全措施是執行原則（execution policy）。這項設定適用於整台機器，它規範了 PowerShell 能夠執行的指令碼。在 Windows 10 中，預設的設定是 `Restricted`。而在 Windows Server 上，預設是 `RemotedSigned`，但在非 Windows 的裝置上，執行原則不會執行。在 Windows 10 的裝置上，`Restricted` 的設定會完全阻止指令碼被執行。沒錯：在預設的情況下，你可以使用 PowerShell 直接互動並執行命令，但你無法使用它來執行指令碼。假設你從網路上下載了一份指令碼。當你嘗試要執行它時，你會看到以下的錯誤訊息：

```
File C:\Scripts\Get-DiskInventory.ps1 cannot be loaded because the execution
➡ of scripts is disabled on this system. Please see "get-help about_signing"
➡ for more details.
```

你可以執行 `Get-ExecutionPolicy` 來查看目前的執行原則。有三種方法可以讓你變更這個執行原則：

❏ 執行 `Set-ExecutionPolicy` 命令：這會修改 Windows Registry 中 `HKEY_LOCAL_MACHINE` 的設定值，通常必須由系統管理者來執行，因為一般的使用者沒有權限修改 Registry 中的這個部分。

❏ 使用群組原則物件（Group Policy Object，GPO）：從 Windows Server 2008 R2 開始，
PowerShell 的相關設定已被納入。圖 4.1 所顯示的 PowerShell 設定位於：Computer
Configuration > Policies > Administrative Templates > Windows Components > Windows
PowerShell。圖 4.2 則顯示該原則設定為已啟用。當透過 GPO 進行設定時，群組原則
的設定會優先於本機的設定。實際上，如果你試著執行 `Set-ExecutionPolicy`，它會
執行，但是會有一個警告訊息告訴你，因為群組原則覆寫的緣故，你的新設定並未生
效。

❏ 手動執行 `PowerShell.exe` 並使用其 `-ExecutionPolicy` 命令列選項：當你使用這種方
法時，所指定的執行原則會覆寫（override）任何本機及群組原則的設定。在圖 4.1 中
我們可以看到這個。

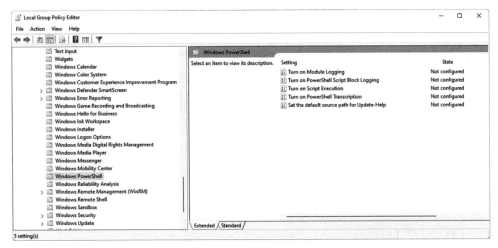

┃圖 4.1　在群組原則物件中尋找 Windows PowerShell 的設定

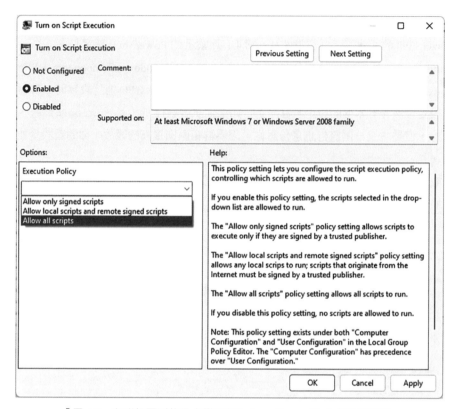

▌圖 4.2　在群組原則物件中變更 Windows PowerShell 的執行原則

你可以將執行原則設定為以下五個選項中的其中一個（請注意，群組原則物件只提供以下清單的中間三個選項）：

❏ Restricted：這是預設值，並且不會執行指令碼。只有少數「由 Microsoft 提供，用來建立 PowerShell 預設設定」的指令碼是例外。這些指令碼帶有 Microsoft 的數位簽章（digital signature），如果內容遭到修改，則不會執行。

❏ AllSigned：只要指令碼已經使用「受信任的憑證頒發機構（certification authority，CA）所簽發的程式碼簽章」進行數位簽署，PowerShell 就會執行它。

❏ RemoteSigned：PowerShell 會執行任何位於本機的指令碼，至於遠端的指令碼，只有當它們已經使用「受信任的 CA 所簽發的程式碼簽章」進行數位簽署，才會執行。遠端指令碼（remote script）指的是存放在遠端電腦的指令碼，通常透過「通用命名慣例（Universal Naming Convention，UNC）路徑」來存取。被標記為來自網際網路的指令碼也視爲遠端。像是 Edge、Chrome、Firefox 和 Outlook 這些瀏覽器或應用程式，都會將其下載的內容標記爲來自網際網路。

❑ Unrestricted：所有指令碼都會執行。

❑ Bypass：這是一個專爲應用程式開發者設計的特別設定，他們希望在他們的應用程式中整合 PowerShell。這個設定會繞過已設定的執行原則，且只有在該應用程式提供其專屬的指令碼安全性（script security）時，才應該使用。你基本上是在告訴 PowerShell：『別擔心，我已經有安全措施了。』

等等，不是吧？

你注意到了嗎，你可以在群組原則物件中設定執行原則，但也可以使用 PowerShell.exe 的參數來覆寫它？如果大家都可以輕輕鬆鬆地覆寫一個 GPO 所控制的設定，那麼這樣的設定又有什麼意義呢？這很明確地告訴我們，執行原則主要是為了保護那些不知情的使用者，防止他們「無意中」執行未知的指令碼。

執行原則不是為了限制「知情的使用者」故意的行為。它不是那種一般意義上的安全設定。

事實上，一個技術高超的惡意程式設計師可以直接利用 .NET Framework 的功能，而不必麻煩地使用 PowerShell 當作跳板。換言之，如果某個未經授權的使用者擁有你電腦的系統管理者權限，並且能隨意執行程式碼，那麼你已經面臨風險了。

Microsoft 建議，當你想要執行指令碼時，請使用 RemoteSigned，且只在「確實需要執行指令碼的機器」上使用。除此之外，其他電腦最好設定爲 Restricted。根據 Microsoft 的說法，RemoteSigned 在安全性與便利性之間取得了良好的平衡。AllSigned 雖然更爲嚴格，可是它要求你所有的指令碼都必須進行數位簽署。至於 PowerShell 社群，整體而言，大家對於「什麼是適當的執行原則」持有各種不同的意見。不過，現階段，我們還是建議你遵循 Microsoft 的指引，如果你感興趣的話，後續可以自行深入探索這個主題。

NOTE 許多專家，包含 Microsoft 自家的「指令碼達人」，都建議將 ExecutionPolicy 設定爲 Unrestricted。他們的觀點是，這項功能其實沒有提供真正的安全保護，你不應該錯誤地相信它能保護你免於任何風險。

4.2 執行命令，而非編寫指令碼

正如其名，PowerShell 是一個 shell。你可能曾經使用過或至少聽過的其他 shell 包括 cmd.exe、Bash、Zsh、fish 和 ksh。PowerShell 不只是一個 shell，它還是一種指令碼語言，但它的運作方式與 JavaScript 或 Python 有所不同。

就跟大多數程式語言一樣，你會坐在文字編輯器或整合開發環境（IDE）的前面，輸入一連串的關鍵字來撰寫指令碼。完成後，你會儲存該檔案，或許還會雙擊它來進行測試。PowerShell 雖然也可以這麼做，但這不完全是 PowerShell 主要的使用模式，尤其是對於新手來說。在 PowerShell 中，你只需要輸入一個命令，加上一些參數來調整其行為，然後按下 Enter 鍵，就能立即看到結果。

最終，你會對一遍又一遍地輸入相同的命令（及其參數）感到厭煩，所以你會將它全部複製並貼到一個文字檔中。只需給該檔案一個 .ps1 的副檔名，你馬上就擁有了一個 PowerShell 指令碼。現在，你不用再重複輸入命令，只需執行該指令碼，它就會執行裡面所有的命令。這通常比使用「完整的程式語言」寫程式還要簡單。事實上，這也是 UNIX 系統管理員多年來使用的一種模式。常見的 UNIX/Linux shell，例如 Bash，也採用類似的方法：不斷執行命令，直到取得預期結果，然後將它們貼到一個文字檔中，並儲存爲指令碼。

請不要誤解我們的意思：你完全可以根據需求，使用 PowerShell 來達到所需的複雜程度。它確實支援與「Python」和「其他指令碼或程式語言」相同的使用模式。PowerShell 讓你能夠充分利用 .NET Core 的潛在能力，我們甚至見識到，某些 PowerShell 的「指令碼」與在 Visual Studio 中編寫的「C# 程式」幾乎沒有差別。PowerShell 之所以支援這麼多元的使用方式，是因爲它設計的初衷就是爲了滿足各種使用者的需求。關鍵在於，儘管它支援那樣層次的複雜性，並不意謂著你就必須要在那樣的層次上使用它，你完全可以在更簡單的情境下實現高效率。

這裡有一個比喻。你也許會開車。如果你和我們一樣，那麼換機油可能是你對汽車做過最複雜的機械工作。我們都不是汽車的狂熱愛好者，也不知道如何修復引擎。我們也做不出你在電影裡看到的那些酷炫的高速 J-Turn（J 型轉彎，又譯調頭迴轉）。你永遠不會看到我們在封閉的賽道上拍攝汽車廣告。但即使我們不是專業的特技司機，這並不妨礙我們在較簡單的情境下成爲出色的司機。或許有一天，我們會選擇把特技駕駛當作一項嗜好（這一定會讓我們的保險公司感到激動），屆時我們就得更深入了解我們的車子如何運作，再掌握一些新的技能等等。這樣的可能性始終存在，隨時等著我們去追求。但現在，我們就是一個普通的駕駛人，並對所能達成的成果感到滿意。

目前，我們決定繼續當一個普通的「PowerShell 駕駛人」，以較簡單的方式來操作這個 shell。信不信由你，這樣程度的使用者才是 PowerShell 的主要目標受眾，而且你會發現，這樣的程度就能做出很多不可思議的事情了。你只需要掌握在 shell 中執行命令的能力，你就已經邁出了第一步。

4.3　命令的結構

圖 4.3 顯示的是一個複雜的 PowerShell 命令的基礎結構。我們稱之為一個命令的完整形式語法（full-form syntax）。在這裡，我們展示了一個相對複雜的命令，讓你能看到所有可能出現的組成部分。

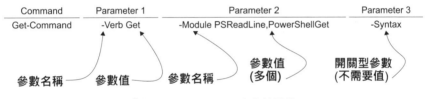

▌圖 4.3　PowerShell 命令的結構

為了確保你完全熟悉 PowerShell 的規則，我們將詳細解釋圖 4.3 中的每一個元素：

❏ cmdlet 的名稱是 `Get-Command`。PowerShell cmdlet 始終遵循這種「動詞 - 名詞」的命名格式。我們在下一小節會更詳細地解釋 cmdlet。

❏ 第一個參數名稱是 `-Verb`，並被賦予了 `Get` 這個值。由於這個值中沒有空格或標點符號，因此不必用引號括起來。

❏ 第二個參數名稱是 `-Module`，並被賦予了兩個值：`PSReadLine` 和 `PowerShellGet`。這些值以逗號分隔，且因為它們都沒有包含空格或標點符號，所以不必用引號括起來。

❏ 最後一個參數 `-Syntax`，它是一個開關型參數（switch parameter）。這表示它不需要賦值；只要指定參數即可。

❏ 請注意，命令名稱和第一個參數之間，必須要有一個空格。

❑ 參數名稱始終以連字號（-）開頭。

❑ 參數名稱的後面，以及參數值與下一個參數名稱之間，都必須要有一個空格。

❑ 參數名稱前的連字號（-）與參數名稱本身之間，沒有空格。

❑ 這裡的所有內容都不區分大小寫。

　請習慣這些規則。對於打字的精確度和整齊度要有所警覺。留意空格、連字號及其他提到的那些規則，這樣可以避免在 PowerShell 中遇到不必要的小錯誤。

4.4 cmdlet 的命名慣例

　首先，讓我們來討論一些術語。據我們所知，我們是唯一會在日常對話中使用這些術語的人，而我們一直都是這麼做的，因此我們最好解釋一下：

❑ cmdlet 是原生的 PowerShell 命令列工具。它們只存在於 PowerShell 內，並且是用 .NET Core 有支援的程式語言（如 C#）所編寫的。cmdlet 這個詞是 PowerShell 獨有的，所以如果你在喜愛的搜尋引擎上使用它作為搜尋關鍵字，大部分的搜尋結果都會是與 PowerShell 有關。這個詞的正確發音是 command-let。

❑ 函式（function）在功能上可能與 cmdlet 類似，但不是用 .NET 的程式語言編寫的，而是用 PowerShell 自己的指令碼語言編寫的。

❑ 應用程式（application）指的是任何外部的可執行檔（executable），包括了命令列工具，例如 `ping` 和 `ipconfig`。

❑ 命令（command）是我們用來統稱上述所有項目的通用詞彙。

　Microsoft 已經為 cmdlet 制定了一套命名慣例（naming convention）。這套命名慣例應該也適用於函式，但除了 Microsoft 的員工外，他們不能要求其他人也必須遵循這樣的規則。

　規則是這樣的：名稱以標準的動詞開頭，像是 `Get`、`Set`、`New` 或 `Pause`。你可以執行 `Get-Verb` 來列出所有許可的動詞（你會看到大概有 100 個，但只有十幾個是經常使用的）。動詞後面接著的是一個連字號，然後是單數型態的名詞，像是 `Job`、`Process` 或 `Item`。開發者可以自行定義名詞，所以沒有 `Get-Noun` cmdlet 可以列出所有的名詞。

　　為什麼這條規則這麼重要呢？試想，假設我們告訴你有一些 cmdlet 的名稱叫做 Start-Job、Get-Job、Get-Process、Stop-Process 等等。你能猜出哪個命令可以在你的電腦上啓動新的處理程序嗎？你知道哪個命令可以修改 Azure 虛擬機器（virtual machine，VM）嗎？如果你的第一個答案是 Start-Process，那你猜對了。如果你的第二個答案是 Set-VM，那你猜得很接近：正確答案是 Set-AzVM，你會在 Azure VM 的 Az.Compute 模組中找到它（我們會在第 7 章詳細介紹模組）。所有的 Azure 命令都使用相同的前綴 Az，後面跟著該命令要與之互動的名詞。其主要目的是，透過這種一致性的命名慣例和有限的動詞選擇，讓你能夠猜測命令的名稱，然後可以使用 Help 或 Get-Command 加上萬用字元，來輔助你確認你的猜測。如此一來，你可以更容易找出所需的命令名稱，而不必每次都去 Google 或 Bing 搜尋。

> **NOTE**　不是所有稱為動詞的都是真的動詞。雖然 Microsoft 官方使用「動詞 - 名詞」的命名慣例，但你還是會看到像 New、Where 等等這樣的「動詞」。你會習慣這一點的。

4.5　別名：命令的暱稱

　　雖然 PowerShell 的命令名稱明確且一致，但它們也可能很長。像是 Remove-AzStorageTableStoredAccessPolicy 這樣的命令名稱，儘管有 Tab 鍵自動完成功能，要輸入起來眞的很長。命令名稱是很清楚沒錯，光用看的就能猜出它的功能，可是要輸入這麼長的名稱還是很麻煩。

　　這就是 PowerShell 別名的用途所在。別名（alias）基本上就是命令的暱稱（nickname）。你對於輸入 Get-Process 覺得累了嗎？試試這個：

```
PS /Users/james> Get-Alias -Definition "Get-Process"
Capability      Name
                ====
Cmdlet          gps -> Get-Process
```

　　現在你已經知道 gps 就是 Get-Process 的別名。

　　使用別名時，命令的運作方式與原名完全相同。所有的參數都沒有變；一切都一樣，只是命令名稱變得更短。

　　如果你碰到一個不熟悉的別名（網路上的鄉民常常使用它們，好像預期每個人都記住了數百個內建的別名似的），你可以尋求說明系統的幫助：

```
PS /Users/james> help gps
NAME
    Get-Process
SYNOPSIS
    Gets the processes that are running on the local computer.
SYNTAX
    Get-Process [[-Name] <String[]>] [-FileVersionInfo] [-Module]
    [<CommonParameters>]
    Get-Process [-FileVersionInfo] -Id <Int32[]> [-Module]
    [<CommonParameters>]
    Get-Process [-FileVersionInfo] -InputObject <Process[]> [-Module]
    [<CommonParameters>]
    Get-Process -Id <Int32[]> -IncludeUserName [<CommonParameters>]
    Get-Process [[-Name] <String[]>] -IncludeUserName [<CommonParameters>]
    Get-Process -IncludeUserName -InputObject <Process[]>
    ➥ [<CommonParameters>]
```

　　當你向說明系統查詢某個別名時，說明系統會顯示完整的命令說明文件，其中包括命令的完整名稱。

追求卓越

你可以使用 New-Alias 來建立自己的別名，使用 Export-Alias 可以匯出別名清單，使用 Import-Alias 則可以匯入之前已建立的別名清單。當你建立好一個別名時，它只會存在於目前的 shell 工作階段。一旦你關閉視窗，它就會消失。這就是為什麼你可能會想要匯出它們，這樣就能在其他的 PowerShell 工作階段中使用。

我們通常不建議建立或使用自訂的別名，因為除了建立它們的人之外，對其他人來說沒有任何用處。如果有人不知道 xtd 的用途，我們就製造了不必要的困惑和不相容問題。

而 xtd 實際上沒有任何功能。它只是我們隨意建立的一個假別名而已。

　　我們必須強調，因為 PowerShell 現在也支援非 Windows 的作業系統，所以它對於別名的概念與「Bash 中的別名」略有不同。在 Bash 中，別名可以是一個帶有多個參數的命令捷徑（shortcut）。但在 PowerShell 中不是這樣的。別名只是命令名稱的暱稱，且別名不能包含任何預設的參數。

4.6 使用捷徑

這是 PowerShell 容易產生混淆的部分。我們很想告訴你，到目前為止我們展示的所有內容都是唯一正確的方式，但這會是一種誤導。而且，更糟的是，當你在網路上偷（呃，或是借用）其他人的範例時，你得清楚知道你正在看的是什麼。

除了命令名稱可以使用別名簡化之外，參數也可以使用捷徑。你有三種方法可以做到這件事情，而每一種都可能比上一種更令人難以理解。

4.6.1 截短參數名稱

PowerShell 並不會強迫你輸入完整的參數名稱。你應該還記得第 3 章的例子：你可以使用 -comp 來代替 -ComputerName。基本原則是你必須輸入足夠的名稱，使 PowerShell 能夠識別它。如果存在 -ComputerName、-Common 和 -Composite 這些參數，你至少要輸入 -compu、-comm 和 -compo，因為這是識別每個參數所需的最少字元。

如果你必須使用捷徑，這個方法還算不錯，只要你能記得在輸入最短長度的參數後按 Tab 鍵，這樣 PowerShell 就會自動為你完成剩下的輸入。

4.6.2 使用參數名稱的別名

參數也可以有自己的別名，雖然它們可能非常難找，因為它們不會在說明文件或其他方便查閱的地方出現。例如，Get-Process 命令中就有一個 -ErrorAction 參數。要找出它的別名，你可以執行以下命令：

```
PS /Users/james> (get-command get-process | select -Expand
   parameters).erroraction.aliases
```

我們已經將「命令」和「參數名稱」粗體顯示；你可以將其替換成你想知道的特定命令和參數。在上述的例子當中，執行的結果顯示 -ea 是 -ErrorAction 的別名，因此你可以這樣執行：

```
PS /Users/james> Get-Process -ea Stop
```

Tab 鍵自動完成功能會顯示 -ea 這個別名；如果你輸入 Get-Process -e 並開始按 Tab 鍵，它就會出現。但是該命令的說明文件中卻完全沒有顯示 -ea，且 Tab 鍵自動完成功能也沒有明確指示 -ea 和 -ErrorAction 兩者是相同的參數。

> **NOTE** 這些被稱為一般參數。你可以執行這個命令 Get-Help about_CommonParamaters 來閱讀更多關於它們的資訊。

4.6.3 使用位置參數

當你在說明文件中查看命令的語法時，你可以很明顯地識別出位置參數：

```
SYNTAX
    Get-ChildItem [[-Path] <string[]>] [[-Filter] <string>] [-Include
    ➥ <string[]>] [-Exclude <string[]>] [-Recurse] [-De
    pth <uint>] [-Force] [-Name] [-Attributes {ReadOnly | Hidden | System |
    ➥ Directory | Archive | Device | Normal | Tem
    porary | SparseFile | ReparsePoint | Compressed | Offline |
    ➥ NotContentIndexed | Encrypted | IntegrityStream | NoScr
    ubData}] [-FollowSymlink] [-Directory] [-File] [-Hidden] [-ReadOnly]
[-System] [<CommonParameters>]
```

在這裡，-Path 和 -Filter 都是位置參數，你可以從「參數名稱」和「其接受的輸入」都被中括號括起來得知。更詳細的說明可以在完整的說明文件中找到（在目前這個例子中，命令是 help Get-ChildItem -Full），其內容如下：

```
-Path <String[]>
    Specifies a path to one or more locations. Wildcards are
    permitted. The default location is the current directory (.).
    Required?                    false
    Position?                    0
    Default value                Current directory
    Accept pipeline input?       true (ByValue, ByPropertyName)
    Accept wildcard characters?  True
```

　　這明確地指出 -Path 參數位於位置 0，也就是說，它是 cmdlet 之後的第一個參數。使用位置參數時，你不需要打出參數的名稱；只要在對應的位置給予其值即可。例如：

```
PS /Users/james> Get-ChildItem /Users
    Directory: /Users
Mode                LastWriteTime     Length Name
----                -------------     ------ ----
d----          3/27/2016 11:20 AM            james
d-r--          2/18/2016  2:06 AM            Shared
```

　　這和下面是一樣的：

```
PS /Users/james> Get-ChildItem -Path /Users
    Directory: /Users
Mode                LastWriteTime     Length Name
----                -------------     ------ ----
d-----         3/27/2019 11:20 AM            james
d-----         2/18/2019  2:06 AM            Shared
```

　　使用位置參數的問題在於，你必須記住每個參數的正確位置。所有的位置參數都必須先按照正確的順序輸入，然後才能加入其他具名的（named，非位置性的）參數。如果你搞錯了參數的順序，該命令就會出錯。對於像 Dir 這樣簡單的命令來說，你可能已經使用好多年了，要輸入 -Path 會感覺有點奇怪，大多數的人都不會這麼做。但對於更複雜的命令來說，也許會有三到四個位置參數，要記住它們的位置可能不太容易。

　　例如，這段內容就不太容易解讀：

```
PS /Users/james> move file.txt /Users/james/
```

　　而這個版本，它使用完整的命令和參數名稱，讓人更容易理解：

```
PS /Users/james> move-item -Path /tmp/file.txt -Destination /Users/james/
```

　　這個版本，雖然參數的順序有所不同，但只要你指定參數名稱，這樣的順序也是可以的：

```
PS /Users/james> move -Destination /Users/james/ -Path /tmp/file.txt
```

　　一般來說，我們不建議使用位置性的（非具名的）參數，除非你是要在命令列中快速地輸入一些簡單的命令。任何需要長久儲存的內容，如 PowerShell 指令碼或部落格文章，都應該明確寫出所有的參數名稱。在本書中，我們就會盡可能這麼做，除了在某些情況下，爲了使命令列符合實體書的印刷頁面，我們才會縮短它。

4.7 外部命令的支援

到目前爲止，你在 shell 中執行的所有命令（至少是我們建議你執行的那些），都是內建的 cmdlet。在你的 Windows 機器上，PowerShell 內建了超過 2,900 個 cmdlet，而在你的 Linux 或 macOS 機器上，則有超過 200 個。你還可以增加更多，像是 Azure PowerShell、AWS PowerShell 和 SQL Server 等產品的增益集（add-ins）中，都附帶了數以百計額外的 cmdlet。

但你不受限於只能使用 PowerShell 的 cmdlet。你還可以使用那些你已經熟悉多年的外部命令列工具，包括像是 ping、nslookup、ifconfig 或 ipconfig 等等。由於這些不是原生的 PowerShell cmdlet，所以你使用它們的方式就跟過去習慣的一樣。現在就請你嘗試用一些你喜歡的工具吧。

在非 Windows 作業系統上也是同樣的情況。你可以使用 grep、bash、sed、awk、ping 和其他現有的命令列工具。這些工具會照常執行，而 PowerShell 會像你過去使用的 shell（如 Bash）那樣顯示它們的執行結果。

> **TRY IT NOW** 試著執行一些你之前使用過的外部命令列工具。它們是否正常運作？有哪些工具執行失敗？

這一小節給了我們一個重要的啓示：使用 PowerShell 時，Microsoft（可能是有史以來第一次）沒有說：『你必須從頭開始並重新學習所有事物。』相反地，Microsoft 告訴你：『如果你已經熟悉如何進行某項操作，就繼續那樣做。我們會嘗試爲你提供更好、更完整的工具，但你之前所學的方法都還依然適用。』

在某些情況下，Microsoft 提供了比一些既有、老舊的工具更好的選擇。舉例來說，原生的 Test-Connection cmdlet 相較於過去的外部 ping 命令，提供了更多選項和更有彈性的結果輸出方式。但如果你熟悉如何使用 ping，且它能滿足你的需求，那麼就放心地繼續使用吧。它在 PowerShell 中會運作得很好。

雖然如此，我們還是要告訴你一個殘酷的事實：不是所有的外部命令都能在 PowerShell 中順利地運作，至少不是在你沒有微調過的情況下。這是因爲 PowerShell 的解析器（parser）有時可能無法正確地解讀（解析器會負責讀取你輸入的內容，並試著判斷你想要 shell 做什麼）。有時候，你輸入了一個外部命令，PowerShell 可能會解讀錯誤，開始顯示錯誤訊息，且通常無法正常運作。

例如，當一個外部命令有很多參數時，事情可能會變得複雜，而這也是你最容易看到 PowerShell 出錯的地方。我們不打算深入探討其背後的運作原理，但以下是一個確保命令參數能正確執行的方法：

```
$exe = "func"
$action = "new"
$language = "powershell"
$template = "HttpTrigger"
$name = "myFunc"
& $exe $action -l $language -t $template -n $name
```

這裡假設你有一個名爲 func 的外部命令。（這是一個眞實存在的命令列工具，用於與 Azure Functions 進行互動。）如果你未曾使用過它或沒有安裝它，那也沒關係；大多數傳統的命令列工具運作方式都是相同的，所以這仍然是一個很好的教學範例。這個工具可以接受幾個參數：

❏ "new" 是你想要進行的操作，而 -new、init、start 和 logs 是選項。

❏ -l 是你想要函式使用的程式語言。

❏ -t 是你想要使用的範本。

❏ -n 是函式的名稱。

我們所做的是把所有不同的元素（包括可執行檔的路徑和名稱，以及所有的參數值）都放進以 $ 符號開頭的預留位置（placeholder）中。這樣做是爲了讓 PowerShell 將這些值視爲一個整體，而不是去解析它們，看看是否含有命令或特殊字元。然後，我們使用呼叫運算子（&），將可執行檔的名稱、所有的參數和參數值傳遞給它。這種模式適用於幾乎所有在 PowerShell 中執行有困難的命令列工具。

聽起來很複雜是吧？但有個好消息要告訴你：在 PowerShell v3 以上的版本中，你不需要這麼麻煩。只要在任何內容前面加上兩個連字號和一個百分比符號，PowerShell 就不會試圖去解析它；它會直接傳遞給你正在使用的命令列工具。更明確地說，這表示你不能將「變數」作爲參數值傳遞。

以下是一個會執行失敗的簡單範例：

```
PS /Users/james> $name = "MyFunctionApp"
PS /Users/james> func azure functionapp list-functions --% $name

Can't find app with name "$name"
```

我們嘗試使用 func 這個命令列工具，在 Azure 函式應用程式中列出所有名爲 "MyFunctionApp" 的函式，但是，如果我們清楚地指出所需的內容，PowerShell 就會將所有的參數傳遞給底下的命令，而不進行任何處理：

```
PS /Users/james> func new -t HttpTrigger -n --% "MyFunc"
Select a template: HttpTrigger
Function name: [HttpTrigger] Writing /Users/tyler/MyFuncApp/MyFunc/run.ps1
Writing /Users/tyler/MyFuncApp/MyFunc/function.json
The function "MyFunc" was created successfully from the "HttpTrigger"
➡ template.
PS /Users/james>
```

但願你不需要經常這麼做。

4.8 處理錯誤

在剛開始使用 PowerShell 的初期，你一定會看到一些刺眼的紅色錯誤訊息，而即使你已經是專家級的 shell 使用者，偶爾還是會遇到。我們都經歷過這樣的情況。但別因爲這些紅色的文字而讓你感到壓力。（個人感覺，這會讓我們回憶起高中的英文課和那些寫得不好的作文，所以稱它是「壓力」還眞的是太保守了。）

撇開那些醒目的紅色警告文字不談的話，PowerShell 的錯誤訊息在近年來已經有了很大的進步（很大程度上是因爲錯誤訊息也是開放原始碼的）。例如，在圖 4.4 中，它們試著準確地告訴你 PowerShell 在哪裡遇到問題。

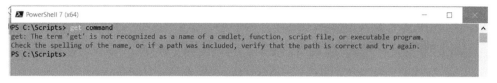

▌圖 4.4　解析 PowerShell 的錯誤訊息

大部分的錯誤訊息都很容易理解。在圖 4.4 中，開頭它就說：「你輸入了 `get`，而我不知道那是什麼意思。」這是因為我們輸入了錯誤的命令名稱：正確的應該是 `Get-Command`，而不是 `Get Command`。哎呀。那圖 4.5 呢？

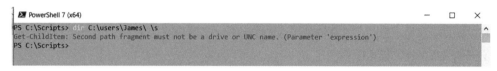

▌圖 4.5　什麼是「第二個路徑片段」？

在圖 4.5 錯誤訊息中的「第二個路徑片段不可以是磁碟機或 UNC 名稱」令人困惑。什麼是第二個路徑？我們並沒有輸入第二個路徑。我們只輸入了一個路徑 `C:\Users\James`，以及一個命令列參數 `\s`。這樣沒錯吧？

其實不對。要解決這種問題，最簡單的方法之一就是閱讀說明文件，並完整地輸入命令。如果我們輸入了 `Get-ChildItem -Path C:\Users\james`，就會意識到 `\s` 不是正確的語法。我們原本想用的是 `-Recurse`。有時候，錯誤訊息可能看起來沒有幫助，當你感覺你和 PowerShell 好像在說不同語言，確實就是這樣。PowerShell 顯然不會改變它的語言，所以你才是那個出錯的人，因此，參考說明文件並完整地輸入命令、參數等，往往才是最迅速的解決方式。

4.9　常見的困惑點

在每一章的結尾，只要我們認為有必要，我們都會加入一個簡短的小節，用來討論我們經常看到的常見錯誤。目的是為了幫助其他像你一樣的系統管理員，了解經常會覺得困惑的點，並在你開始使用 shell 的初期就避免這些問題，或者，至少可以協助你找到問題的解決方案。

4.9.1 輸入 cmdlet 名稱

首先要討論的是 cmdlet 名稱的輸入。它一直都是「動詞 - 名詞」的形式，像是 Get-Content。以下都是我們看到新手會嘗試輸入的案例，但它們都不正確：

❏ Get Content

❏ GetContent

❏ Get=Content

❏ Get_Content

一部分的問題在於輸入錯誤（如輸入了 =，而不是 -），另一部分則是因為在口語上省略的關係。該命令我們發音都會念作 Get Content，忽略中間的連字號。但在打字時，你必須輸入那個連字號才行。

4.9.2 輸入參數

參數的輸入方式也是有一致性的。例如 -Recurse 這樣的參數，在其名稱前面會有一個連字號。如果參數有指定的值，則參數名稱與它的值之間會有一個空格。在 cmdlet 的名稱與其參數之間，以及各個參數之間，都需要有空格。以下是正確的輸入方式：

❏ 123

❏ Dir -rec（使用參數名稱的縮寫是可以的）

❏ New-PSDrive -name DEMO -psprovider FileSystem -root \\Server\Share

但以下的範例都是不正確的：

❏ Dir-rec（別名與參數之間沒有空格）

❏ New-PSDrive -nameDEMO（參數名稱與它的值之間沒有空格）

❏ New-PSDrive -name DEMO-psprovider FileSystem（第一個參數值與第二個參數名稱之間沒有空格）

PowerShell 通常不會嚴格區分大小寫，所以 dir 和 DIR 是一樣的，-RECURSE、-recurse 和 -Recurse 也是如此。但是 shell 對於「空格」和「連字號」確實非常挑剔。

4.10　練習題

> **NOTE**　針對本章的練習題，你需要在 Windows、macOS 或 Linux 上使用 PowerShell 7 以上的版本。

利用你在本章所學，以及上一章學到的關於「如何使用說明系統」的知識，請在 PowerShell 中完成以下任務：

1　列出正在執行的處理程序。

2　不借助像 `ping` 這樣的外部命令，請測試與 google.com 或 bing.com 的連線。

3　列出所有 cmdlet 類型的命令。（這題有點難度，我們已介紹過 `Get-Command`，但你還需要閱讀說明文件，找出如何按照「我們的要求」來篩選清單的解法。）

4　列出所有的別名。

5　建立一個新的別名，讓你可以在 PowerShell 的提示字元輸入 `ntst` 來執行 `netstat`。

6　列出以字母 p 開頭的處理程序。請再次閱讀所需命令的說明文件，並且不要忘記，星號（`*`）在 PowerShell 幾乎是通用的萬用字元。

7　使用 `New-Item` cmdlet 建立一個名為 MyFolder1 的新資料夾（也稱為目錄）。然後再建立一個新資料夾，名稱換作 MyFolder2。如果你不熟悉 `New-Item`，請使用 `Help`。

8　用一條命令刪除「步驟7」所建立的資料夾。使用 `Get-Command` 來尋找類似於「步驟7」中我們所使用的 cmdlet ——並且不要忘記，星號（`*`）在 PowerShell 幾乎是通用的萬用字元。

我們希望這些任務對你來說是容易理解且簡單、不複雜的。如果確實如此，那就太好了。這也表示，你正在善用著你所擁有的命令列技能，讓 PowerShell 替你完成一些實用的任務。如果你是命令列領域的新手，這些任務是你學習本書後續內容一個很好的敲門磚。

4.11 練習題參考答案

1 `Get-Process`

2 `Test-Connection google.com`

3 `Get-Command -Type cmdlet`

4 `Get-Alias`

5 `New-Alias -Name ntst -Value netstat`

6 `Get-Process -Name p*`

7 New-Item -Name MyFolder1 -Path c:\scripts -Type Directory；

New-Item -Name MyFolder2 -Path c:\scripts -Type Directory

8 `Remove-item C:\Scripts\MyFolder*`

使用 Provider
5

在 PowerShell 中，一個容易令人感到困惑的部分就是 Provider 的使用方式。Provider 允許你存取專門的資料存放區（data store），以方便檢視和管理。這些資料在 PowerShell 中會以磁碟機的形式呈現。

我們想提醒你，對你來說，本章的部分內容可能有一點初階。比方說，我們認為你應該相當熟悉檔案系統，而且你很有可能已經掌握了在 shell 中管理檔案系統所需要的全部命令。請你忍耐一下：我們打算以特定的方式來強調這些事情，希望利用你對檔案系統的知識，幫助你更容易理解 Provider 的概念。另外，請記住，PowerShell 不是 Bash。你可能會在本章中看到一些似曾相識的內容，但我們向你保證，它們所做的事情與你過去習慣的有所不同。

5.1 什麼是 Provider？

PowerShell 的 Provider，或稱為 PSProvider，是一種轉接器（adapter）。它被設計用來轉換某些類型的資料儲存區（data storage），例如 Windows Registry、Active Directory，甚至是本機的檔案系統，使它們看起來像一個磁碟機。你可以直接在 shell 中列出已安裝的 PowerShell Provider：

```
PS C:\Scripts\ > Get-PSProvider
Name                 Capabilities                      Drives
----                 ------------                      ------
Alias                ShouldProcess                     {Alias}
Environment          ShouldProcess                     {Env}
FileSystem           Filter, ShouldProcess, Credentials {/}
Function             ShouldProcess                     {Function}
Variable             ShouldProcess                     {Variable}
```

　　舉例來說，下面清單中的 Environment Provider，你能利用它來處理環境變數，我們將在 5.5 小節詳細介紹。Provider 也可以被加入到 shell 中，通常是伴隨著模組一起被加入。（模組是擴充 PowerShell 的方法之一，我們將在本書後續的內容中介紹擴充功能。）有些時候，啟用某些 PowerShell 的功能，可能也會建立一個新的 PSProvider。

```
PS C:\Scripts> Get-PSProvider
Name                 Capabilities                      Drives
----                 ------------                      ------
Alias                ShouldProcess                     {Alias}
Environment          ShouldProcess                     {Env}
FileSystem           Filter, ShouldProcess, Credentials {/}
Function             ShouldProcess                     {Function}
Variable             ShouldProcess                     {Variable}
```

　　請注意，每個 Provider 都有不同的能力（capabilities）。這點很重要，因為它影響了你使用每個 Provider 的方式。以下有一些常見的能力是你會看到的：

❑ ShouldProcess：支援使用 -WhatIf 和 -Confirm 參數，讓你在確定進行某些操作之前先「測試」它們。

❑ Filter：支援 cmdlet 的 -Filter 參數，來操作 Provider 的內容。

❑ Credentials：允許你在連線到資料存放區時，能指定其他憑證。有一個對應的參數 -Credential 可供使用。

　　你會使用 Provider 來建立一個 PSDrive。PSDrive 會使用一個 Provider 來連線到資料儲存區。你正在做的就是建立磁碟機的對應（mapping），而且得益於 Provider，PSDrive 可以連線的不僅僅是磁碟機。執行以下的命令，可以列出目前連線中的磁碟機：

```
PS C:\Scripts> Get-PSDrive

Name      Used (GB)      Free (GB) Provider    Root
----      ---------      --------- --------    ----
/            159.55        306.11 FileSystem  /
Alias                            Alias
Env                              Environment
Function                         Function
Variable                         Variable
```

　　在上述的清單中，你可以看到我們有一個磁碟機使用 `FileSystem` Provider，一個使用 `Env` Provider，以及其他的等等。PSProvider 負責轉接資料存放區，PSDrive 則讓它可被存取。你會使用一組 cmdlet 來檢視和操作每個 PSDrive 所呈現的資料。大多數的情況下，使用 PSDrive 的 cmdlet，其名稱都會包含 `Item` 這個詞：

```
PS C:\Scripts> Get-Command -Noun *item*
Capability      Name
----------      ----
Cmdlet          Clear-Item
Cmdlet          Clear-ItemProperty
Cmdlet          Copy-Item
Cmdlet          Copy-ItemProperty
Cmdlet          Get-ChildItem
Cmdlet          Get-Item
Cmdlet          Get-ItemProperty
Cmdlet          Invoke-Item
Cmdlet          Move-Item
Cmdlet          Move-ItemProperty
Cmdlet          New-Item
Cmdlet          New-ItemProperty
Cmdlet          Remove-Item
Cmdlet          Remove-ItemProperty
Cmdlet          Rename-Item
Cmdlet          Rename-ItemProperty
Cmdlet          Set-Item
Cmdlet          Set-ItemProperty
```

我們將使用這些 cmdlet 及它們的別名，來開始使用我們系統中的 Provider。考量到檔案系統可能是你最熟悉的 Provider，我們選擇先從檔案系統開始著手，即 `FileSystem PSProvider`。

5.2 了解檔案系統的結構

檔案系統的結構主要圍繞在兩種物件之上：資料夾和檔案。資料夾也是容器的一種，能夠包含檔案和其他資料夾。檔案則不是容器，它們被視為終端物件。

透過 macOS 上的 Finder、Linux 上的檔案瀏覽器，或 Windows 裝置上的 Explorer，這些可能是你最熟悉的檔案系統瀏覽方式（圖 5.1），在這些工具中，磁碟機、資料夾和檔案的階層結構（hierarchy）一目了然。

▌圖 5.1　在 Finder 和 Windows Explorer 中瀏覽檔案、資料夾及磁碟機

PowerShell 的用語和檔案系統的有些不同。因為 PSDrive 可能不會指向一個檔案系統，舉例來說，一個 PSDrive 可以被對應到 Environment、Registry，甚至是 SCCM 的端點，這些顯然都不是檔案系統，因此，PowerShell 不採用檔案（file）和資料夾（folder）這些術語。相反地，它使用更通用的術語，即項目（item），來稱呼這些物件。檔案和資料夾都會被視為項目，即便它們很明顯是不同類型的項目。這就是為什麼我們前面展示的 cmdlet 名稱，在它們的名詞中都有使用 Item。

項目可以擁有屬性（properties），而且經常如此。例如，一個檔案項目可能會有最後修改時間、是否為唯讀等屬性。某些項目，像是資料夾，會有子項目（child items），即包含在該項目內的項目。知道下列這些資訊，應該能幫助你理解我們之前展示的命令清單中的動詞和名詞：

❏ 像是 Clear、Copy、Get、Move、New、Remove、Rename 和 Set 等動詞，都能夠套用在項目上（如檔案和資料夾）以及項目屬性上（如項目的最後修改日期，或者它是否為唯讀）。

❏ Item 名詞，指的是單一物件，例如檔案和資料夾。

❏ ItemProperty 名詞，指的是項目的附加資訊，像是唯讀、建立時間、大小等等。

❏ ChildItem 名詞，指的是一個項目（如資料夾）內所包含的項目（如檔案和子資料夾）。

請記得，這些 cmdlet 是故意設計成通用（generic）的，因為它們可以與各種資料存放區一同運作。有些 cmdlet 的能力在某些情況下並不適用。舉例來說，由於 FileSystem Provider 不支援 Transactions 功能，所以「所有 cmdlet 的 -UseTransaction 參數」都無法與「檔案系統磁碟機中的項目」一起產生作用。

有些 PSProviders 不支援項目屬性。舉例來說，Environment PSProvider 是用來在 PowerShell 中啟用 ENV: 磁碟機的。這個磁碟機能讓我們存取環境變數，但是它們沒有項目屬性，如下面的例子所示：

```
PS C:\Scripts> Get-ItemProperty -Path Env:\PSModulePath
Get-ItemProperty : Cannot use interface. The IPropertyCmdletProvider
interface is not supported by this provider.
```

事實上，每一個 PSProvider 都有其獨特之處，而對於 PowerShell 新手來說，這可能是 Provider 讓他們感到困惑的原因。你必須思考每一個 Provider 能夠讓你存取什麼，並且理解即使 cmdlet 知道如何執行某項操作，這也不代表你正在使用的特定 Provider 有支援這項操作。

5.3 瀏覽檔案系統

當你使用 Provider 時，你還需要知道另一個 cmdlet，即 `Set-Location`。你會用它來將「shell 目前的所在位置」切換到一個不同的容器類型項目之下，例如資料夾：

```
Linux / macOS
PS /Users/tplunk> Set-Location -Path /
PS />

Windows
PS C:\Scripts > Set-Location -Path /
PS />
```

你或許對這個命令的別名 `cd` 更加熟悉，它對應到 Bash 的 `Change Directory` 命令。下面我們使用這個別名，並將「想要的路徑」作為位置參數傳入：

```
Linux / macOS
PS /Users/tplunk> cd /usr/bin
PS /usr/bin>

Windows
PS C:\Scripts\> cd C:\Users\tplunk
PS C:\Users\tplunk>
```

> **非 Windows 作業系統上的磁碟機**
>
> macOS 和 Linux 並不使用磁碟機來表示獨立連接的儲存裝置。相反地，整個作業系統只有單獨一個 root，由「斜線」來表示（在 PowerShell 中也接受「反斜線」）。不過，在非 Windows 作業系統中，PowerShell 仍然可以為其他 Provider 提供 PSDrive。請試著執行 `Get-PSDrive`，來看看有哪些可以使用。

在 PowerShell 中，建立新項目會是比較麻煩一點的任務之一。舉例來說，請問你要如何建立一個新目錄呢？嘗試執行 `New-Item` 看看，你會得到一個出乎意料的提示：

```
PS C:\Users\tplunk\Documents> New-Item testFolder
Type:
```

請記得，New-Item cmdlet 是通用的——它不會知道你想要建立的是目錄。它可以建立目錄、檔案以及其他更多項目，但是你必須告訴它「你想要建立的項目類型」：

```
PS C:\Users\tplunk\Documents> New-Item testFolder -ItemType Directory


    Directory: C:\Users\tplunk\Documents


Mode                LastWriteTime      Length  Name
----                -------------      ------  ----
d-----          5/26/19 11:56 AM               testFolderr
```

Windows PowerShell 確實有一個 mkdir 的函式，大多數的人認為它是 New-Item 的別名。然而，使用 mkdir 不需要你指定目錄的 -ItemType。而且，由於與內建的 mkdir 命令衝突，mkdir 函式已經從非 Windows 平台版本的 PowerShell Core 中移除。

5.4 使用萬用字元和字面路徑

大多數的 Provider 都允許你用 Item cmdlet，以兩種方式來指定路徑。這一小節就要來討論這兩種指定路徑的方式。Item cmdlet 包含了 -Path 參數，且該參數預設接受萬用字元。以 Get-ChildItem 為例，查看其完整的說明文件，會看到以下內容：

```
-Path <String[]>
    Specifies a path to one or more locations. Wildcards are
      permitted. The default location is the current directory (.).
    Required?               false
    Position?               1
    Default value           Current directory
    Accept pipeline input?  true (ByValue, ByPropertyName)
    Accept wildcard characters? True
```

萬用字元 * 代表零或多個字元，而萬用字元 ? 則代表任何單一字元。你一定使用過很多次這種方法了，很可能是在與 Get-ChildItem 的別名 Dir 一起使用的：

```
PS C:\Scripts > dir y*


    Directory: C:\Scripts
```

```
Mode              LastWriteTime   Length Name
----              -------------   ------ ----
--r---       5/4/19 12:03 AM   70192   yaa
--r---       5/4/19 12:02 AM   18288   yacc
--r---       5/4/19 12:03 AM   17808   yes
```

在 Linux 和 macOS 中，大多數的這些萬用字元都可以被當成檔案系統中項目名稱的一部分，也適用於大部分的存放區。舉例來說，在 Environment 中，你會發現有一些名稱中包含了？。這帶來了一個問題：當你在路徑中使用 * 或？時，PowerShell 應該將其視爲萬用字元（wildcard character），還是字面字元（literal character）？如果你尋找的是一個名稱爲 variable? 的項目，你是想要名稱確實爲 variable? 的項目？還是你想要將？視爲萬用字元，進而得到像是 variable7 和 variable8 這樣的項目？

PowerShell 的解決方案是提供另一個 -LiteralPath 參數。這個參數不接受萬用字元：

```
-LiteralPath <String[]>
    Specifies a path to one or more locations. Unlike the Path
    parameter, the value of the LiteralPath parameter is used exactly
    as it is typed. No characters are interpreted as wildcards. If
    the path includes escape characters, enclose it in single
    quotation marks. Single quotation marks tell PowerShell
    not to interpret any characters as escape sequences.
    Required?                 true
    Position?                 named
    Default value
    Accept pipeline input?    true (ByValue, ByPropertyName)
    Accept wildcard characters? False
```

當你想要 * 和？被當作文字解讀時，你應該使用 -LiteralPath 而不是 -Path 參數。請注意，-LiteralPath 不是位置性的；如果你打算使用它，你就必須明確輸入 -LiteralPath。如果你在第一個位置提供一個路徑（例如我們第一個例子中的 y*），它就會被解讀爲 -Path 參數。而萬用字元也會被視爲萬用字元處理。

5.5　使用其他的 Provider

要了解這些其他的 Provider，以及各種 Item cmdlet 如何運作，最好的辦法就是操作一個非檔案系統的 PSDrive。在 PowerShell 內建的 Provider 中，Environment 或許是拿來進行操作的最佳範例（部分原因是它在每個系統上都可以使用）。

我們將建立一個環境變數。請注意，我們在這個練習中使用的是 Ubuntu 終端機，但不論你是使用 Windows 或 macOS 的機器，你都可以照樣跟著做（這就是跨平台的美妙之處）。我們先從列出所有環境變數開始：

```
PS /Users/tplunk> Get-ChildItem env:*


Name                Value
----                -----
XPC_FLAGS           0x0
LANG                en_US.UTF-8
TERM                xterm-256color
HOME                /Users/tplunk
USER                tplunk
PSModulePath        /Users/tplunk/.local/share/powershell/Modu...
HOMEBREW_EDITOR     code
PWD                 /Users/tplunk
COLORTERM           truecolor
XPC_SERVICE_NAME    0
```

下一步，將環境變數 A 的值設為 1：

```
PS /Users/tplunk> Set-Item -Path Env:/A -Value 1

PS /Users/tplunk> Get-ChildItem Env:/A*


Name                Value
----                -----
A                   1
```

5.5.1 Windows Registry

在 Windows 的機器上，我們可以探討的另一個 Provider 是 Registry。讓我們從切換到 HKCU: 磁碟機開始，它對應的是 Registry 中 HKEY_CURRENT_USER 的部分：

```
PS C:\> set-location -Path hkcu:
```

> **NOTE** 你可能要以系統管理者的身分執行 PowerShell。

下一步，瀏覽到 Registry 的正確位置：

```
PS HKCU:\> set-location -Path software
PS HKCU:\software> get-childitem

    Hive: HKEY_CURRENT_USER\software
Name                            Property
----                            --------
7-Zip                           Path64 : C:\Program Files\7-Zip\
                                Path   : C:\Program Files\7-Zip\
Adobe
Amazon
AppDataLow
AutomatedLab
BranchIO
ChangeTracker
Chromium
Clients

PS HKCU:\software> set-location microsoft
PS HKCU:\software\microsoft> Get-ChildItem
    Hive: HKEY_CURRENT_USER\software\microsoft
Name                            Property
----                            --------
Accessibility
Active Setup
ActiveMovie
ActiveSync
AppV
Assistance
```

```
AuthCookies
Avalon.Graphics
Clipboard                   ShellHotKeyUsed : 1
Common
CommsAPHost
ComPstUI
Connection Manager
CTF
Device Association Framework
DeviceDirectory             LastUserRegistrationTimestamp : {230, 198,
    218, 150...}
Edge                        UsageStatsInSample          : 1
                            EdgeUwpDataRemoverResult    : 2
                            EdgeUwpDataRemoverResultDbh : 1
                            EdgeUwpDataRemoverResultRoaming  : 0
                            EdgeUwpDataRemoverResultData     : 1
                            EdgeUwpDataRemoverResultBackupData : 1
EdgeUpdate                  LastLogonTime-Machine : 132798161806442449
EdgeWebView                 UsageStatsInSample : 1
EventSystem
Exchange
F12
Fax
```

　　你快要完成了。你會注意到，我們一直堅持使用完整的 cmdlet 名稱，而不是使用別名，目的是為了強調 cmdlet 本身：

```
PS HKCU:\software\microsoft> Set-Location .\Windows
PS HKCU:\software\microsoft\Windows> Get-ChildItem
    Hive: HKEY_CURRENT_USER\software\microsoft\Windows
Name                        Property
----                        --------
AssignedAccessConfiguration
CurrentVersion
DWM                         Composition             : 1
                            ColorPrevalence         : 0
                            ColorizationColor       : 3288334336
                            ColorizationColorBalance : 89
                            ColorizationAfterglow   : 3288334336
                            ColorizationAfterglowBalance : 10
```

```
                                       ColorizationBlurBalance      : 1
                                       EnableWindowColorization     : 0
                                       ColorizationGlassAttribute   : 1
                                       AccentColor                  : 4278190080
                                       EnableAeroPeek               : 1
Shell
TabletPC
Windows Error Reporting     LastRateLimitedDumpGenerationTime :
➥ 132809598562003780
Winlogon
```

請注意 `EnableAeroPeek` 這個 **Registry** 值。我們要來將它修改為 0：

```
PS HKCU:\software\microsoft\Windows> Set-ItemProperty -Path dwm -PSProperty
EnableAeroPeek -Value 0
```

你也可以使用 -Name 參數來代替 -PSProperty。讓我們再次確認一下，以確定變更已經「生效」：

```
PS HKCU:\software\microsoft\Windows> Get-ChildItem
    Hive: HKEY_CURRENT_USER\software\microsoft\Windows
Name                          Property
----                          --------
AssignedAccessConfiguration
CurrentVersion
DWM                           Composition                  : 1
                              ColorPrevalence              : 0
                              ColorizationColor            : 3288334336
                              ColorizationColorBalance     : 89
                              ColorizationAfterglow        : 3288334336
                              ColorizationAfterglowBalance : 10
                              ColorizationBlurBalance      : 1
                              EnableWindowColorization     : 0
                              ColorizationGlassAttribute   : 1
                              AccentColor                  : 4278190080
                              EnableAeroPeek               : 0
Shell
TabletPC
Windows Error Reporting       LastRateLimitedDumpGenerationTime :
➥ 132809598562003780
Winlogon
```

任務完成！利用相同的方法，你應該能夠操作你遇到的任何 Provider 了。

5.6 練習題

> **NOTE** 針對本章的練習題，你需要一台安裝了 PowerShell v7.1 以上版本的電腦。

在 PowerShell 的提示字元下完成以下任務：

1 建立一個名稱為 Labs 的新目錄。

2 在 /Labs 目錄中，建立一個名稱為 Test.txt、大小為零的檔案（使用 New-Item）。

3 能否使用 Set-Item，來將 /Labs/Test.txt 的內容修改為 -TESTING ？或者你會遇到錯誤？如果出現錯誤，那是為什麼？

4 使用 Environment Provider，顯示系統環境變數 PATH 的值。

5 使用 Help 來找出 Get-ChildItem 的 -Filter、-Include 和 -Exclude 參數之間有什麼區別？

5.7 練習題參考答案

1 `New-Item -Path ~/Labs -ItemType Directory`

2 `New-Item -Path ~/labs -Name test.txt -ItemType file`

3 FileSystem **Provider** 不支援這個操作。

4 這些命令都是可行的：

```
Get-Item env:PATH
Dir env:PATH
```

5 -Include 和 -Exclude 必須與 -Recurse 一起使用，或者在你查詢一個容器時使用。Filter 使用了 PSProvider 的篩選功能，但不是所有 Provider 都支援它。舉例來說，你可以在檔案系統中使用 DIR -filter。

追求卓越

你在執行「任務 4」時有遇到任何問題嗎？在 Windows 機器上的 PowerShell 是不區分大小寫的，這表示大寫和小寫沒有區別。PATH 和 path 是一樣的。然而，在 Linux 或 macOS 的機器上，字母的大小寫是有區別的：PATH 和 path 並不相同。

管線：串接命令 6

在第 4 章中，你已經了解到，在 PowerShell 中執行命令，與在其他任何 shell 中執行命令是一樣的：你只需要輸入 cmdlet 名稱，給它參數，然後按下 Enter 鍵。PowerShell 的獨特之處不是它執行命令的方式，而是「它允許多個命令串接成單行序列」這種強大的方式。

6.1　串接一個命令到另一個命令：減輕你的負擔

PowerShell 透過管線（pipeline）將命令彼此串接在一起。管線提供了一種方法，讓一個命令將它的輸出結果傳遞（pass）或輸送（pipe）到另一個命令，這樣第二個命令就有東西可以處理。我們可以從兩個 cmdlet 之間的豎線 | 看得出來（圖 6.1）。

圖 6.1　命令中的管線符號

你已經在 Dir | more 這樣的命令中看過這種操作。你其實是把 Dir 命令的輸出結果輸送到 more 命令；more 命令會將目錄清單顯示出來，一次顯示一頁。PowerShell 採用相同的管線概念，並且發揮得更淋漓盡致。

PowerShell 使用管線的方式，乍看之下似乎與 UNIX 和 Linux shell 的運作方式類似。但是，不要被誤導了。你將在接下來的幾個章節中逐漸明白，PowerShell 管線的實作其實更加豐富，也更現代化。

6.2 匯出成一個檔案

PowerShell 提供了幾種強大的方式，能將資料匯出成像是 TXT、CSV、JSON 和 XML（可延伸標記式語言）等實用的格式。在你的工作流程中，你可能需要從 Azure Active Directory 或雲端儲存空間匯出資料。在本章中，我們將探討輸送資料的流程。我們會從「使用一些簡單的內建命令取得資料」開始，好讓流程能夠簡化，但概念是相同的。

讓我們先來執行幾個簡單的命令。然後，我們會學習如何將這些命令串接起來。以下是我們會使用的幾個命令：

❑ Get-Process（或 gps）

❑ Get-Command（或 gcm）

❑ Get-History -count 10（或 h）

我們挑選這些命令是因為它們簡單明瞭。我們在括號中提供了 Get-Process 和 Get-Command 的別名。至於 Get-History，我們將 -count 參數的值設定為 10，即我們只要取得最後 10 筆歷史記錄。

> **TRY IT NOW**　請自由選擇你想要使用的命令。在接下來的範例中，我們會使用 Get-Process；你可以選擇我們列出的三個命令的其中一個，或者交換使用，以觀察結果的差異。

你觀察到了什麼？當我們執行 Get-Process 時，一個含有幾欄資訊的表格會顯示在螢幕上（圖 6.2）。

```
PS /mnt/c/Users> get-process

NPM(K)    PM(M)     WS(M)    CPU(s)      Id  SI ProcessName
------    -----     -----    ------      --  -- -----------
     0     0.00      3.53      0.08       7   6 bash
     0     0.00      0.31      0.06       1   1 init
     0     0.00      0.22      0.00       6   6 init
     0     0.00     86.54      2.68   17493   6 pwsh
```

▎圖 6.2　Get-Process 的輸出結果是一個含有幾欄資訊的表格

　　將資訊顯示在螢幕上是很好，但是你可能會想要進一步處理這些資訊。例如，假設你想要製作記憶體和 CPU 使用率的圖表跟圖形，你也許會想把這些資訊匯出成一個可以被應用程式讀取的 CSV 檔案，以便進行更進一步的資料處理。

6.2.1　匯出成 CSV 檔案

　　當牽扯到要匯出成一個檔案時，在管線加上「第二個命令」就展現了其便利性：

```
Get-Process | Export-CSV procs.CSV
```

　　類似於將 Dir 輸送到 more，我們已經將我們的處理程序輸送到 Export-CSV。第二個命令有一個強制性的位置參數（在第 3 章有討論過），我們用它來指定匯出的檔案名稱。因為 Export-CSV 是一個原生的 PowerShell cmdlet，它知道如何將 Get-Process 產生的結果轉換成標準的 CSV 檔案。

　　接著，繼續在 Visual Studio Code 中開啟該檔案來查看結果，如圖 6.3 所示。

```
code ./procs.CSV
```

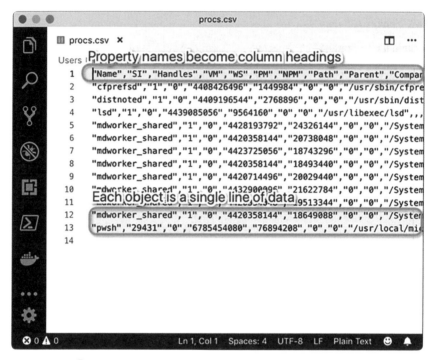

圖 6.3　在 Visual Studio Code 中查看匯出的 CSV 檔案

　　檔案的第一列包含了欄位名稱，接著，下面各列則列出了電腦上正在執行的各種處理程序的資訊。你幾乎可以將任何「以 Get- 開頭的 cmdlet 的輸出結果」都輸送給 Export-CSV，並獲得相當完美的結果。你可能也會注意到，CSV 檔案中所包含的資訊，遠比一般在螢幕上顯示的要多更多。這是有意為之的。shell 知道自己無法將所有的資訊都完全顯示在螢幕上，因此它利用 Microsoft 提供的一個設定，來挑選要顯示在螢幕上的重要資訊。在接下來的章節中，我們將展示如何覆蓋這個設定，來顯示你想看到的任何資訊。

　　當資訊已經儲存成 CSV 檔案後，你就能輕易地把它 email 給同事，並請他們在 PowerShell 中查看。要這樣做，他們需要匯入該檔案：

```
Import-CSV procs.CSV
```

　　shell 會讀取 CSV 檔案並顯示處理程序的資訊。這不是即時的資訊，而是你建立該 CSV 檔案時，當下那個時間點的快照。

6.2.2　匯出成 JSON 檔案

　　假設你想要匯出處理程序的資訊，而且要包含執行緒的資訊。執行緒的資訊是 Process 物件上的一個巢狀屬性（nested property）。讓我們來看一下（圖 6.4）。請注意，Select-Object Threads 告訴 PowerShell 只要顯示 Threads 屬性。我們會在第 8 章更詳細地介紹 Select-Object。

```
PS C:\Scripts> get-process pwsh | Select-Object Threads

Threads
-------
{13980, 4212, 18832, 10772…}

PS C:\Scripts> (Get-Process -Name pwsh).threads

BasePriority           : 8
CurrentPriority        : 9
Id                     : 13980
PriorityBoostEnabled   : True
PriorityLevel          : Normal
StartAddress           : 0
ThreadState            : Wait
WaitReason             : UserRequest
IdealProcessor         :
ProcessorAffinity      :
PrivilegedProcessorTime : 00:00:00.1250000
StartTime              : 8/11/2021 10:24:38 AM
TotalProcessorTime     : 00:00:00.3125000
UserProcessorTime      : 00:00:00.1875000
Site                   :
Container              :
```

▌圖 6.4　我們展示了兩種顯示 Threads 屬性的方式

　　如果你試著使用 ConvertTo-CSV 來匯出處理程序的資訊，那麼 Threads 屬性的值將會是 System.Diagnostics.ProcessThreadCollection。因此，如果我們想要取得 Threads 屬性下的巢狀屬性，我們需要另一種方法來匯出資料。

　　PowerShell 也有一個 ConvertTo-Json cmdlet，它能建立一個 JSON 檔案，來儲存這些巢狀屬性。大多數的程式語言都有能解析 JSON 的函式庫。你還會有一個與之對應的 ConvertFrom-Json cmdlet。ConvertFrom 和 ConvertTo 的 cmdlet（例如 ConvertFrom-CSV 和 ConvertTo-CSV）在管線中會產生或消化一個字串。下面這個命令利用 Out-File 將「處理程序的資訊」轉換成「JSON 的結果」儲存成一個檔案：

```
PS C:\Scripts\> Get-Process | ConvertTo-Json | Out-File procs.json
```

你可以透過執行下面的命令來取回資料：

```
PS C:\Scripts\> Get-Content ./procs.json | ConvertFrom-Json
```

如果你執行了這個命令，你會發現資料的格式與你執行 `Get-Process` 命令時截然不同。我們將在下一節展示如何處理這種情形。圖 6.5 顯示了匯出的 JSON 中一小段的 `Threads` 屬性。

```
"SessionId": 30545,
"StartInfo": null,
"Threads": [
  {
    "BasePriority": 0,
    "CurrentPriority": 31,
    "Id": 48912032,
    "PriorityBoostEnabled": false,
    "PriorityLevel": null,
    "StartAddress": {
      "value": 0
    },
    "ThreadState": 3,
    "WaitReason": null,
    "PrivilegedProcessorTime": "00:00:06.0846000",
    "StartTime": null,
    "TotalProcessorTime": "00:00:32.9342000",
    "UserProcessorTime": "00:00:26.8496000",
    "Site": null,
    "Container": null
  },
  {
    "BasePriority": 0,
    "CurrentPriority": 31,
    "Id": 143200480
```

▌圖 6.5　Threads 屬性以 JSON 格式呈現的樣貌

6.2.3　匯出成 XML 檔案

在前一節中，你會發現，由 `ConvertFrom-Json` 取得的資料顯示方式，與你從原始命令中取得的大相逕庭。這是因為這些物件不是相同的類型（我們將在第 8 章詳細探討物件）。有一個命令可以匯出資料並且取回原始物件。

PowerShell 有一個 `Export-Clixml` cmdlet，它能建立一個通用的 CLI XML 檔案，讓 PowerShell 可以重建原始物件（或是非常接近的物件）。`Clixml` 是 PowerShell 特有的，

雖然從技術上來說，任何程式都能解析它產生的 XML，但當由 PowerShell 來使用時，結果是最好的。你也會有一個與之相對應的 Import-Clixml cmdlet。所有的匯入和匯出 cmdlet（如 Import-CSV 和 Export-CSV），都需要以檔案名稱作爲必要參數。

何時使用 Export-Clixml

如果取得原始物件是更理想的結果，那爲何不一直使用它呢？這裡有幾個缺點：

▶ 該格式往往更爲龐大。

▶ 該格式是專爲 PowerShell 設計的，在其他語言中可能解讀起來更爲複雜。

▶ 在 Windows 上，PowerShell 會對檔案中與安全相關的部分進行加密，這意謂著只有建立該檔案的使用者或機器才能將它解密。

TRY IT NOW　請試著將處理程序或命令之類的東西匯出成 CLIXML 檔案。請確保你能重新匯入檔案，並試著在 Visual Studio Code 或你系統中另一個文字編輯器開啟匯出的檔案，看看每一個應用程式如何呈現這些資訊。

　　PowerShell 是否還有其他的匯入及匯出命令？你可以使用 Get-Command cmdlet 並指定 -Verb 參數的值爲 Import 或 Export 來查詢。

TRY IT NOW　請查看 PowerShell 是否還內建了其他匯入或匯出的 cmdlet。在你將新的命令載入到 shell 之後，你可能還會想再次進行這樣的檢查（這是你在下一章要做的事）。

6.2.4　Out-File

　　我們已經討論過 CSV、JSON 和 XML 檔案，但如果你只是想要一個簡單的純文字檔來儲存你的資料，該怎麼辦？讓我們來了解一下 Out-File 命令。它會將管線中的資料輸出成一個純文字檔。以下是用我們的例子匯出成純文字檔的命令：

```
Get-ChildItem | Select-Object Name | Out-File process.txt
```

6.2.5 比較檔案

CSV 和 CLIXML 檔案都適合用來保存資訊的快照，分享快照給其他人，並在未來某個時候檢視這些快照。而確實，Compare-Object 就有一個非常好的方式來利用它們。

首先，執行 help Compare-Object 並仔細閱讀這個 cmdlet 的說明文件。我們希望你特別注意三個參數：-ReferenceObject、-DifferenceObject 和 -Property。

Compare-Object 是設計用來比較兩組資訊的。舉例來說，假設你在兩台並排擺放的電腦上執行 Get-Process。左邊的電腦完全按照你的意願進行設定，作為對照組（reference computer）。右邊的電腦的設定則有可能相同，或有可能有些不同，作為實驗組（difference computer）。在各自執行命令後，你會看到兩組資訊表格，而你的任務是確定兩者之間是否存在差異。

因為你正在觀察這些處理程序，所以你總會在像是 CPU 和記憶體使用率的數值上看到一些差異，因此我們會忽略這些欄位。我們實際只專注在 Name 欄位，因為我們想看看「實驗組電腦」是否有任何額外的處理程序，或者比「對照組電腦」少的處理程序。比較兩個表格中所有處理程序的名稱可能會花你一些時間，但你不必這麼做，這正是 Compare-Object 會替你完成的事情。我們假設你就坐在「對照組電腦」前，執行以下命令：

```
Get-Process | Export-CliXML reference.xml
```

我們更傾向於使用 CLIXML 而非 CSV 來進行這樣的比較，因為 CLIXML 能保存的資訊比單純的 CSV 檔案更多。接著，你將這個 XML 檔案傳輸到「實驗組電腦」，並執行以下命令：

```
Compare-Object -Reference (Import-Clixml reference.xml)
➥ -Difference (Get-Process) -Property Name
```

因為上面這個步驟略顯複雜，我們會說明其中的過程：

❑ 跟在數學中一樣，PowerShell 中的小括號用來控制執行順序。在前面的例子中，小括號強制讓 Import-Clixml 和 Get-Process 在 Compare-Object 執行之前先執行。Import-Clixml 的輸出結果會輸入給 -Reference 參數，而 Get-Process 的輸出結果會輸入給 -Difference 參數。

完整的參數名稱實際上是 -ReferenceObject 和 -DifferenceObject。你應該還記得，參數名稱只需輸入到足以辨識的長度，讓 shell 能夠辨識你所指的是哪一個即可。在這個例子中，-Reference 和 -Difference 都已經夠長，可以正確地識別出這些參數了。我們甚至還可以將它們縮得更短，如 -ref 和 -diff，命令仍然會正常運作。

❏ Compare-Object 會著重於 Name 的比較，而非拿兩個完整的表格來比較，這是因為我們指定了 -Property 參數。如果我們沒有指定，它會認為每一個處理程序都是不同的，因為像 VM、CPU 和 PM 等這些欄位的值總會有一些差異。

❏ 所呈現的結果是一張告訴你哪裡有差異的表格。每一個出現在「對照組電腦」而沒有出現在「實驗組電腦」的處理程序，都會有一個 <= 標示（這表示該處理程序只出現在左側）。如果一個處理程序出現在「實驗組電腦」，但沒有出現在「對照組電腦」，則會有一個 => 標示。在兩組中都有出現的處理程序，不會被包含在 Compare-Object 的結果中。

TRY IT NOW　請嘗試進行這個操作。如果你只有一台電腦，你可以將你目前的處理程序匯出成一個 CLIXML 檔案，就像之前的例子顯示的那樣。接著啟動一些額外的處理程序、另一個 pwsh（如 Visual Studio Code）、nano（一個命令列編輯器）、瀏覽器或一款遊戲。你的電腦將會變成「實驗組電腦」（位於右邊），而 CLIXML 檔案仍會保持在「對照組電腦」的狀態（位於左邊）。

以下是我們測試的結果：

```
PS C:\Scripts>Compare-Object -ReferenceObject (Import-Clixml ./procs.xml)
➥ -DifferenceObject (Get-Process) -Property name

name              SideIndicator
----              -------------
nano              =>
pwsh              =>
```

這是一個實用的管理技巧。如果你把這些對照組的 CLIXML 檔案當成系統設定的基準（baseline），你就可以把目前任何一台電腦拿來與該基準做比較，進而得到一份差異報告。在本書中，你會發現更多可以獲取管理資訊的 cmdlet，所有這些資訊都可以被輸送進一個 CLIXML 檔案，變成一份基準。你能迅速地建立起一套關於服務、處理程序、作業系統設定、使用者和群組等資訊的基準檔案，然後隨時利用它們，把系統目前的狀態拿來和基準做比較。

TRY IT NOW 為了讓事情變得有趣一點，請再次執行 Compare-Object 命令，但這次完全不使用 -Property 參數。看到結果了嗎？即使它們是同一個處理程序，每一個處理程序還是都被列了出來，因為像 PM、VM 等等的值都已經改變。這樣的輸出結果就不是那麼有用，因為它顯示了每個處理程序的類型名稱和程序名稱。

　　順便提一下，你應該知道，Compare-Object 一般來說不太適合用來比較文字檔。雖然其他的作業系統和 shell 有專門用於比較文字檔的 Compare-Object 命令，但 PowerShell 的 Compare-Object 命令卻有著不同的運作方式。在本章的練習題中，你會看到它具體有何不同。

NOTE 如果你感覺好像經常在使用 Get-Process 和 Get-Command，沒錯，這確實是刻意安排的。我們可以確定你一定能存取這些 cmdlet，因為它們是 PowerShell 的原生功能，並不需要像 Azure PowerShell 或 AWS Tools for PowerShell 這樣的增益集（add-in）。換句話說，你所學到的技能適用於你未來會執行到的每一個 cmdlet，包括那些隨著 Azure compute、Azure Storage、Azure Virtual Network 和 Azure PowerShell 一同安裝的模組。

6.3 直接輸送給檔案

　　每當你有完整格式化的輸出結果，例如由 Get-Command 或 Get-Process 產生的表格時，你可能會想要將這些保存在一個檔案，甚至是列印出來。通常，cmdlet 的輸出結果是直接顯示在螢幕上，PowerShell 稱之為主機（host），但是你可以改變輸出的目的地。我們已經展示過一種這樣的方法：

```
Dir > DirectoryList.txt
```

　　> 字元是被加進 PowerShell 的一個捷徑，目的是為了提供與 Bash shell 語法的相容性。實際上，當你執行該命令時，PowerShell 在底層做了以下的動作：

```
Dir | Out-File DirectoryList.txt
```

　　你可以選擇自己執行相同的命令，不採用 > 語法。這樣做的原因是什麼？因為 Out-File 還提供了額外的參數，讓你可以指定其他字元編碼（例如 UTF-8 或 Unicode）、將內容附加到現有的檔案等等。預設情況下，由 Out-File 建立的檔案內容寬度為 80 欄寬，這表示有時 PowerShell 可能會調整命令的輸出，以適應 80 個字元寬度。這種調整可能會讓「檔案的內容」與「你在螢幕上執行同一個命令時」看起來有所不同。閱讀 Out-File 的說明文件，看看你能否找到一個參數，讓你可以改變輸出的檔案內容寬度，將其設定為 80 字元寬度以外的數值。

> **TRY IT NOW**　請不要在這裡尋找答案。打開那個說明文件，看看你能找到什麼。我們保證你會在幾分鐘之內找到正確的參數。

　　PowerShell 有各種不同以 Out- 開頭的 cmdlet。其中一個叫做 Out-Default，當你沒有特別指定其他以 Out- 開頭的 cmdlet 時，shell 預設會使用它。即使你沒有察覺，從技術上來講，如果你執行了

```
Dir
```

　　你就是在執行

```
Dir | Out-Default
```

　　Out-Default 唯一做的事就是將內容轉送給 Out-Host，這表示你不自覺地在執行

```
Dir | Out-Default | Out-Host
```

　　Out-Host 則會把資訊顯示在螢幕上。你還能找到哪些以 Out- 開頭的 cmdlet 呢？

> **TRY IT NOW**　是時候來探究其他以 Out- 開頭的 cmdlet 了。一開始，你可以嘗試使用 Help 命令和萬用字元，例如：Help Out*。另一種選擇是以相同的方式使用 Get-Command，例如：Get-Command Out*。或者，你可以指定 -Verb 參數，例如：Get-Command -Verb Out。你發現了什麼？

　　Out-Null 和 Out-String 有著我們現在不會深入探討的特定用途，但你可以閱讀它們的說明文件，並查看那些文件中所包含的範例。

6.4 轉換成 HTML 格式

想要製作 HTML 格式的報告嗎？你可以把你的命令跟 `ConvertTo-Html` 串接起來。這個命令會產生格式完整、通用的 HTML 內容，能在任何網頁瀏覽器中顯示。內容看起來很基本，但如果你想要的話，可以引用一個階層式樣式表（Cascading Style Sheets，CSS）檔案來設定更美觀的格式。請留意，這個命令不需要指定檔案名稱：

```
Get-Process -Id $PID | ConvertTo-Html
```

> **TRY IT NOW**　請務必親自執行那個命令。我們希望你在繼續往下之前看一下它的作用。

在 PowerShell 的世界裡，`Export` 這個動詞意謂著你正將「資料」轉換成其他格式，並將「這種新格式的資料」保存在某種儲存媒體，例如保存在一個檔案中。而 `ConvertTo` 這個動詞則僅意謂著該流程的一部分：將「資料」轉換成其他格式，但不將其保存在檔案中。當你執行了前述的命令時，你會看到一個充滿 HTML 的畫面，這可能並不是你想要的。請你在這裡稍停一秒鐘；你能想到如何把這些 HTML 放入磁碟上的一個文字檔中嗎？

> **TRY IT NOW**　如果你能想出一種解法，那就在你繼續閱讀之前先嘗試看看。

這個命令就能夠辦得到：

```
Get-Process | ConvertTo-Html | Out-File processes.html
```

你看到了嗎？透過串接更多的命令，你能夠擁有更強大的命令列。每一個命令都處理著流程中的一個步驟，而整個命令列作為一個整體，完成了一項實用的任務。

PowerShell 內 建 了 其 他 以 `ConvertTo-` 開 頭 的 cmdlet，包 括 `ConvertTo-CSV` 和 `ConvertTo-Xml`。就像 `ConvertTo-Html` 一樣，這些都不會在磁碟上建立檔案；它們分別會將命令的輸出結果轉換成 CSV 或 XML 格式。你可以將這些轉換後的輸出結果輸送給 `Out-File`，進而將其儲存在磁碟上，不過，使用 `Export-CSV` 或 `Export-Clixml` 會更加簡便，因為這些命令會同時進行轉換和儲存。

追求卓越

是時候提供一些可能看似無關緊要的背景知識了，即使如此，它卻是許多學生經常問我們的一個問題：為什麼 Microsoft 會同時提供 Export-CSV 和 ConvertTo-CSV 這兩個幾乎一模一樣的 cmdlet，而且還要為 XML 再如法炮製一次呢？

答案是：在一些較為進階的場景中，你可能不想要把「資料」儲存到磁碟上的檔案。舉例來說，你可能會想要將「資料」轉換成 XML，然後將其傳輸到一個 Web 服務或其他目的地。只要使用這種不儲存到檔案的、以 ConvertTo- 開頭的「專門的 cmdlet」，就等於擁有了做任何事的彈性。

6.5　使用能修改系統的 cmdlet：停止處理程序

匯出和轉換並不是你可能會將兩個命令串接起來使用的唯一動機。舉例來說，請想一下（想就好，不要的執行）下面這個命令：

```
Get-Process | Stop-Process
```

你能想像這個命令會做什麼嗎？我們來告訴你：你會停止（kill）重要的處理程序。它會檢索每一個處理程序，然後開始嘗試停止它們。當它遇到重要的處理程序時，像是 macOS 上的 /usr/sbin/coreaudiod，你的電腦就會失去播放聲音的能力。如果你是在虛擬機器內執行 PowerShell，並且想讓事情變得有趣一點，就大膽地去執行那個命令吧。

重點在於，具有相同名詞（這裡指的是 Process）的 cmdlet 往往能夠相互傳遞資訊。一般來說，你會指定一個特定的處理程序名稱，而不是試圖停止所有的處理程序：

```
Get-Process -Name bash | Stop-Process
```

作業（job）也提供了類似的功能：Get-Job 的輸出結果可以被輸送到像是 Stop-Job、Receive-Job、Wait-Job 等 cmdlet。我們將在第 14 章詳細介紹作業。

如同你所預期，的確有一些特定的規則，限制了哪些命令能夠相互串接。舉例來說，如果你看到像是 Get-Process | New-Alias 這樣的命令序列，你大概不會認為它能做任何有意義的事（雖然它可能真的會做一些荒謬的事）。到了第 7 章時，我們會再深入探討主宰命令彼此相互串接的規則。

我們想讓你更進一步了解像是 `Stop-Job` 和 `Stop-Process` 這樣的 cmdlet。這些 cmdlet 會以某種方式修改系統，而且所有能夠修改系統的 cmdlet 都有一個內部定義的影響層級（impact level）。這個影響層級是由 cmdlet 的創造者所設定的，而且是不能更改的。shell 有一個與之相對應的 `$ConfirmPreference` 設定，預設值為 `High`。請輸入以下的設定名稱來查看你的 shell 設定：

```
PS /Users/jsnover> $ConfirmPreference
High
```

這是它的運作方式：當一個 cmdlet 的內部影響層級等於或高於 shell 的 `$ConfirmPreference` 設定時，在 cmdlet 試圖要執行其任務的時候，shell 都會自動詢問「你確定嗎？」（Are you sure?）。我們剛剛才提到能讓你電腦當機的命令，如果你用虛擬機器試著執行它，你可能已為每一個處理程序回答一次「你確定嗎？」。當一個 cmdlet 的內部影響層級低於 shell 的 `$ConfirmPreference` 設定時，你就不會自動收到「你確定嗎？」的提示。但是，你可以讓 shell 強制詢問你「你確定嗎？」：

```
Get-Process | Stop-Process -Confirm
```

你只需要將 `-Confirm` 參數加入到 cmdlet。任何能對系統進行修改的 cmdlet 都應該支援這個參數，如果該 cmdlet 支援的話，它會顯示在說明文件中。

`-WhatIf` 是另一個類似的參數。只要是有支援 `-Confirm` 的 cmdlet 都支援它。預設情況下，`-WhatIf` 參數不會被觸發，但你隨時可以使用它：

```
PS C:\Scripts > Get-Process | Stop-Process -WhatIf
What if: Performing operation "Stop-Process" on Target "conhost (1920)".
What if: Performing operation "Stop-Process" on Target "conhost (1960)".
What if: Performing operation "Stop-Process" on Target "conhost (2460)".
What if: Performing operation "Stop-Process" on Target "csrss (316)".
```

這是在告訴你 cmdlet 會進行什麼樣的操作，但不是真的執行它。這是一個很實用的方法，讓你預覽（preview）一個可能會對你的電腦造成危險的 cmdlet 行為，讓你確定是否真的想這麼做。

6.6　常見的困惑點

在 PowerShell 中，一個常見的困惑點圍繞著 Export-CSV 和 Export-Clixml 命令。就技術而言，這兩個命令都會建立文字檔。這兩個命令的輸出結果都可以在 Visual Studio Code 中查看，如圖 6.3 所示（本書第 90 頁）。但你不得不承認，這些文字確實採用了某種特別的格式，無論是 CSV 或 XML 都是如此。

當有人需要將這些檔案重新載入 shell 時，往往會產生困惑。你是不是會選擇使用 Get-Content（或是它的別名 type）？舉例來說，假設你這樣做：

```
PS C:\Scripts>Get-Process | Select-Object -First 5 | export-CSV processes.CSV
➡ -IncludeTypeInformation
```

請注意 -IncludeTypeInformation 這個參數；我們稍後會再回來討論它。現在，試著用 Get-Content 來讀取這個檔案：

```
PS C:\Scripts>Get-Content ./processes.CSV
#TYPE System.Diagnostics.Process
    "Name","SI","Handles","VM","WS","PM","NPM","Path","Parent","Company","CP
    U","FileVersion","ProductVersion","Description","Product","__NounName","
    SafeHandle","Handle","BasePriority","ExitCode","HasExited","StartTime","
    ExitTime","Id","MachineName","MaxWorkingSet","MinWorkingSet","Modules","
    NonpagedSystemMemorySize64","NonpagedSystemMemorySize","PagedMemorySize6
    4","PagedMemorySize","PagedSystemMemorySize64","PagedSystemMemorySize","
    PeakPagedMemorySize64","PeakPagedMemorySize","PeakWorkingSet64","PeakWor
    kingSet","PeakVirtualMemorySize64","PeakVirtualMemorySize","PriorityBoos
    tEnabled","PriorityClass","PrivateMemorySize64","PrivateMemorySize","Pro
    cessName","ProcessorAffinity","SessionId","StartInfo","Threads","HandleC
    ount","VirtualMemorySize64","VirtualMemorySize","EnableRaisingEvents","S
    tandardInput","StandardOutput","StandardError","WorkingSet64","WorkingSe
    t","SynchronizingObject","MainModule","MainWindowHandle","MainWindowTitl
    e","Responding","PrivilegedProcessorTime","TotalProcessorTime","UserProc
    essorTime","Site","Container"
"","87628","0","0","0","0","0",,,,,,,,,"Process","Microsoft.Win32.SafeHandles
    .SafeProcessHandle","0","0",,"False",,,"0",".",,,,System.Diagnostics.Pro
    cessModuleCollection","0","0","0","0","0","0","0","0","0","0","0","0","F
    alse","Normal","0","0","",,"87628",,,System.Diagnostics.ProcessThreadCol
    lection","0","0","0","False",,,,"0","0",,,"0","","True",,,,,
```

我們刪減了上面的輸出結果，但實際上還有更多類似的資料。看起來像毫無意義的文字是吧？你所看到的是原始的 CSV 資料。這個命令完全沒有試圖解讀或解析（parse）這些資料。與 Import-CSV 的結果形成強烈的對比：

```
PS C:\Scripts>Import-CSV ./processes.CSV

NPM(K)      PM(M)      WS(M)      CPU(s)       Id    SI  ProcessName
------      -----      -----      ------       --    --  -----------
     0       0.00       0.00        0.00        0 ...28
     0       0.00       0.00        0.00        1    1
     0       0.00       0.00        0.00       43   43
     0       0.00       0.00        0.00       44   44
     0       0.00       0.00        0.00       47   47
```

看起來舒服多了，是吧？以 Import- 開頭的 cmdlet 會專注於檔案中的內容，嘗試解讀它，並產生一個更接近原始命令（這裡指的是 Get-Process）的輸出結果。要使用 Export-CSV 達到這個效果，你必須加上 -IncludeTypeInformation 這個參數。所以，一般而言，如果你用 Export-CSV 建立了一個檔案，你會用 Import-CSV 來讀取它。如果你使用 Export-Clixml 來建立檔案，你通常會用 Import-Clixml 來讀取它。透過成對地使用這些命令，你會獲得更佳的效果。只有在你需要讀取一個文字檔，並且不希望 PowerShell 進行任何資料解析時，才選擇使用 Get-Content，也就是在你想要直接處理「純文字資料」的時候。

6.7 練習題

我們故意縮短了本章的內容，主要是因為有些範例可能會讓你多花一些時間，我們希望你能投入更多時間來完成接下來的實作練習。如果你尚未完成本章所有的「TRY IT NOW」任務，我們強烈建議你在開始下面的練習之前先完成它們：

1 建立兩個相似但實際上有所差異的文字檔。然後嘗試使用 Compare-Object 來進行比較。你可以執行類似這樣的命令：Compare-Object -Reference (Get-Content File1.txt) -Difference (Get-Content File2.txt)。假設兩個檔案中的內容文字只有一行不同，那麼命令應該能正常運作。

2 如果你在主控台中執行 Get-Command | Export-CSV commands.CSV | Out-File，會發生什麼事情？為什麼會這樣？

3 除了將一個或多個作業輸送給 `Stop-Job` 這種方式之外，`Stop-Job` 還有哪些其他方式可以讓你指定要終止哪個作業或哪些作業？是否能在不使用 `Get-Job` 的情況下終止作業？

4 假如你想要建立一個以豎線作為分隔符號的檔案，而非 CSV 檔案？而且你依舊選擇使用 `Export-CSV` 命令，那麼你應該指定哪些參數？

5 如何在已匯出的 CSV 檔案「頂端的 # 註解」中加入類型資訊？

6 `Export-Clixml` 和 `Export-CSV` 都會修改系統，因為它們可以建立和覆蓋檔案。有哪個參數能避免它們覆蓋現有檔案？又有哪個參數可以在寫入輸出結果到檔案之前，先詢問你是否確定要這麼做？

7 作業系統會有多項與地區相關的設定（regional setting），其中一項是預設的序列分隔符號（a default list separator）。在 US（美國地區）的作業系統中，這個分隔符號通常是逗號。你要如何讓 `Export-CSV` 使用「作業系統預設的分隔符號」而不是「逗號」？

6.8　練習題參考答案

1
```
PS C:\Scripts > "I am the walrus" | Out-File file1.txt

PS C:\Scripts > "I'm a believer" | Out-File file2.txt
PS C:\Scripts > $f1 = Get-Content .\file1.txt
PS C:\Scripts > $f2 = Get-Content .\file2.txt
PS C:\Scripts > Compare-Object $f1 $f2
InputObject                     SideIndicator
-----------                     -------------
I'm a believer                  =>
I am the walrus                 <=
```

2 如果你使用 `Out-File` 卻沒有指定　個檔案名稱，你會收到一個錯誤。但即使你指定了，`Out-File` 也不會有任何動作，因為實際上檔案會由 `Export-CSV` 來建立。

3 `Stop-Job` 可以接受一個或多個作業名稱作為 `-Name` 的參數值。例如，你可以執行這樣的命令：

```
Stop-job jobName
```

4 `get-Command | Export-CSV commands.CSV -Delimiter "|"`

5 在使用 `Export-CSV` 命令時，加上 `-IncludeTypeInformation` 參數。

6 `Get-Command | Export-CSV services.CSV -NoClobber`
`Get-Command | Export-CSV services.CSV -Confirm`

7 `Get-Command | Export-CSV services.CSV -UseCulture`

擴充命令 7

PowerShell 的主要優勢之一就是它的可擴充性。隨著 Microsoft 持續投資在 PowerShell 上，他們也不斷地為各種產品開發出更多的命令，這些產品包括 Azure Compute（虛擬機器）、Azure SQL、Azure Virtual Network、Azure DNS 等等。你通常會透過 Azure 入口網站來管理它們。在本章後面，我們會討論如何安裝 Azure PowerShell 的模組。

7.1 如何讓 shell 變成萬能

shell 怎麼可能是萬能的呢？讓我們試想一下你的智慧型手機。你要如何在不升級作業系統的情況下，為手機增加功能？答案是安裝一個 App。

當你安裝了一個 App 後，它不僅增加了小工具（widget），甚至增加了你能對語音助理下達的命令。這個增加語音命令的概念，很像是 PowerShell 的擴充模式。PowerShell 允許你增加你可以使用的新命令。

假設你安裝了一個叫做 Ride Share 的 App。這個 App 有可能會增加一個語音命令，你只要說：『用 Ride Share 幫我預訂一輛去上班的車。』然後，手機會自動找到你的工作地點，並將這個命令送給 App。

PowerShell 的運作方式其實相仿。PowerShell 稱其擴充功能為模組（module）。雖然沒有小工具，但是可以增加命令。我們將在下一節介紹如何安裝模組。

7.2 擴充功能：尋找並安裝模組

在 PowerShell 6.0 之前，有兩種擴充功能：模組和嵌入式管理單元（snap-in）。PowerShell v6 以上的版本，僅支援模組這一種擴充功能。模組被設計成更爲獨立和方便散布。

Microsoft 推出了一個叫做 PowerShellGet 的模組，讓我們更容易從線上儲存庫搜尋、下載、安裝及更新。PowerShellGet 很像是 Linux 管理人員喜歡使用的套件管理器，如 rpm、yum、apt-get 等等。Microsoft 甚至還設立了一個線上資源中心，叫做 PowerShell Gallery（https://www.powershellgallery.com/）。

> **WARNING** Microsoft 設立的，並不代表 Microsoft 也負責開發、驗證和背書。PowerShell Gallery 中的內容主要是由社群所貢獻的，所以在你的作業環境中執行別人的程式碼之前，應該要謹慎行事。

你可以在 https://www.powershellgallery.com/ 網站上，像使用一般的搜尋引擎一樣搜尋模組。Azure 的模組稱爲 Az。圖 7.1 給出了一個搜尋這個模組的範例。

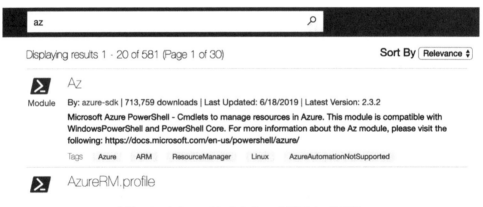

▌圖 7.1　在 PowerShell Gallery 中搜尋 Az 的情況

如果你點擊 Az 模組的名稱，將會跳轉到該模組更多詳細介紹的頁面。在 Package Details > PSEditions 底下，你可以確認該模組的作者是否已經在 PowerShell Core 上測試過（如圖 7.2 所示）。

∨ Package Details

Owners

azure-sdk

Tags

Azure　ARM　ResourceManager　Linux　AzureAutomationNotSupported

PSEditions

Core　Desktop

▎圖 7.2　顯示該模組與 Core 是相容的

接著查看 Installation Options（如圖 7.3 所示）。

Az 6.3.0

Microsoft Azure PowerShell - Cmdlets to manage resources in Azure. This module is compatible with PowerShell and Windows PowerShell.
For more information about the Az module, please visit the following: https://docs.microsoft.com/powershell/azure/

Minimum PowerShell version
5.1

∨ Installation Options

Install Module　　　**Manual Download**

Copy and Paste the following command to install this package using PowerShellGet More Info

```
PS> Install-Module -Name Az
```

▎圖 7.3　顯示 PowerShell Gallery 提供的「可用的安裝命令」

　　請注意它說的，至少需要 PowerShell 5.1 才能執行這個模組，並且提供了如何安裝模組的步驟。如果我們執行 `Install-Module -Name Az` 命令，我們會看到發生了什麼事：

```
PS C:\Scripts> Install-Module az

Untrusted repository
You are installing the modules from an untrusted repository. If you trust
    this
repository, change its InstallationPolicy value by running the Set-
    PSRepository
```

```
cmdlet. Are you sure you want to install the modules from 'PSGallery'?
[Y] Yes  [A] Yes to All  [N] No  [L] No to All  [S] Suspend  [?] Help
(default is "N"):y
```

　　系統會彈出提示，詢問你是否信任並要從這個資源中心進行安裝，如果你回答「是」，模組就會安裝。你可以執行 Get-Module 命令來驗證模組是否已經安裝，但因為模組還沒有載入，所以需要加上 -ListAvailable 參數：

```
PS C:\Scripts> Get-Module az -ListAvailable


    Directory:
    C:\Users\Tyler\Documents\powershell\Modules


ModuleType Version    Name
---------- -------    ----
Script     6.3.0      Az
```

　　路徑和版本可能會因人而異，但是輸出的結果是相似的。

更多關於「從網路上取得模組」的資訊

PowerShellGet 能 讓 你 從 https://www.powershellgallery.com/ 下 載 和 安 裝 模 組。 使 用 PowerShellGet 不僅簡單，你可能還會覺得有趣：

▶ 執行 Register-PSRepository 來加入一個儲存庫的 URL。通常預設會設定好 https://www.powershellgallery.com/，但你還是能夠設定自己專屬的內部「資源中心」，供私人使用，並且<u>一樣透過 Register-PSRepository 來指定其位置</u>。

▶ 使用 Find-Module，在儲存庫中尋找模組。你可以在名稱中使用萬用字元（＊）、指定標籤，以及其他多種選項，來縮小搜尋結果的範圍。

▶ 找到模組後，使用 Install-Module 來下載和安裝模組。

▶ 使用 Update-Module 來確保你本機的模組副本是最新版本，如果不是的話，請下載並安裝至最新版本。

PowerShellGet 還有許多其他的命令（更詳細的說明，可以參考 https://www.powershellgallery.com/ 的 Documentation），不過，剛剛提到的這些都是你一開始就會用到的。舉個例子，你 可 以 試 著 從 PowerShell Gallery 安 裝 Azure PowerShell 模 組，或 是 Jeff Hicks 編 寫 的 PSScriptTools 模組。

7.3 擴充功能：尋找並加入模組

　　PowerShell 會自動在某些特定的路徑下尋找模組。PowerShell 預期的模組所在路徑是由 PSModulePath 這個環境變數所定義的：

```
PS /Users/Tyler> (Get-Content Env:/PSModulePath) -split ':'
C/Users/Tyler.local/share/powershell/Modules
/usr/local/share/powershell/Modules
/usr/local/microsoft/powershell/7/Modules
```

> **TRY IT NOW**　上述的命令是在 macOS 系統上執行的。請執行 (Get-Content Env:/PSModulePath) -split ':' 這個命令，然後觀察看看你會得到什麼結果。需要注意的是，結果會根據你所使用 OS 而有所不同。

　　如同你在範例中所看到的那樣，有三個預設的位置：一個是在 PowerShell 的安裝資料夾中，用於存放系統模組；一個是在 local/share/ 資料夾中，適合存放所有使用者共享的模組；第三個則是在 .local 資料中，你可以在此加入個人的模組。如果你用的是較新版的 PowerShell，你可能會發現 Microsoft 新增了其他的存放位置。只要你知道模組的完整路徑，你也可以從其他的位置加入模組。在你的 Windows 機器上，你會看到相似的模組安裝位置排列方式：

```
$env:PSModulePath -split ';'

C:\Users\Administrator\Documents\PowerShell\7\Modules
C:\Program Files\WindowsPowerShell\Modules
C:\Windows\system32\PowerShell\7\Modules
```

　　路徑在 PowerShell 中是很重要的。如果你的模組位於其他位置，你需要將這些路徑加入到 PSModulePath 環境變數中。你可以在你的個人設定檔（profile）中，用以下的命令來進行這件事（我們會在本章後續的內容中介紹如何設定個人設定檔）：

```
PS C:\Scripts> $env:PSModulePath += [System.IO.Path]::PathSeparator +
➡ 'C:\Scripts/myModules'
```

> **NOTE**　在前面的範例中，有幾件事我們還沒提到。但沒關係，我們保證一定會講到它們。

為什麼 `PSModulePath` 如此重要？因爲有了它，PowerShell 就能自動定位出在你電腦中的所有模組。在找到這些模組之後，PowerShell 會自動識別它們。對你來說，會感覺所有的模組隨時都保持載入一樣。如果你對某個模組有問題，你立即就能得到答案，無需手動載入模組。執行任何你找到的命令，PowerShell 就會自動載入包含該命令的模組。PowerShell 的 `Update-Help` 命令也使用 `PSModulePath` 來探索你的電腦上有哪些模組，接著爲這些模組尋找最新的說明文件。

例如，你可以執行 `Get-Module | Remove-Module` 來移除所有已載入的模組。這會從目前的工作階段中移除掉絕大部分的命令，因此，如果你要試這個，請先關閉 PowerShell 再重啓。然後執行以下命令（依據你的作業系統和所安裝的模組，結果可能會有些不同）：

```
PS C:\Scripts> help *storaget*
Name                                           Category ModuleName

Get-AzStorageTable                             Cmdlet   Az.Storage
Get-AzStorageTableStoredAccessPolicy           Cmdlet   Az.Storage
New-AzStorageTable                             Cmdlet   Az.Storage
New-AzStorageTableSASToken                     Cmdlet   Az.Storage
New-AzStorageTableStoredAccessPolicy           Cmdlet   Az.Storage
Remove-AzStorageTable                          Cmdlet   Az.Storage
Remove-AzStorageTableStoredAccessPolicy        Cmdlet   Az.Storage
Set-AzStorageTableStoredAccessPolicy           Cmdlet   Az.Storage
```

如你所見，PowerShell 發現了好幾個命令（`Cmdlet` 類型），其名稱中都包含了 `storage` 字樣（我在範例中使用了 `storaget` 來簡化結果）。即使你尚未載入這些模組，你還是可以查詢這些命令的說明：

```
PS C:\Scripts> Get-Help Get-AzStorageTable
      NAME
      Get-AzStorageTable
SYNOPSIS
   Lists the storage tables.

SYNTAX
   Get-AzStorageTable [[-Name] <System.String>] [-Context
<Microsoft.Azure.Commands.Common.Authentication.Abstractions.IStorageContext>]
➥ [-DefaultProfile
```

```
<Microsoft.Azure.Commands.Common.Authentication.Abstractions.Core
➡ .IAzureContextContainer>] [<CommonParameters]
```

如果你有需要，你還可以直接執行這個命令，PowerShell 會確保需要的模組已經載入。這種「自動識別」和「自動載入」的功能非常實用，讓你能順利找到和使用一開始在 shell 中尚未存在的命令。

PowerShell 的模組自動識別功能，讓 shell 能夠「自動完成命令名稱」（不論是使用主控台中的 [Tab] 鍵，還是使用 Visual Studio Code 中的 IntelliSense）、「顯示說明」，以及「執行命令」，即使是那些你尚未明確載入記憶體的模組。為了讓這些功能充分發揮，絕對值得付出努力，讓 PSModulePath 盡可能保持精簡（也就是說，不要在其中加入過多不同的位置），以及讓你的模組保持最新狀態。

不過，萬一無法在 PSModulePath 列出的這些路徑中找到模組呢？那你就需要執行 Import-Module，並指定模組的完整路徑，例如：C:\Scripts/myModules/myModule。

模組也能夠新增 PowerShell Provider。執行 Get-PSProvider，就會給你一份 Provider 的清單：

```
PS /Users/James> get-psprovider

Name         Capabilities                      Drives
----         ------------                      ------
Alias        ShouldProcess                     {Alias}
Environment  ShouldProcess                     {Env}
FileSystem   Filter, ShouldProcess, Crede...   {/, Temp}
Function     ShouldProcess                     {Function}
Variable     ShouldProcess                     {Variable}
```

安裝 Google Cloud 命令

安裝和加入 Google Cloud 命令有點不一樣，因為它們打破了一個基本規則，也就是說，在你第一次嘗試使用這個模組時，會需要你進行一些手動輸入。起初，你可以像安裝其他模組一樣，使用 Install-Module -Name GoogleCloud 進行安裝。但如果你嘗試搜尋模組內的命令，就會出現失敗。因此，你需要執行 Import-Module GoogleCloud -Force。這裡的 -Force 是為了處理「PowerShell 誤認為模組已經載入」的情況；它將嘗試重新載入它。現在這個模組會提示你完成安裝過程（假設它的設計仍然和我們撰寫本書時一樣）。接下來，我們將執行命令，來處理 Google Cloud SQL 執行個體（instance）。

```
PS C:\Scripts> Get-Command -Name *-gcSqlinstance

CommandType        Name
-----------        ----
Cmdlet             Add-GcSqlInstance
Cmdlet             ConvertTo-GcSqlInstance
Cmdlet             Export-GcSqlInstance
Cmdlet             Get-GcSqlInstance
Cmdlet             Import-GcSqlInstance
Cmdlet             Remove-GcSqlInstance   .
Cmdlet             Restart-GcSqlInstance
Cmdlet             Update-GcSqlInstance
```

7.4 命令名稱衝突與移除擴充功能

請仔細觀察我們為 Google Cloud SQL 執行個體和 Azure Table 儲存體所加入的命令。有沒有注意到這些命令名稱有什麼特別的地方？

大部分的 PowerShell 擴充功能 ——除了 Amazon Web Services 是個明顯的特例之外——都會在它們命令名稱的名詞部分加上一個簡短的前綴（prefix），例如：Get-GcSqlInstance 或 Get-AzStorageTable。這些前綴可能看起來有點不自然，但其實是為了避免命令名稱之間的衝突而特別設計的。

舉個例子，假設你載入了兩個模組，每個模組都包含一個 Get-User cmdlet。兩個同名的命令同時被載入，當你執行 Get-User 時，PowerShell 會執行哪一個呢？答案是，它會執行最後被載入的那一個。但是另一個同名的命令並非無法使用。想要精準地執行其中一個命令，你需要使用一個有點不自然的命令慣例，即「模組名稱」和「命令名稱」都要指定。假設其中一個 Get-User 來自一個叫做 MyCoolPowerShellModule 的模組，你就必須這樣執行：

MyCoolPowerShellModule\Get-User

這樣要打的字真得很多，這也是為什麼 Microsoft 建議在每個命令的名詞加上產品專屬的前綴，像是 Az 或 Gc。加上前綴能避免衝突，也讓命令更容易識別和使用。

> **NOTE**　Amazon Web Services 的模組不使用前綴。

　　如果你不幸遇到了命令名稱衝突，你可以選擇移除其中一個造成衝突的模組。執行 `Remove-Module`，並附上模組名稱，就能卸載模組。

> **NOTE**　匯入任何模組的時候，可以為模組加上你自己的前綴。執行 `Import-Module ModuleName -Prefix MyPrefix` 會將 `Get-OriginalCommand` 改為 `Get-MyPrefixOriginalCommand`。

7.5　把玩新模組

　　現在，讓我們運用你剛剛獲得的知識。我們希望你能跟著本節所示範的命令一起操作。更重要的是，我們希望你能跟上我們待會兒要解釋的流程和思路，因為這也是我們自學新命令的方法，而不需要每遇到一個新產品或功能就趕緊去買一本新書。在本章的練習題中，我們會讓你自己重複這個過程，以便學會完成更進階的工作。

　　我們的目標是將我們電腦上的一個檔案壓縮成 zip 格式的壓縮檔。我們不確定 PowerShell 是否能做到這一點，因此我們先向說明系統尋求一些線索：

```
PS C:\Scripts> help *-archive
Name                            Category Module
----                            -------- ------
Compress-Archive                Function Microsoft.PowerShell.Arc...
```

　　啊哈，發現了！你可以看到，在我們的電腦上確實有一個 `Microsoft.PowerShell.Archive` 模組（完整名稱被截斷了）。上面的清單顯示有一個 `Compress-Archive` 命令，但我們還想知道有哪些其他可用的命令。為此，我們手動載入這個模組，並列出它的命令：

```
PS C:\Scripts> get-command -Module Microsoft.PowerShell.Archive

CommandType     Name
-----------     ----
Function        Compress-Archive
Function        Expand-Archive
```

> **NOTE** 我們原本可以直接查詢 Compress-Archive 的說明，甚至直接執行這個命令。PowerShell 會自動在背景中為我們載入 Microsoft.PowerShell.Archive 模組。但由於我們還處於探索的階段，這個方法能讓我們一覽模組所有的命令。

這份命令的清單看起來和之前的那個大同小異。無妨，我們就來仔細看看 Compress-Archive 命令長什麼樣：

```
PS C:\Scripts> Get-Help Compress-Archive

NAME
    Compress-Archive
SYNTAX
    Compress-Archive [-Path] <string[]> [-DestinationPath]
    <string> [-CompressionLevel {Optimal | NoCompression |
    Fastest}] [-PassThru] [-WhatIf] [-Confirm]
    [<CommonParameters>]
```

看起來簡單明瞭，只有 -Path 和 -DestinationPath 是必要的參數。讓我們嘗試建立一個檔案，然後用這個命令壓縮它：

```
PS C:\Scripts> 'test lunch' | Out-File chapter7.txt
PS C:\Scripts> Compress-Archive -Path .\chapter7.txt -DestinationPath
➡ .\chapter7.zip
```

好，通常沒消息就好消息。不過，如果能看到這個命令實際上做了什麼，那會更好。我們試試看這個方法：

```
PS C:\Scripts> Compress-Archive -Path .\chapter7.txt -DestinationPath
    .\chapter7.zip -Force -Verbose
VERBOSE: Preparing to compress...
VERBOSE: Performing the operation "Compress-Archive" on target
➡ "C:\Scripts\chapter7.txt".
VERBOSE: Adding 'C:\Scripts/chapter7.txt'.
```

-Verbose 這個參數適用於所有的 cmdlet 和函式，雖然並不是所有的命令都會實際作用。而在這個案例中，我們收到了一個訊息，顯示了目前正在發生什麼事，這讓我們確定命令有確實執行。這個命令的 -Force 參數則是會覆蓋我們之前建立的壓縮檔。

7.6　常見的困惑點

　　PowerShell 新手在開始使用模組時，經常會犯一個錯誤：他們不閱讀說明文件。尤其是在查詢說明系統時，他們不會用 `-Example` 或 `-Full` 這些參數。

　　坦白講，查看內建的範例是學習如何使用命令的最好方式。確實，一次翻閱數百個命令的清單可能會讓人覺得有點不知所措（以 Az.* 的模組為例，新增的命令就超過 2,000 個），但使用 `Help` 和 `Get-Command` 搭配萬用字元，應該可以更有效地找到你想要的名詞。就從這裡開始，好好地閱讀說明文件吧！

7.7　練習題

　　一如往常，我們假設你有一台安裝了最新版本 PowerShell 的電腦或虛擬機器，來進行測試：

1　瀏覽 PowerShell Gallery。找到一個或兩個你覺得有趣的模組，然後安裝它們。

2　瀏覽你剛剛下載的模組中，有哪些可用的命令。

3　使用第 7.2 節中的命令，尋找並安裝（如果有需要的話）由 Microsoft 發行的、用於處理壓縮檔的最新版本模組，該模組包含了 `Compress-Archive` 命令。

4　匯入你剛剛安裝的模組。

5　為下一個練習題建立一個測試用的資料夾，裡面需產生 10 個檔案，並將它命名為 ~/TestFolder。

6　使用 `Compress-Archive` 來壓縮 ~/TestFolder 裡面的內容，並將壓縮檔命名為 TestFolder.zip。

7　將這個壓縮檔解壓縮至 ~/TestFolder2。

8　使用 `Compare-Object` 和 `Select-Object -ExpandProperty Name` 來比較資料夾內的檔案，只要比較「名稱」就好，以驗證是否所有檔案都相同。

7.8 練習題參考答案

以下是其中一種可行的解法：

1 `Install-Module moduleyoufound`

（如果你使用的是 Windows 機器，我們推薦 `import-excel` 模組。）

2 `Get-Command -module moduleyoufound`

`Get-command -module az`

3 `Find-Module -Command Compress-Archive | Install-Module -Force`

4 `Import-Module Microsoft.PowerShell.Archive`

5 使用 `1..10` 會產生一個 1 到 10 的數字集合。如果你用其他的方式產生，也沒關係。

```
New-Item ~/TestFolder -ItemType Directory
1..10 | ForEach-Object {New-Item "~/TestFolder/$_.txt" -ItemType File
-Value $_}
```

6 `Compress-Archive ~/TestFolder/* -DestinationPath ~/TestFolder.zip`

7 `Expand-Archive ~/TestFolder.zip -DestinationPath ~/TestFolder2`

8 下面是個可行的方式。請不要忘記，`dir` 是 `Get-ChildItem` 的別名。

```
$reference = Get-ChildItem ~/TestFolder| Select-Object -ExpandProperty name
$difference = Get-ChildItem ~/TestFolder3| Select-Object -ExpandProperty name
Compare-Object -ReferenceObject $reference -DifferenceObject $difference
```

物件：
另一種形式的資料

在本章中，我們打算做一點不一樣的事情。PowerShell 使用「物件」的方式，可能是它最讓人感到困惑的部分，但同時這也是 shell 最核心的概念之一，深深地影響你在 shell 中所有的操作。多年來，我們嘗試過各種不同的解釋方式，最終確定了幾種版本，讓不同的受眾都能充分理解。如果你有程式設計經驗，而且也熟悉物件的概念，建議你直接前往第 8.2 節。但如果你沒有程式設計背景，也從未以物件撰寫程式或編寫指令碼，那麼請從第 8.1 節開始，依序讀完本章。

8.1 什麼是物件？

在 PowerShell 中，請花一秒鐘執行 Get-Process 看看。你應該會看到一個有幾個欄位的表格，但這些欄位只揭露了「處理程序」眾多資訊當中的極小部分。每一個處理程序物件（process object）都包含了機器名稱、主視窗控制碼（main window handle）、最大工作集大小（maximum working set size）、結束代碼（exit code）和時間、處理器親和性資訊（processor affinity information），以及更多其他資訊。你會發現一個處理程序有超過 60 種相關資訊。那為什麼 PowerShell 只顯示其中的幾個呢？

事實上，PowerShell 能夠存取的大多數事物，所提供的資訊多到無法全部顯示在螢幕上。當你執行任何命令，像是 Get-Process、Get-AzVm 或 Get-AzStorageBlob 時，PowerShell 會建立一個完全存在於記憶體中、包含了這些項目所有資訊的表格。對於

`Get-Process` 這個命令來說，該表格大概包含了 67 個欄位（column），每一個正在你電腦上執行的處理程序都會佔用一列（row）。每一個欄位都包含了一些資訊，像是虛擬記憶體、CPU 使用率、處理程序名稱、處理程序識別碼等等。然後，PowerShell 會檢查你有沒有指定想要查看哪些欄位？如果沒有，shell 會參考 Microsoft 提供的設定檔，只顯示 Microsoft 認為你會想看的那些欄位。

有一個方法能查看所有欄位，那就是使用 `ConvertTo-Html`：

```
Get-Process | ConvertTo-Html | Out-File processes.html
```

這個 cmdlet 不會篩選任何欄位。它會產生一個包含所有欄位的 HTML 檔案。這就是查看完整表格的一種方式。

除了這些欄位的資訊之外，每一列都有與之相關聯的動作（action）。這些動作包括作業系統能對「該列中的處理程序」做什麼，或者如何與它互動，例如：作業系統可以關閉一個處理程序、停止它、更新其資訊，或等待該處理程序結束等等。

無論何時，只要你執行一個會產生輸出結果的命令，該輸出結果就會以「表格」的形式存在於記憶體中。當你將輸出結果從一個命令輸送到另一個命令時，就像這樣

```
Get-Process | ConvertTo-Html
```

整個表格會完整地透過管線（pipeline）傳遞。直到所有命令都執行完畢，這個表格才會被精簡成較少量的欄位。

現在來談談一些術語的變化。PowerShell 不會把「儲存在記憶體中的表格」稱為表格（table）。而是使用以下幾個特定名稱：

❏ 物件（Object）：這是我們所說的表格中的一列（table row）。它代表一個實體，例如一個處理程序，或是一個儲存體帳戶（storage account）。

❏ 屬性（Property）：這是我們所說的表格中的欄位（table column）。它代表一個物件的某項特定資訊，例如處理程序名稱、處理程序識別碼（process ID）、VM 的執行狀態（running status）等等。

❏ 方法（Method）：這是我們所說的動作。方法與單一物件有關，並使該物件執行某種操作，例如停止處理程序，或是啟動一台 VM。

❏ 集合（Collection）：這是所有物件的整體組成，也就是我們之前所稱的表格。

如果接下來關於物件的討論讓你感到一頭霧水，你可以參考上面這四個要點。你應該把「物件的集合」想像成一個儲存在記憶體中的大型資訊表格，其中的「屬性」是欄位，「個別的物件」則是列（圖 8.1）。

▌圖 8.1　顯示該物件（這裡指檔案）擁有多個屬性，例如作者（Author）和檔案類型（FileType）

8.2　理解為何 PowerShell 要使用物件

其中一個讓 PowerShell 使用物件來代表資料的原因是，畢竟，你總得用某種方式來表示資料，對吧？ PowerShell 本來可以選擇用 XML 這樣的格式來儲存資料，或者，設計 PowerShell 的人也可以決定使用純文字的表格。但他們有特定的理由不走這些路。

第一個原因起源於「PowerShell 僅限於 Windows」的那個歷史背景。Windows 本身就是一個物件導向的作業系統（或者說，大部分在 Windows 上執行的軟體都是採用物件導向設計）。因此，使用物件來組織資料相對簡單，因為大多數的作業系統都適合這種結構。事實上，我們可以將這種物件導向的思維方式應用到其他作業系統，甚至是其他領域，例如雲端和 DevOps。

另一個使用物件的原因是，它們最終會讓事情變得簡單，並提供更多的權力和彈性。讓我們暫且假設一下，PowerShell 命令的輸出結果並不是物件，而是簡單的文字表格，這也許是你最初想像它會做的事。當你執行像是 Get-Process 這樣的命令時，你會得到格式化後的純文字輸出結果：

```
PS /Users/travis> Get-Process
Handles NPM(K)  PM(K)  WS(K)  VM(M) CPU(s)     Id ProcessName
------- ------  -----  -----  ----- ------     -- -----------
     39      5   1876   4340     52  11.33   1920 Code
     31      4    792   2260     22   0.00   2460 Code
     29      4    828   2284     41   0.25   3192 Code
    574     12   1864   3896     43   1.30    316 pwsh
    181     13   5892   6348     59   9.14    356 ShipIt
    306     29  13936  18312    139   4.36   1300 storeaccountd
    125     15   2528   6048     37   0.17   1756 WifiAgent
   5159   7329  85052  86436    118   1.80   1356 WifiProxy
```

　　如果你想對這些資訊做些什麼呢？你可能想變更「所有正在執行 Code 的處理程序」。為了實現這件事情，你得先篩選一下這份清單。在 UNIX 或 Linux 上，你可能會嘗試使用像 grep 這樣的命令（順帶一提，你也可以在 PowerShell 中執行它！），並告訴它「幫我查看這份文字清單。只保留第 58 欄到第 64 欄中有包含 Code 字元的那幾列。刪除其他所有列」。這樣，你得到的清單就只會包含你指定的處理程序：

```
Handles NPM(K)  PM(K)  WS(K)  VM(M) CPU(s)     Id ProcessName
------- ------  -----  -----  ----- ------     -- -----------
     39      5   1876   4340     52  11.33   1920 Code
     31      4    792   2260     22   0.00   2460 Code
     29      4    828   2284     41   0.25   3192 Code
```

　　然後你把那段文字輸送到另一個命令，也許是要求它從清單中提取出處理程序識別碼。「瀏覽這個，並從第 52 欄到第 56 欄中抓取字元，但要先去掉前兩列（標題列）」。結果可能是這樣：

```
1920
2460
3192
```

　　最後，你把那段文字再輸送到另一個命令，要求它根據這些識別碼「停止」那些處理程序（或是你原本想做的其他操作）。

　　這正是使用 bash 的 IT 專業人員的工作方式。他們投入許多時間，學習運用像是 grep、awk 和 sed 等工具，藉此更有效地解析文字，他們也熟練掌握正規表示式（regular expression）的應用。經過這樣的學習過程，使他們更容易定義他們想要電腦搜尋的文字模式（text patterns）。在 PowerShell 還未能跨平台的舊時代，UNIX 和 Linux 的 IT 專業人員會使用像是 Perl 和 Python 這樣的指令碼語言，因為這些語言在文字解析的方面提供了更多的功能。但這種以文字作為基礎的方法確實帶來了一些問題：

❏ 你可能會花更多時間在處理文字上，而忽視了實際的工作任務。

❏ 如果某個命令的輸出結果有所變動（例如，將 ProcessName 欄位搬移到表格的開頭），那麼你就得重寫所有的命令，因為它們都依賴某些特定條件，比如欄位的位置。

❏ 你必須精通那些解析文字的語言和工具——這並不是因為你的工作本身需要解析文字，而是因為解析文字是達成目標的手段。

❏ 像 Perl 和 Python 這樣的語言是很可靠的……但它們並不具備 shell 的能力。

　　PowerShell 使用物件的這種方式，有助於消弭所有關於文字處理的額外負擔。因為物件在記憶體中就像表格，你不必告訴 PowerShell 某項特定資訊位於哪個文字欄位，你只需要告訴它欄位名稱，然後 PowerShell 就能準確地找到那個資料。不論你如何在螢幕上或檔案中排列最後的輸出結果，記憶體中的表格始終不變，因此，你不會因為某個欄位的搬移，而需要重新編寫你的命令。這樣一來，你就能減少花在瑣碎工作上的時間，更能專注於你想要達成的目標。

　　確實，你得學習一些語法元素，才能正確地操作 PowerShell，但相較於在一個以文字為基礎的 shell 上工作，你需要學的東西顯然少了許多。

DON'T GET MAD　我要澄清，以上所述並非有意批評 Bash、Perl 或 Python。每個工具都有其優缺點。Python 是一個出色的通用程式設計語言，它甚至已經延伸到了機器學習和人工智慧的領域——但這並不是你閱讀本書的目的。你正在尋找某種方法，來提升你作為一名 IT 專業人員的能力，而 PowerShell 就是最適合這個目標的工具。

8.3　探索物件：使用 Gct-Member 命令

　　如果說物件就像是記憶體中的一張巨大表格，而 PowerShell 只會在螢幕上顯示該表格的一部分，那麼你要如何知道還有哪些可用的資訊呢？如果你認為應該使用 Get-Help 命令，我們會感到高興，因為在之前的章節裡，我們不斷地在強調這個命令。但遺憾的是，你猜錯了。

說明系統只提供相關的背景知識（也就是以「about」主題的形式提供）和命令語法。若想深入了解一個物件，你應該使用另一個命令：Get-Member。你應該讓自己熟悉這個命令，甚至開始尋找更簡短的輸入方式。我們現在就告訴你：它的別名是 gm。

你可以在任何會產生輸出結果的 cmdlet 後面加上 gm。舉例來說，你已經知道執行 Get-Process 會在螢幕上產生輸出結果。你可以將它輸送給 gm：

Get-Process | gm

每當一個 cmdlet（如 Get-Process）產生了一組物件，這整個物件集合會一直保持可存取的狀態，直到管線操作完成。只有在所有命令都執行完畢後，PowerShell 才會篩選要顯示的資訊欄位，並產生你看到的最終輸出文字。因此，在上面的例子中，gm 能完全存取所有處理程序的屬性和方法，因為它們還沒有「為了要顯示而被篩選出來」。gm 會查看每個物件，並列出物件的屬性和方法。看起來會像這樣：

```
PS C:\> Get-Process | gm
    TypeName: System.Diagnostics.Process

Name                    MemberType      Definition
----                    ----------      ----------
Handles                 AliasProperty   Handles = Handlecount
Name                    AliasProperty   Name = ProcessName
NPM                     AliasProperty   NPM = NonpagedSystemMemo...
PM                      AliasProperty   PM = PagedMemorySize
VM                      AliasProperty   VM = VirtualMemorySize
WS                      AliasProperty   WS = WorkingSet
Disposed                Event           System.EventHandler Disp...
ErrorDataReceived       Event           System.Diagnostics.DataR...
Exited                  Event           System.EventHandler Exit...
OutputDataReceived      Event           System.Diagnostics.DataR...
BeginErrorReadLine      Method          System.Void BeginErrorRe...
BeginOutputReadLine     Method          System.Void BeginOutputR...
CancelErrorRead         Method          System.Void CancelErrorR...
CancelOutputRead        Method          System.Void CancelOutput...
```

我們精簡了上面的清單，因為它實在太長了，但我們希望你能明白重點。

> **TRY IT NOW**　不要只是聽我們說。這正是一個好時機，跟著我們的步驟，執行相同的命令，這樣你就能看到完整的輸出結果。

　　順帶一提，你可能會有興趣知道這個：所有附加到一個物件上的屬性、方法和其他元素，皆統稱爲該物件的成員（member），就好像這個物件本身是一個鄉村俱樂部，而所有這些屬性和方法都是這個俱樂部的會員一樣。這就是 `Get-Member` 這個名稱的由來，它是用來取得物件成員清單的。不過別忘了，由於 PowerShell 的慣例是使用單數名詞，因此命令名稱是 `Get-Member`，不是 `Get-Members`。

> **IMPORTANT**　雖然很容易忽略，但請特別注意 `Get-Member` 輸出結果的第一行，即 `TypeName`（類型名稱），這是分配給這個特定物件類型的唯一名稱（unique name）。現在看似無關緊要——畢竟，有誰會在乎它的名字？但是到了下一章，這個名稱就會變得十分重要了。

8.4　使用物件的附加資訊或屬性

　　當你觀察 `gm` 的輸出結果時，你會注意到幾種不同的屬性：

❑ `ScriptProperty`

❑ `Property`

❑ `NoteProperty`

❑ `AliasProperty`

> **追求卓越**
>
> 一般來說，在 .NET 環境中的物件（這也是 PowerShell 物件的來源），都只擁有屬性。但 PowerShell 會動態地加入其他東西，例如 `ScriptProperty`、`NoteProperty`、`AliasProperty` 等等。如果你剛好在 Microsoft 的官方文件中查詢物件的類型（你可以在偏好的搜尋引擎中輸入物件的 `TypeName`，來尋找相關的 docs.microsoft.com 頁面），你是不會看到這些額外屬性的。
>
> PowerShell 有一個擴充類型系統（extensible type system，ETS），負責加入這些臨時性的屬性。它為什麼要這麼做？在某些情況下，目的是為了讓物件更一致，例如：替一個原本只有 `ProcessName` 這種名稱的物件，加上一個 `Name` 屬性（這就是 `AliasProperty` 的用途）。有時候則是為了揭示深藏在物件中的資訊（處理程序物件中有一些這類的 `ScriptProperties`）。
>
> 當你使用 PowerShell 的時候，這些屬性的所有行為都一樣。但是，如果你發現它們沒有出現在官方的說明文件中，請不要太驚訝：shell 會加入這些額外的東西，目的通常是為了讓你的工作更輕鬆。

就你的使用目的來看，這些屬性都是一樣的。唯一的差別在於它們最初是怎麼建立的，但那不是你需要擔心的事。對你來說，它們都是屬性，你會以一致的方式來使用它們。

每個屬性都包含了一個值。舉例來說，一個處理程序物件的 ID 屬性，其值可能是 1234，而該物件的 Name 屬性，其值可能是 Code。屬性描述了物件的各種特性：它的狀態、它的識別碼（ID）、它的名稱等等。在 PowerShell 中，屬性通常是唯讀的，意謂著你不能透過賦予 Name 屬性一個新的值來修改服務名稱。不過，你可以藉由讀取其 Name 屬性來取得服務名稱。我們預估，在 PowerShell 中，你進行的操作有 90% 都與屬性有關。

8.5 使用物件的行為或方法

許多物件支援一個或多個方法，正如我們之前提到的，這些「方法」是你可以指示物件去做的「動作」，例如：處理程序物件中就有一個 Kill 方法，用來終止處理程序。有些方法需要一個或多個輸入引數（input argument），用來提供額外的細節給特定的動作，但在學習 PowerShell 的初期，你不太會遇到這些情況。你可能會花上幾個月甚至幾年的時間使用 PowerShell，卻從未執行過一個物件方法（object method）。那是因為許多這些動作都可以透過 cmdlet 來完成。

舉例來說，如果你需要終止一個處理程序，你有三種方式可以達成。其中一種方法是先取得這個物件，然後以某種方式執行它的 Kill 方法。另一種方法則是使用幾個 cmdlet：

```
Get-Process -Name Code | Stop-Process
```

你也可以單用一個 cmdlet 來達成這個目的：

```
Stop-Process -Name Code
```

本書的整體目標在於使用 PowerShell 的 cmdlet 來完成任務。它們提供了最簡單、最適合 IT 專業人員，以及最專注於任務的方式來達成目標。反之，使用「方法」就等於逐漸走向 .NET 程式設計，這會讓事情變得複雜，也可能需要更多的背景知識。出於這個原因，在本書中你很少看到（甚至不會看到）我們執行物件方法。目前，我們的基本原則是

「如果你用 cmdlet 做不到，那就回頭去使用 GUI」。我們保證，這種想法不會伴隨你的整個職業生涯，但現階段，你只要專注用「PowerShell 的方式」做事就好。

> **追求卓越**
>
> 雖然在你目前學習 PowerShell 的這個階段，你不需要了解這些，不過除了屬性和方法之外，物件還可能會有事件。事件（event）是物件通知你「某件事情發生了」的方式。例如，當一個處理程序結束時，會觸發它的 Exited 事件。你可以附加你自己的命令到這些事件上，比如說在處理程序結束時自動發送一封電子郵件。然而，這種與事件相關的操作是進階的主題，已經超出本書的討論範圍了。

8.6 物件的排序

大多數的 PowerShell cmdlet 會以一種規律的方式產生物件，意思就是說，每次你執行命令時，它們始終會按照一致的順序來產生物件。例如，Azure VM 和處理程序，會按照「名稱」的字母順序來排列。那如果我們想要改變這個順序呢？

假設我們想要顯示一份處理程序清單，並將「耗費最多 CPU 的處理程序」放在清單的頂端，「耗費最少 CPU 的處理程序」則放在清單的底端。我們需要根據 CPU 屬性對這份物件清單進行排序。PowerShell 提供了一個簡單的命令來做這件事，它就是 Sort-Object：

```
Get-Process | Sort-Object -Property CPU
```

> **TRY IT NOW**　我們希望你能按照本章的內容，實際執行這些命令。由於這些表格的內容過於冗長，所以我們並未將它們的輸出結果放入書中。

這個命令並不完全符合我們的需求。它確實根據 CPU 進行排序，但卻是以升冪（由少到多）的方式，最大的值會出現在清單的底端。查閱 Sort-Object 的說明後，我們發現它有一個 -Descending 參數，應該能將排序順序反轉。我們也注意到 -Property 參數是位置性的，所以我們不需要輸入參數名稱。

我們將 -Descending 簡化為 -desc，這樣我們就得到了想要的結果。值得注意的是，-Property 參數接受多個值（我們確定你一定在說明文件中看過，如果你有看的話）。

如果遇到兩個處理程序使用相同的 CPU 使用率，而我們想要根據處理程序識別碼進行排序的話，以下的命令就能辦得到：

```
Get-Process | Sort-Object CPU,ID -desc
```

跟之前一樣，如果某個參數支援多個值，就需要使用「逗號」分隔這些值來進行傳遞。

8.7 選擇你想要的屬性

另一個實用的 cmdlet 是 Select-Object。它可以從管線接收物件，讓你可以選擇你想要顯示的屬性。如此一來，你就能查看那些一般會被 PowerShell 的設定規則所忽略的屬性，或者只顯示你感興趣的幾個屬性。這在將物件資訊輸送到 ConvertTo-HTML 時非常有用，因為這個 cmdlet 通常會產生一個包括所有屬性的表格。來比較一下這兩個命令所產生的結果：

```
Get-Process | ConvertTo-HTML | Out-File test1.html
Get-Process | Select-Object -Property Name,ID,CPU,PM | ConvertTo-Html |
➡ Out-File test2.html
```

> **TRY IT NOW**　請逐一執行這些命令，然後在網頁瀏覽器中查看產生出來的 HTML 檔案，以觀察它們之間的不同。

請查閱 Select-Object 的說明文件（或者你可以使用它的別名 Select）。其中 -Property 參數是位置性的，這表示我們可以簡化剛才的命令：

```
Get-Process | Select Name,ID,CPU,PM | ConvertTo-HTML | Out-File test3.html
```

請花點時間實驗 Select-Object。然後試著變化以下的命令，這會讓輸出結果顯示在螢幕上：

```
Get-Process | Select Name,ID,CPU,PM
```

試著在參數清單中增加或刪除不同的處理程序物件屬性，然後觀察所產生的結果。你可以指定多少屬性，而且仍然以「表格」的形式呈現結果？超過幾種屬性，就會讓 PowerShell 將輸出結果改以「清單」的格式呈現，而不是表格？

追求卓越

Select-Object 還有 -First 和 -Last 這兩個參數，讓你能在管線中只保留部分物件，例如：Get-Process | Select -First 10 就會只保留前 10 個物件。這裡不牽涉任何像是「保留特定處理程序」等條件；它只是單純地擷取前（或後）10 個物件。

NOTE　大家經常會混淆的兩個 PowerShell 命令：Select-Object 和 Where-Object，後者你還沒看過。Select-Object 主要用於選擇你想要看到的屬性（或欄位），而且它可以選擇任意範圍的輸出結果列（使用 -First 和 -Last）。而 Where-Object 則是根據你設定的條件，從管線中篩選或移除物件。

8.8　始終都是物件的形式

在 PowerShell 管線中，物件會一直存在，直到最後一個命令執行完畢。此時，PowerShell 會看看管線中有哪些物件，然後參考各種設定檔，來決定選擇哪些屬性顯示在螢幕上。它也會根據內部規則（internal rule）和設定檔（configuration file），來決定要以「表格」還是「清單」的形式呈現。（我們會在第 10 章詳細解釋這些規則和設定檔，以及如何修改它們。）

很重要的一點是，在單一命令列執行的過程中，管線內可以有多種不同的物件。在接下來的幾個例子中，我們會用單一命令列（a single command line）來進行，並手動輸入它，確保每一行只出現一個命令。這樣更容易說明我們要表達的內容。首先來看看第一個範例：

```
Get-Process |
Sort-Object CPU -Descending |
Out-File c:\procs.txt
```

在這個例子中，我們先執行 Get-Process，這會把處理程序物件放到管線中。下一個命令是 Sort-Object。這個命令不會變更管線中的物件，它只會重新排列它們的順序，因此在 Sort-Object 執行結束後，管線中的依然是處理程序物件。最後一個命令是 Out-File。這時，PowerShell 必須產生輸出結果，所以它會取得管線中的東西（也就是處理程序），並依據其內部的一套規則來進行格式化。然後，這些結果會被寫入到指定的檔案中。接下來是一個更為複雜的例子：

```
Get-Process |
Sort-Object CPU -Descending |
Select-Object Name,ID,CPU
```

這個例子一開始的步驟是一樣的。Get-Process 把處理程序物件放到管線中。然後這些物件會被輸送到 Sort-Object，該命令會對它們進行排序，這些排序後的物件會再次進入管線。但 Select-Object 的運作方式稍有不同。在此之前，處理程序物件始終擁有相同的成員。因此，為了要精簡屬性清單，Select-Object 不能直接移除你不想保留的屬性，否則那就不再是一個處理程序物件了。反之，Select-Object 會建立一個新型態的自訂物件，叫做 PSObject。它會從處理程序中複製你想要的屬性，最終就會有一個自訂物件被放入管線。

> **TRY IT NOW**　請嘗試執行這個由三個 cmdlet 組成的命令列，記得要將整個命令都輸入在同一行上。你是否注意到輸出結果和 Get-Process 的標準輸出結果有什麼不同？

當 PowerShell 察覺到命令列已經全部執行完畢時，它必須決定文字的輸出結果要如何排版。由於管線中不再有任何處理程序物件，PowerShell 就不會套用那些適用於處理程序物件的預設規則和設定值。相反地，它會尋找適用於 PSObject 的規則和設定，因為目前管線中存在的是 PSObject。Microsoft 並沒有為 PSObject 提供任何規則或設定值，因為它們主要是用於自訂的輸出結果。因此，PowerShell 會嘗試做最合適的判斷，並產生一個表格，這是建立在「這三種屬性仍可塞得進一張表格」的假設之上。不過，這個表格並不像 Get-Process 的標準輸出結果那樣整齊，因為 shell 缺乏進一步美化表格所需的額外設定資訊。

你可以使用 gm 來查看最終出現在管線中的物件。請記得，只要是有輸出結果的 cmdlet，你都可以在其後加上 gm：

```
Get-Process | Sort-Object CPU -Descending | gm
Get-Process | Sort-Object CPU -Descending | Select Name,ID,CPU | gm
```

> **TRY IT NOW**　請嘗試分別執行這兩個命令列，並且觀察輸出結果有何不同。

　　請注意，在 gm 輸出結果的內容裡，PowerShell 會顯示它在管線中看到的物件類型名稱。在第一個例子中，那是一個 System.Diagnostics.Process 物件，但在第二個例子中，管線裡面的物件是另一種類型。這些新選定的物件（new selected objects）只包括了三個我們指定的屬性（Name、ID 和 CPU），以及幾個由系統自動產生的成員。

　　即便是 gm，也是會產生物件並將它們放入管線中。在執行了 gm 之後，管線中便不再有處理程序或是之前選定的物件；現在它裡面是 gm 所產生的物件類型，即 Microsoft.PowerShell.Commands.MemberDefinition。你可以透過把 gm 的輸出結果輸送給 gm 來印證這一點：

```
Get-Process | gm | gm
```

> **TRY IT NOW**　你絕對會想要親自嘗試這個，而且你會認真思考，直到你能融會貫通為止。首先是執行 Get-Process，這會把處理程序物件放入管線。然後這些物件會被輸送到 gm，gm 會分析它們，並產生它自己的 MemberDefinition 物件。這些物件接著再被輸送到 gm，gm 會分析它們，並產生輸出結果，列出每個 MemberDefinition 物件的成員。

　　精通 PowerShell 的關鍵，是學習隨時追蹤管線內都有哪些物件類型。雖然 gm 可以協助你做到這一點，但靜下心來逐字地一步步理解命令列，也是一個不錯的練習，有助於釐清觀念。

8.9　常見的困惑點

　　剛開始接觸 PowerShell 的新手都會犯一些常見的錯誤。只要累積經驗，大部分的錯誤觀念就會消除，但我們還是要用以下的清單來提醒你，這樣如果你發現自己即將走錯路，就有機會及時糾正。

❑ 請記住，PowerShell 的說明文件並不包含與物件屬性相關的資訊。你需要把物件輸送給 gm（即 Get-Member），才能查看屬性清單。

❑ 請記住，你可以在任何一個通常會產生輸出結果的管線後面附加 gm。不過，像是 Get-Process -Name Code | Stop-Process 這樣的命令列，一般不會產生輸出結果，所以在其後面附加 | gm 也不會產生任何內容。

❑ 請注意，打字要整齊。在每個管線字元的兩側都要加上空格，正確的寫法應該是 Get-Process | gm，而不是 Get-Process|gm。在鍵盤上，空白鍵故意設計得比較大，是有它的用意的，請好好利用它。

❑ 請記住，在每一個步驟中，管線可以包含各種不同類型的物件。要仔細思考目前管線中有哪種類型的物件，並將心思放在「下一個命令」會對該類型的物件做什麼樣的處理。

8.10 練習題

> **NOTE** 針對本章的練習題，你需要一台安裝了 PowerShell v7 以上版本的電腦。

這一章介紹了更多、也更複雜的新概念，很可能超過了之前的任何一章。我們希望這些你全部都能理解，而且這些練習將幫助你鞏固所學到的概念。這些練習題可能會比之前的練習題更具挑戰性，但我們希望你能開始習慣自己確定要使用哪些命令，並使用 get-command 和 help 來找出正確的命令，而不是依靠我們。畢竟，當你開始在工作中使用 PowerShell，並遇到各種我們在書中沒有提到的狀況時，這就是你要去做的事情。下面的任務中，有一些會用到你在前面章節學到的技巧，目的是讓你複習，溫故知新：

1 找出一個能產生隨機數字（random number，又譯亂數）的 cmdlet。

2 找出一個能顯示目前日期和時間的 cmdlet。

3 在「任務2」中的 cmdlet 會產生哪種類型的物件？（由這個 cmdlet 產生的物件 TypeName 又是什麼？）

4 使用「任務2」中的 cmdlet 和 Select-Object，在下面這樣的表格中，只顯示「今天」是一週當中的「星期幾」（要小心：輸出結果會靠右對齊，所以請確保你的 PowerShell 視窗沒有出現水平捲軸）：

```
DayOfWeek
---------
    Monday
```

5 找出一個能顯示目錄中所有項目的 cmdlet。（譯者註：原文書此處的 all the times 應該是 all the items，即所有項目。）

6 使用「任務 5」的 cmdlet，顯示你選定的目錄中的所有項目。（譯者註：原文書此處的 all the times 應該是 all the items，即所有項目。）接著，進一步擴展這個運算式（expression），依據檔案的建立時間來排序這份清單，並只顯示「檔案名稱」和「建立日期」。切記，命令預設的輸出結果所顯示的欄位名稱，不一定是真正的屬性名稱——你需要找到真正的屬性名稱，以確認無誤。

7 重複「任務 6」，但這次按照最後修改時間來排序，然後顯示「檔案名稱」、「建立時間」和「最後修改時間」。將這些資訊儲存到一個 CSV 檔案和一個 HTML 檔案。

8.11　練習題參考答案

1 `Get-Random`

2 `Get-Date`

3 `System.DateTime`

4 `Get-Date | select DayofWeek`

5 `Get-ChildItem`

6 `Get-ChildItem | Sort-Object CreationTime | Select-Object`
➡ `Name,CreationTime`

7 `Get-ChildItem | Sort-Object LastWritetime | Select-Object`
➡ `Name,LastWritetime,CreationTime | Export-CSV files.csv`
`Get-ChildItem | Sort-Object LastWritetime | Select-Object`
➡ `Name,LastWritetime,CreationTime | Out-file files.html`

插播一場實戰應用 9

現在是時候運用你學到的新知識了。在本章中，我們不會教你任何新的東西。反之，我們會運用你學到的新知識，帶你完成一個詳細的範例。這是一個絕對真實的範例：我們會設定一個任務，然後讓你跟著我們的思考流程，看看我們是如何完成它的。本章就是本書內容的一道縮影，因為我們不會直接告訴你「如何解決問題」的答案，而是讓你明白，你是可以自主學習的。

9.1 定義任務

首先，我們假設你是在裝有 PowerShell 7.1 以上版本的作業系統上工作的。我們即將進行的這個範例，也有可能適用於較早期版本的 Windows PowerShell，但我們沒有對此進行過測試。

在 DevOps 的世界裡，除了 PowerShell 之外，幾乎總是會提及一種特定的語言。這種語言在 IT 專業人員及 DevOps 工程師之間相當具有爭議性，大家要嘛喜愛它，要嘛討厭它。猜猜看，是什麼？如果你猜的是 YAML，那麼你猜對了！ YAML 是「YAML ain't markup language」的縮寫（這是一個遞迴縮寫，recursive acronym，即縮寫裡面包含了縮寫自己），而儘管它聲稱自己不是如此，但在許多方面，它和簡單的標記式語言（simple markup language）非常相似——換句話說，它就是一種擁有特定結構的檔案，就像 CSV 和 JSON 有特定結構一樣。由於我們在 DevOps 的世界中經常會看到 YAML，因此，擁有「能與 YAML 檔案互動的工具」是非常重要的。

9.2 尋找命令

　　完成任何任務的第一步，就是要找出能幫你完成任務的命令。根據你所安裝的軟體，你的結果可能會和我們不同，但重要的是我們經歷的過程。由於我們知道要去管理一些虛擬機器，所以我們會以 YAML 作爲關鍵字開始：

```
PS C:\Scripts\ > Get-Help *YAML*
PS C:\Scripts\ >
```

　　嗯。這一點用都沒有。什麼結果都沒有出現。好吧，我們來嘗試另一種方式，這次我們把焦點放在命令上，而不是說明文件：

```
PS C:\Scripts\ > get-command -noun *YAML*
PS C:\Scripts\ >
```

　　好吧，看來沒有任何命令的名稱包含 YAML。眞讓人失望！接下來，我們得去線上的 PowerShell Gallery 看看有什麼可能的選項：

```
PS C:\Scripts\ > find-module *YAML* | format-table -auto
Version Name            Repository Description
------- ----            ---------- -----------
0.4.0   powershell-yaml PSGallery  Powershell module for serializing...
1.0.3   FXPSYaml        PSGallery  PowerShell module used to...
0.2.0   Gainz-Yaml      PSGallery  Gainz: Yaml...
0.1.0   Gz-Yaml         PSGallery  # Gz-Yaml...
```

　　看起來有希望了！我們先來安裝第一個模組試試：

```
PS C:\Scripts\ > install-module powershell-yaml
You are installing the module(s) from an untrusted repository. If you
trust this repository, change its InstallationPolicy value by
running the Set-PSRepository cmdlet.
Are you sure you want to install software from
'https://go.microsoft.com/fwlink/?LinkID=397631&clcid=0x409'?
[Y] Yes  [A] Yes to All  [N] No  [L] No to All  [S] Suspend
[?] Help(default is "N"): y
```

在這個時候，你必須格外小心謹慎。雖然 PowerShell Gallery 是由 Microsoft 經營的，但它不會驗證其他人發布的程式碼。所以，我們特意暫停一下流程，檢查一下剛剛安裝的程式碼，確保程式碼沒有問題才繼續。這個模組的作者 Boe Prox 是一位 MVP，是我們信任的同行。現在，讓我們看看剛剛新增的命令：

```
PS C:\Scripts\ > get-command -module powershell-yaml | format-table -auto
CommandType Name                    Version Source
----------- ----                    ------- ------
Function    ConvertFrom-Yaml        0.4.0   powershell-yaml
Function    ConvertTo-Yaml          0.4.0   powershell-yaml
```

好，這些命令看起來簡單明瞭。`ConvertTo` 和 `ConvertFrom`，聽起來就是我們所需要的。

9.3 學習使用這些命令

運氣好的話，模組的作者會附上說明。假設未來有一天，你寫了一個模組，請永遠記得，如果有其他人會使用它，你應該（不，你必須）附上使用說明，讓模組使用者知道如何使用它。如果你不這麼做，那就像是寄送了一件 IKEA 傢俱但沒有附上安裝說明書一樣——千萬不要這麼做！在本書的姊妹作《*Learn PowerShell Toolmaking in a Month of Lunches*》（Manning 出版，2012）中，兩位作者 Don Jones 和 Jeffery Hicks 詳細介紹了如何編寫模組以及如何在其中加入說明，而加入說明絕對是正確且應該做的事。讓我們來看看，這位作者是否也做了正確的事：

```
PS C:\Scripts\ > help ConvertFrom-Yaml
NAME
    ConvertFrom-Yaml

SYNTAX
    ConvertFrom-Yaml [[-Yaml] <string>] [-AllDocuments] [-Ordered]
    ➥ [-UseMergingParser] [<CommonParameters>]


PARAMETERS
    -AllDocuments       Add-Privilege
```

哎呀！沒有說明。不過，在這個案例中，其實也不算太糟，因爲即使作者沒有寫任何說明，PowerShell 還是會提供協助。PowerShell 會提供語法、參數、輸出結果和別名等資訊——對於這個簡單的命令來說，這些資訊已經足夠了。所以我們需要一個 YAML 範例檔案……事實上，使用 PowerShell GitHub 儲存庫上的一個眞實範例，是個不錯的選擇：

```
https://raw.githubusercontent.com/PowerShell/PowerShell/master/.vsts-ci/
templates/credscan.yml
```

這是 PowerShell 團隊用來執行 CredScan 的 Azure Pipelines YAML 檔案（CredScan 是一個用來掃描「是否不小心將密碼或憑證加入到程式碼中」的工具）。PowerShell 團隊已經設定好，每當有人向 PowerShell GitHub 儲存庫發送提取要求（pull request，也就是程式碼變更）時，它就會立即執行，以便能即時發現問題。在提取要求的過程中自動執行一些工作是常見的做法，這被稱爲持續整合（continuous integration，CI）。

請下載該檔案，接著，我們會用 PowerShell 來讀取它：

```
PS C:\Scripts\ > Get-Content -Raw /Users/travis/Downloads/credscan.yml
parameters:
  pool: 'Hosted VS2017'
  jobName: 'credscan'
  displayName: Secret Scan

jobs:
- job: ${{ parameters.jobName }}
  pool:
    name: ${{ parameters.pool }}
displayName: ${{ parameters.displayName }}

steps:
- task: securedevelopmentteam.vss-secure-development-tools.build-task
  ➥ -credscan.CredScan@2
  displayName: 'Scan for Secrets'
  inputs:
    suppressionsFile: tools/credScan/suppress.json
    debugMode: false

- task: securedevelopmentteam.vss-secure-development-tools.build-task
  ➥ -publishsecurityanalysislogs.PublishSecurityAnalysisLogs@2
```

```
    displayName: 'Publish Secret Scan Logs to Build Artifacts'
    continueOnError: true

- task: securedevelopmentteam.vss-secure-development-tools.build-task
  ➡ -postanalysis.PostAnalysis@1
    displayName: 'Check for Failures'
    inputs:
      CredScan: true
      ToolLogsNotFoundAction: Error
```

太好了，我們已經知道如何讀取 YAML 檔案了。下一步，我們將它轉換成更易於操作的格式：

```
PS C:\Scripts\ > Get-Content -Raw /Users/travis/Downloads/credscan.yml |
    ➡ ConvertFrom-Yaml


Name                          Value
----                          -----
parameters                    {pool, jobName, displayName}
jobs                          {${{ parameters.displayName }}}
```

好了，這個步驟相當簡單。讓我們來看看，我們得到什麼樣類型的物件：

```
PS C:\Scripts\ > Get-Content -Raw /Users/travis/Downloads/credscan.yml |
    ➡ ConvertFrom-Yaml | gm


   TypeName: System.Collections.Hashtable
Name             MemberType         Definition
----             ----------         ----------
Add              Method             void Add(System.Object key...
Clear            Method             void Clear(), void
    IDictionary.Clear()
Clone            Method             System.Object Clone(), ...
Contains         Method             bool Contains(System.Object key)...
ContainsKey      Method             bool ContainsKey(System.Object key)
ContainsValue    Method             bool ContainsValue(System.Object...
CopyTo           Method             void CopyTo(array array, int...
Equals           Method             bool Equals(System.Object obj)
GetEnumerator    Method             System.Collections.IDictionary...
GetHashCode      Method             int GetHashCode()
```

```
GetObjectData      Method                      void GetObjectData(System.Runtim...
    GetType
      Method                    type GetType()
OnDeserialization Method                    void
    OnDeserialization(System.Object...Remove
      Method                    void Remove(System.Object key), voi... ToString
      Method                    string ToString()
Item               ParameterizedProperty System.Object Item(System.Object
                   ➡ key...
Count              Property                    int Count {get;}
IsFixedSize        Property                    bool IsFixedSize {get;}
IsReadOnly         Property                    bool IsReadOnly {get;}
IsSynchronized     Property                    bool IsSynchronized {get;}
Keys               Property                    System.Collections.ICollection K...
SyncRoot           Property                    System.Object SyncRoot {get;}
Values             Property                    System.Collections.ICollection
    Value...
```

好的，這是一張雜湊表（hash table）。雜湊表就像是一個大雜燴，各種東西都有。在使用 PowerShell 的過程中，這種結構會經常出現。因爲它們容易轉換成其他種類的格式，所以非常實用。接下來，我們試著把拿到的 YAML 資料轉換成 JSON（JSON 是 DevOps 中另一種非常重要的資料結構）。讓我們來看看，有哪些是我們能用的：

```
PS C:\Scripts\ > Get-Help *json*

Name            Category Module                         Synopsis
----            -------- ------                         --------
ConvertFrom-Json Cmdlet   Microsoft.PowerShell.Utility...
ConvertTo-Json  Cmdlet   Microsoft.PowerShell.Utility...
Test-Json       Cmdlet   Microsoft.PowerShell.Utility...
```

太棒了，有一個 `ConvertTo-Json` cmdlet。讓我們使用管線，來將 YAML 轉換成 JSON。我們會需要用到 `ConvertTo-Json` 的 Depth 參數（你可以從說明文件中了解這個參數），這個參數讓我們能夠指定 cmdlet 在嘗試建立 JSON 結構時應該要深入到多少層。就我們目前要做的事情來說，設定爲 100 是相對安全。好了，讓我們整合一下：

```
PS C:\Scripts\ > Get-Content -Raw /Users/travis/Downloads/credscan.yml |
    ➡ ConvertFrom-Yaml | ConvertTo-Json -Depth 100
```

```
{
  "parameters": {
    "pool": "Hosted VS2017",
    "jobName": "credscan",
    "displayName": "Secret Scan"
  },
  "jobs": [
    {
      "job": "${{ parameters.jobName }}",
      "pool": {
        "name": "${{ parameters.pool }}"
      },
      "steps": [
        {
          "task": "securedevelopmentteam.vss-secure-development-tools.build
          ➡ -task-credscan.CredSca            "inputs": {
            "debugMode": false,
            "suppressionsFile": "tools/credScan/suppress.json"
          },
          "displayName": "Scan for Secrets"
        },
        {
nalysislogs.PublishSecurityAnalysisLogs@2",
          "continueOnError": true,
          "displayName": "Publish Secret Scan Logs to Build Artifacts"
        },
        {
          "task": "securedevelopmentteam.vss-secure-development-tools.build
          ➡ -task-postanalysis.PostAnalysis@1",
          "inputs": {
            "CredScan": true,
            "ToolLogsNotFoundAction": "Error"
          },
          "displayName": "Check for Failures"
        }
      ],
      "displayName": "${{ parameters.displayName }}"
    }
  ]
}
```

　　成功了！我們現在擁有一些源自於 YAML 檔案的 JSON。這是一個相當實用的練習，因為市面上的各種 DevOps 工具（如 AutoRest、Kubernetes 等等）都接受 YAML 或 JSON。所以，你可能偏好 YAML，但你的同事偏好 JSON。現在，透過這種方式轉換，你們就有了一個簡單的方式來互相分享資訊。

　　我們老實講，這不是一個複雜的任務。但這一章的重點並不是任務本身，而是「我們如何完成它」。我們做了什麼呢？

1　首先，我們在本機的說明文件中尋找一個特定的關鍵字。當我們用來搜尋的關鍵字沒有對應到命令名稱時，PowerShell 就會全面搜尋所有的說明文件內容。這非常實用，因為如果有任何一個說明文件提到 YAML，我們就會找到它。

2　然後，我們轉而尋找特定的命令名稱。這樣做，能幫助我們找到沒有安裝說明文件的命令。理想情況下，所有的命令都應該有相對應的說明文件，但是現實狀況並不這麼理想，因此，我們特別多做這一個額外的步驟。

3　在本機找不到相關資訊後，我們搜尋了 PowerShell Gallery，並且找到了看起來有希望的模組。我們安裝了這個模組，並查看了它的命令。

4　即便模組的作者沒有提供說明，PowerShell 還是給了我們協助，我們成功地找出「轉換成 YAML」和「從 YAML 轉換」的命令執行方式。這讓我們了解到命令的資料結構，以及命令所預期的是什麼樣類型的值。

5　利用當時截至那一刻為止我們收集到的資訊，我們成功地完成了想要的變更。

9.4　自主學習的訣竅

　　再次強調，這本書的真正目的是教你如何自學——而這一章就是最佳的示範。以下有幾個訣竅：

❏　別害怕查看說明文件，一定要閱讀裡面的範例。我們一再地強調這一點，但好像沒有人相信我們。我們還是會看到新手，就當著我們的面，偷偷地去 Google 找範例。說明文件到底有什麼可怕的？如果你願意閱讀別人的部落格，為什麼不先試試看說明文件中的範例呢？

❑ 要專注。螢幕上的每一項資訊都可能是重要的，即使不是你目前需要的，也不要隨意忽視。你很容易這樣做，但請避免這種情形。相反地，請逐一查看每一項內容，並嘗試了解它的用途，以及你能從中獲得什麼資訊。

❑ 不要害怕失敗。如果你有一台虛擬機器可以自由操作，那就好好利用它。新手們經常問我們這樣的問題：『嘿，如果我做某某事，會發生什麼事？』，而我們也總是回答：『不知道，去試試看吧。』實驗是件好事。在虛擬機器裡，最糟的情況也不過就是需要回到之前的快照，是吧？所以，不管你在做什麼，都大膽去試一試。

❑ 如果一個方法行不通，別硬著頭皮去撞牆，試試其他方法吧。

隨著時間過去，不斷地練習，一切都將變得容易，但是請確保你在學習過程中有持續思考。

9.5　練習題

> **NOTE** 針對本章的練習題，你可以使用任何你偏好的作業系統（如果你想要的話，可以在多個作業系統上試試），並確保你使用的是 PowerShell 7.1 以上的版本。

現在輪到你了。我們假設你是在一台虛擬機器（或其他不怕弄壞的機器）上操作，一切都是為了學習。請千萬不要在正式環境上（或正在執行重要工作的機器上）實驗！

這個練習與密鑰管理（secrets management）有關。DevOps 工程師對這個概念應該非常熟悉。想法很簡單：我們有一堆機敏資料（密碼、連線字串等），需要在我們的命令中使用，但我們必須把這些密鑰存放在一個安全的地方。我們也可能想要與團隊中的其他成員分享這些密鑰，而且，使用電子郵件來分享是不夠安全的！

PowerShell 團隊近期正在開發一個叫做 Secrets Management 的模組，就是為了要解決這個問題。這是一個通用的模組，用來與任何支援它的密鑰保存庫（secret store）互動。有些是本機的密鑰保存庫，如 macOS 的 Keychain，另一些則是雲端服務，如 Azure Key Vault 和 HashiCorp Vault。你的目標是下載這個模組，將一組密鑰儲存在你選擇的密鑰保存庫中，然後再取回它。如果你使用的是雲端的密鑰保存庫，最完美的測試方式是嘗試從另一台機器取回密鑰。

9.6 練習題參考答案

你可能會期待我們提供一套完整的命令，來讓你完成這個練習。然而，事實上，這一整章都是在教你如何自行解決這些問題。密鑰管理模組其實有非常詳盡的說明文件。如果你一直跟著我們一起做，那麼你在這個練習中應該不會遇到任何問題。

深度探索管線

10

到目前為止，你已經學會如何有效地使用 PowerShell 的管線。用它執行命令（如 Get-Process | Sort-Object VM -desc | ConvertTo-Html | Out-File procs.html）是非常強大的，只需要一行就能完成好幾行指令碼才能做到的事。但你還能做得更好。在本章中，我們會深入探索管線，並挖掘一些更強大的能力，讓你能以更省力的方式，正確地在各個命令之間傳遞資料。

10.1 管線：打更少的字更強大

我們喜歡 PowerShell 的其中一個原因，是它讓我們可以成為更有效率的系統管理員，而不需要像過去在 Bash 中那樣寫複雜的指令碼。這種強大的單行命令（one-line command）之所以能實現，關鍵就在於 PowerShell 管線的工作機制。

讓我們說明白一點：即使不讀這一章，你還是能有效地使用 PowerShell，不過，在大多數的情況下，你可能會改用 Bash 風格的指令碼和程式。雖然 PowerShell 的管線功能相當複雜，但比起高難度的程式設計技巧，它還算是容易上手的。學會使用管線，你會變得更加有效率，而不需要編寫指令碼。

這裡的核心概念是要讓 shell 幫你做更多的工作，同時盡量減少打字的量。我們相信，你會對 shell 能做到這一點感到驚訝！

10.2 PowerShell 如何在管線中輸送資料

每當你把兩個命令串接在一起時，PowerShell 就必須找出辦法，將第一個命令的輸出結果輸入給第二個命令。在接下來的範例中，我們會將第一個命令稱為命令 A（Command A）。這是會產生一些結果的命令。第二個命令則稱為命令 B（Command B），它需要接收命令 A 的輸出結果，然後進行它自己的操作：

CommandA | CommandB

舉例來說，假設你有一個文字檔，每一行都列出了一個模組名稱，如圖 10.1 所示。

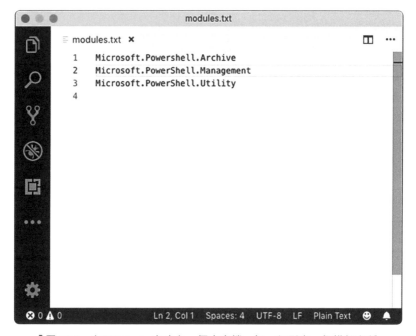

▌圖 10.1　在 VS Code 中建立一個文字檔，每一行列出一個模組名稱

你可能會想把這些模組名稱當成命令的輸入參數，以便告訴該命令你希望它對哪個模組進行操作。請參考以下這個例子：

Get-Content .\modules.txt | Get-Command

當 Get-Content 執行時，它會把模組名稱放入管線中。然後，PowerShell 必須決定如何將這些名稱輸送給 Get-Command 命令。而 PowerShell 的運作機制是，命令只能透過參數來接收輸入的內容。PowerShell 必須弄清楚 `Get-Command` 的哪個參數會接收 `Get-Content` 輸出的內容。這個確認的過程被稱為管線參數繫結（pipeline parameter binding），這也是本章要討論的內容。PowerShell 有兩種方式，可以把 `Get-Content` 的輸出內容傳遞給 `Get-Command` 的參數。shell 會嘗試的第一種方式，叫做 `ByValue`；如果第一種方式沒有作用，就會嘗試 `ByPropertyName`。

10.3　方案 A：以 ByValue 作為管線輸入方式

　　使用這種管線參數繫結的方式，PowerShell 會檢視命令 A 所產生的物件類型，並嘗試確認命令 B 的哪一個參數能夠從管線中接收這種類型的物件。你也可以自行進行確認：首先，把命令 A 的輸出結果輸送給 `Get-Member`，看看命令 A 產生了哪種類型的物件。然後仔細閱讀命令 B 的完整說明（如 `Get-Help Get-Command -Full`），來查看看有無任何參數能接收這種來自管線「以 `ByValue` 方式」輸入的資料。圖 10.2 顯示了你可能會找到的相關內容。

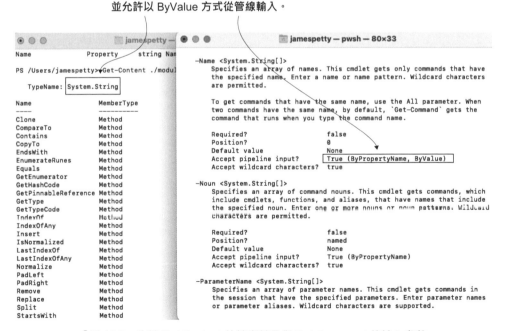

圖 10.2　比較 Get-Content 的輸出結果與 Get-Command 的輸入參數

你會發現，`Get-Content` 產生的物件類型是 `System.String`（或簡稱 `String`）。你也會發現，`Get-Command` 確實有一個參數可以接收「以 `ByValue` 方式」從管線輸入的 `String`。然而問題是這個參數是 `-Name`，根據說明文件的描述，`-Name`「指定了一個名稱陣列（an array of names）。這個 cmdlet 只會取得具有指定名稱（the specified name）的命令」。這不是我們想要的──我們的文字檔，也就是我們的 `String` 物件，其實是模組名稱，不是命令名稱。如果我們執行

```
Get-Content .\modules.txt | Get-Command
```

那麼我們實際上是在試圖找到名為 `Microsoft.PowerShell.Archive` 的命令，以及其他類似的命令，所以這樣基本上是行不通的。

如果有多個參數都接受來自管線相同類型的資料，那麼這些參數都會收到相同的值。由於 `-Name` 參數以 `ByValue` 方式接收來自管線輸入的 `String` 資料，所以這就變成其他的參數無法這麼做。這樣就破壞了「我們試著從文字檔中將模組名稱輸送給 `Get-Command`」的期望。

在這個例子中，管線的輸入是有作用的，只是並未達到我們期望的結果。接下來，讓我們來看看另一個範例，在這個範例中，我們能夠得到想要的結果。以下是命令列：

```
Get-Content ./modules.txt | Get-Module
```

讓我們把命令 A 的輸出結果輸送到 `Get-Member`，並仔細查看命令 B 的完整說明。圖 10.3 顯示了你會找到的內容。

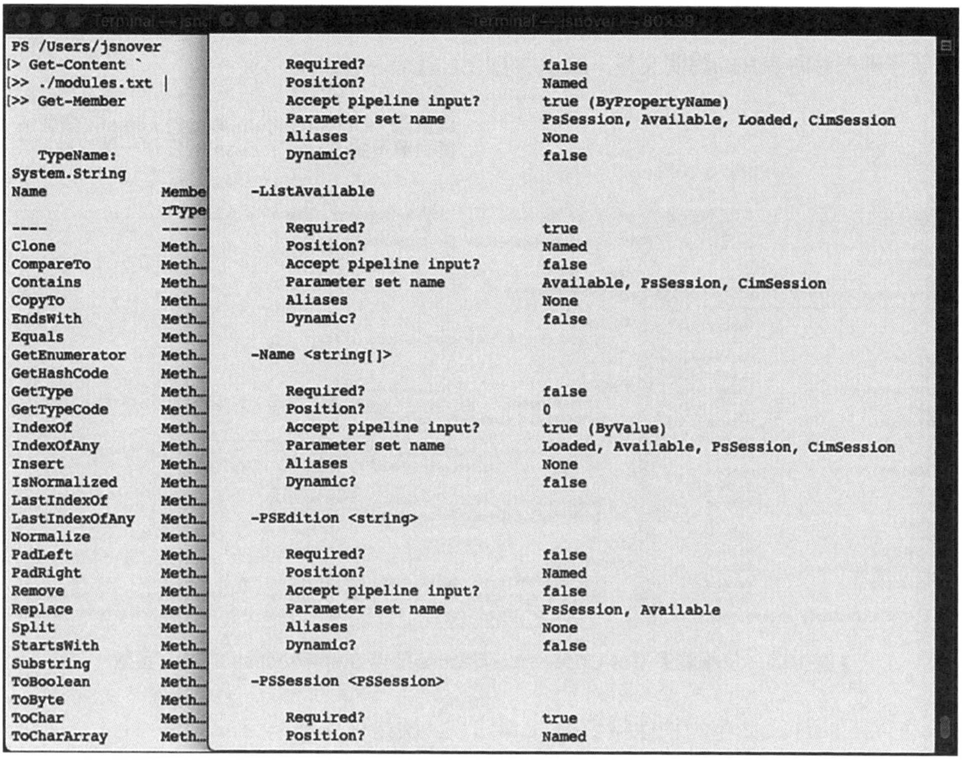

■圖 10.3　將「Get-Content 的輸出結果」與「Get-Module 的一個參數」繫結起來

`Get-Content` 會產生 `String` 類型的物件。`Get-Module` 能以 ByValue 方式從管線接收這些 `string` 物件；它是透過它的 `-Name` 參數來完成的。根據說明文件，這個參數「指定了這個 cmdlet 取得的模組之名稱或名稱模式」。換句話說，命令 A 會產生一個或多個 `String` 物件，而命令 B 會嘗試從字串尋找名稱相符的模組。

TIP　一般來說，具有相同名詞的命令（如 `Get-Process` 和 `Stop-Process`），通常都能夠以 ByValue 方式將資料輸送給彼此。請花點時間試試看能否將 `Get-Process` 的輸出結果輸送給 `Stop-Process`。

我們再來看另外一個例子：

```
Get-ChildItem -File | Stop-Process -WhatIf
```

乍看之下，這看似毫無意義。但讓我們把命令 A 的輸出結果輸送給 Get-Member，並且重新仔細查看命令 B 的說明文件。圖 10.4 顯示你應該會找到的內容。

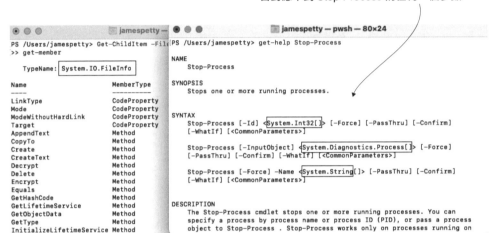

請留意，Get-ChildItem 輸出的 FileInfo 類型，皆對應不到 Stop-Process 的任何一個參數。

▌圖 10.4　仔細觀察 Get-ChildItem 的輸出結果與 Stop-Process 的輸入參數

Get-ChildItem 產生的物件類型是 FileInfo（嚴格來講是 System.IO.FileInfo，但一般而言，你可以用 TypeName 的最後一部分作為簡寫）。不幸的是，Stop-Process 沒有任何一個參數可以接受 FileInfo 物件。ByValue 的方式無效，所以 PowerShell 會嘗試它的備用方案：ByPropertyName。

10.4　方案 B：以 ByPropertyName 作為管線輸入方式

採用這種方式，你依然是在將命令 A 的輸出結果賦予給命令 B。但是 ByPropertyName 與 ByValue 略有不同。透過這個備用方案，命令 B 有多個參數可能會被用到。再次把命令 A 的輸出結果輸送給 Get-Member，然後觀察命令 B 的語法。圖 10.5 顯示了你應該會找到的內容：命令 A 的輸出結果中有一個屬性，其名稱與「命令 B 的某一個參數」吻合。

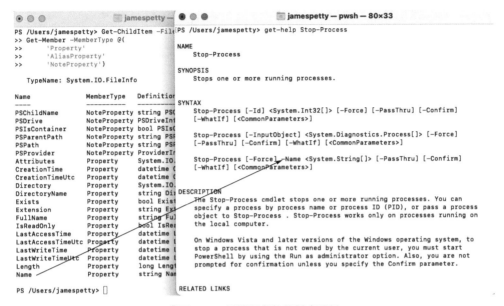

　　很多人會把這裡的運作方式想得太過複雜，但實際上 shell 做的事情很簡單：它就是在尋找「屬性名稱」與「參數名稱」有沒有相符的。就這樣。因為屬性 Name 的拼寫與參數 -Name 一樣，shell 會嘗試將兩者連結起來。

　　但是它不能馬上就這樣做；首先，它需要確定 -Name 參數是否會接收來自管線「以 ByPropertyName 方式」輸入的內容。要判斷這一點，需要看一下在圖 10.6 中顯示的完整說明。

　　在這個例子中，-Name 確實可以接收來自管線「以 ByPropertyName 方式」輸入的內容，所以這樣連結是有效的。此時，這裡有一個關鍵之處：不像 ByValue 只對應到一個參數，ByPropertyName 能對應到每一對相符屬性與參數（只要參數都能接收來自管線「以 ByPropertyName 方式」輸入的內容）。在我們目前的範例中，只有 Name 和 -Name 這一對是相符的。執行的結果是什麼呢？請看圖 10.7。

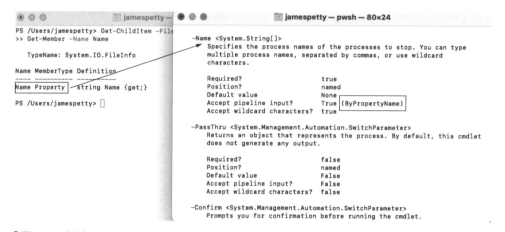

▌圖 10.6　檢查 Stop-Process 命令的 -Name 參數是否能接收來自管線「以 ByPropertyName 方式」輸入的內容

▌圖 10.7　嘗試將 Get-ChildItem 的輸出結果輸送給 Stop-Process

我們看到一堆錯誤訊息。問題在於有很多的檔案名稱是像 chapter7.zip 和 computers. txt 這種的，但實際上處理程序的可執行檔（executable）可能會是像 pwsh 這樣。Stop-Process 只會對「可執行檔的名稱」進行處理。但是，即便 Name 屬性透過管線與 -Name 參數連結起來，Name 屬性的值對 -Name 參數來說並不合適，這就導致了錯誤。

讓我們來看一個較成功的範例。在 Visual Studio Code 中，按照圖 10.8 的範例建立一個簡單的 CSV 檔案。

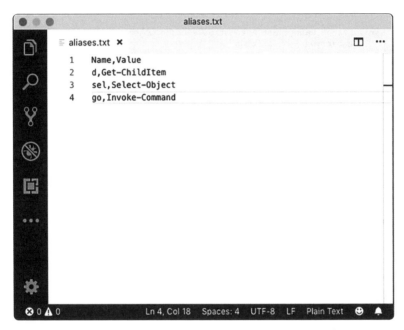

▌圖 10.8　在 Visual Studio Code 中建立這份 CSV 檔案

將檔案儲存為 aliases.txt。現在，回到 shell 之中，按照圖 10.9 所展示的，試著匯入它。同時，你也應該將 Import-Csv 的輸出結果輸送給 Get-Member，讓你能觀察輸出的成員。

你可以清楚地看到，CSV 檔案中的每一個欄位都變成了屬性，而每一列資料則變成了一個物件。現在，請查看 New-Alias 的說明，如圖 10.10 所示。

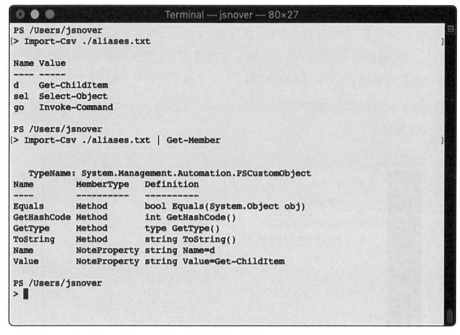

圖 10.9　匯入 CSV 檔案並檢視其成員

圖 10.10　將屬性對應到參數名稱

　　兩個屬性（`Name` 和 `Value`）都有對應到 `New-Alias` 的參數名稱。這顯然是有意為之的——而實際上，當你建立 CSV 檔案時，是可以自由地命名這些欄位的。現在，請檢查 `-Name` 和 `-Value` 是否能接收來自管線「以 `ByPropertyName` 方式」輸入的內容，如圖 10.11 所示。

```
●  ●  ●                      jamespetty — pwsh — 80×33
[PS /Users/jamespetty> Get-Help New-Alias -Parameter Name

-Name <System.String>
    Specifies the new alias. You can use any alphanumeric characters in an
    alias, but the first character cannot be a number.

    Required?                      true
    Position?                      0
    Default value                  None
    Accept pipeline input?         True (ByPropertyName)
    Accept wildcard characters?    false
```

▌圖 10.11　檢查 Name 和 Value 這兩個參數，它們是不是能接收來自管線「以 ByPropertyName 方式」輸入的內容

　　兩個參數都可以，這表示這個方法是有效的。請試著執行這個命令：

```
Import-Csv .\aliases.txt | New-Alias
```

　　結果會產生三個全新的別名，名為 d、sel 和 go，分別對應 `Get-ChildItem`、`Select-Object` 和 `Invoke-Command` 命令。這是一個強大的技巧，可以將資料從一個命令傳遞到另一個命令，只需用最少的命令，就能完成複雜的任務。

10.5　無法對應時：自訂屬性

　　前述的 CSV 範例確實很酷，但如果你能從頭開始建立輸入的內容，那麼讓屬性和參數名稱對應是相對容易的。然而，當你不得不處理「由其他人建立的物件或資料」時，事情就會變得相當棘手。

　　在接下來的例子中，我們要來嘗試一個新命令：`New-ADUser`。這是 Active Directory 模組裡面的一個命令。你可以在客戶端的電腦上，透過安裝 Microsoft 的遠端伺服器管理工具（Remote Server Administration Tools，RSAT）來取得這個模組。不過，目前不必太擔心要如何執行這個命令，只需要跟著範例操作即可。

New-ADUser 擁有設計好的參數，用來接收新的 Active Directory 使用者。以下是一些範例：

❑ -Name（必填）

❑ -samAccountName（就技術上而言，它不是必填，但為了帳號的實用性，你還是得提供）

❑ -Department

❑ -City

❑ -Title

我們還可以討論其他的，但讓我們先從這些開始吧，所有的這些參數都接受來自管線「以 ByPropertyName 方式」輸入的內容。

在這個例子中，我們再次假設你拿到了一個 CSV 檔案，但這次是來自公司的人力資源或人事部門。儘管你已經多次告訴他們你所需的檔案格式，他們卻仍然堅持提供一個差不多、但並非完全符合你要求的版本，如圖 10.12 所示：

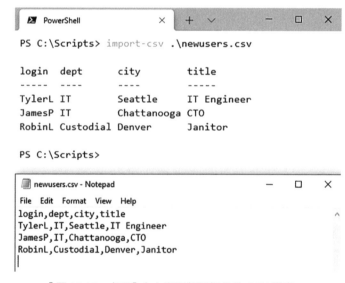

▌圖 10.12　處理「人力資源部門提供的 CSV 檔案」

　　就像你在圖 10.12 看到的那樣，shell 能正常匯入 CSV 檔案，並產生了三個物件，每個物件有四個屬性。問題在於，dept 屬性無法對應到 New-ADUser 的 -Department 參數，而 login 屬性則無實質作用，此外，你還缺少 samAccountName 和 Name 屬性——如果你想使用這個命令建立新使用者，那麼這兩個屬性是不可或缺的：

```
PS C:\> import-csv .\newusers.csv | new-aduser
```

　　你要如何解決這個問題？你可以開啓 CSV 檔案，然後手修正它，但那會花費大量時間和人力，而使用 PowerShell 的目的就是爲了減少人工作業。那麼，爲何不讓 shell 來替你自動修正呢？請參考下面的範例：

```
PS C:\> import-csv .\newusers.csv |
>> select-object -property *,
>>  @{name='samAccountName';expression={$_.login}},
>>  @{label='Name';expression={$_.login}},
>>  @{n='Department';e={$_.Dept}}
>>
login            : TylerL
dept             : IT
city             : Seattle
title            : IT Engineer
samAccountName : TylerL
Name             : TylerL
Department       : IT
login            : JamesP
dept             : IT
city             : Chattanooga
title            : CTO
samAccountName : JamesP
Name             : Jamesp
Department       : IT
loqin            : RobinL
dept             : Custodial
city             : Denver
title            : Janitor
samAccountName : RobinL
Name             : RobinL
Department       : Custodial
```

這段語法看起來有點複雜，讓我們一步步來解析它：

❑ 我們使用了 `Select-Object` 及其 `-Property` 參數。一開始，我們指定了 `*` 這個屬性，意思是「所有已經存在的屬性」。請注意，`*` 後面跟著一個逗號，這意謂著我們會繼續列出屬性。

❑ 接著我們建立一個雜湊表，這是一個以 `@{` 開頭，並以 `}` 結尾的結構。雜湊表由一組或多組鍵 - 值（key-value pairs）所組成，而 `Select-Object` 則設計成會尋找指定的鍵，這些鍵我們會提供它。

❑ `Select-Object` 需要的第一個鍵可以是 `Name`、`N`、`Label` 或 `L`，對應的值就是我們想要建立的屬性名稱。在第一個雜湊表裡，我們指定了 `samAccountName`；在第二個裡面，是 `Name`；在第三個裡面，則是 `Department`。這些分別對應到 `New-ADUser` 的參數名稱。

❑ `Select-Object` 需要的第二個鍵可以是 `Expression` 或 `E`。這個鍵對應的值是一個指令碼區塊（script block），放在大括號 `{}` 裡面。在該指令碼區塊中，你會用特殊的 `$_` 預留位置，用來代表已經輸入的物件（CSV 檔案中的原始資料列），並隨後加上一個句點。這個預留位置 `$_` 讓你能夠存取「輸入物件的某一個屬性」，或是「CSV 檔案中的某個欄位」。這樣就定義了新屬性的內容。

> **TRY IT NOW**　請建立圖 10.12（第 154 頁）中所展示的 CSV 檔案，然後試著執行我們以上的命令。你可以完全按照展示的那樣輸入。

我們所做的，是拿 CSV 檔案的內容（也就是 `Import-CSV` 的輸出結果），再於管線中動態地修改它。新產生的輸出結果完全符合 `New-ADUser` 所需要的，因此，我們現在可以透過這個命令來建立新使用者了：

```
PS C:\> import-csv .\newusers.csv |
>> select-object -property *,
>>   @{name='samAccountName';expression={$_.login}},
>>   @{label='Name';expression={$_.login}},
>>   @{n='Department';e={$_.Dept}} |
>> new-aduser
>>
```

語法或許有點複雜，但這個技巧的實用性極高。在 PowerShell 的許多其他場合中，也可以應用這個方法，而在接下來的章節裡，你還會再見到它。你甚至會在 PowerShell 說明文件所含的範例中見到它：請自己執行 `Help Select -Example` 來試試看。

10.6　使用 Azure PowerShell

對於本章接下來的內容，我們假設你已經安裝了 Azure PowerShell。所以，讓我們開始吧。如果你還沒有訂閱，你可以透過這個網址來註冊試用：https://azure.microsoft.com/en-us/free/。萬一這個連結失效了，你可以搜尋「Azure 免費試用」（Azure Free trial）。

訂閱之後，請確認你已經安裝 Az 模組。詳細步驟可參考第 7 章，安裝命令如下：

```
Install-Module az
```

安裝好 Az 模組後，請執行 `Connect-AzAccount` 並遵循指示操作；目前來講，它會為你開啟瀏覽器，並讓你輸入一個授權碼。完成後，系統會顯示你的電子郵件、訂閱名稱及其他一些資訊，藉此告訴你已經連線成功。

如果你的帳戶有多個訂閱，你可能會連到錯誤的訂閱。如果是這樣的話，請確認你選擇了正確的訂閱。例如，假設你的訂閱名稱是 Visual Studio Enterprise，你應該使用這個命令：`Select-AzSubscription -SubscriptionName 'Visual Studio Enterprise'`。

10.7　小括號中的命令

有時候，不管你多努力嘗試，就是無法讓資料從管線輸入。以 `Get-Command` 為例，請看一下它 `-Module` 參數的說明文件，如圖 10.13 所示。

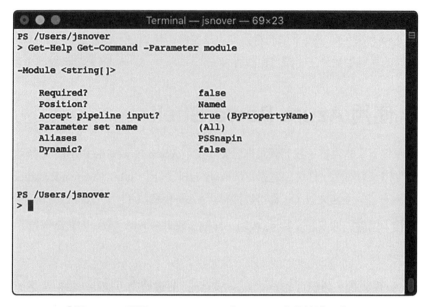

▌圖 10.13　閱讀 Get-Command 中 Module 參數的說明文件

　　雖然這個參數接受來自管線中的模組名稱，但它是「以 ByPropertyName 方式」來接收的。所以有的時候，命令可能根本無法接收來自管線輸入的內容。在這樣的情況下，我們曾經討論過的一種方式會更簡單。以下的做法是無效的：

```
Get-Content .\modules.txt | Get-Command
```

　　Get-Content 所產生的 String 物件與 Get-Command 的 -Module 參數不相符，反而會對應到 -Name。那我們該怎麼辦？請利用小括號：

```
PS /Users/tyler1> Get-Command -Module (Get-Content ./modules.txt)
```

　　回想一下高中數學課中代數的章節，你會想起小括號的意思，那就是「優先進行這個運算」。PowerShell 也是這樣運作的：它會先執行小括號內的命令。該命令的結果（在這個例子中，是一堆 String 物件）會被傳遞給參數。因為 -Module 剛好需要一堆 String 物件，這個命令因而能成功執行。

TRY IT NOW　請使用 Get-Module -ListAvailable 取得一些模組名稱來測試這個命令。然後，請執行該命令。記得把這些正確的模組名稱保存到你自己的 modules.txt 檔案中。

用小括號把命令括起來的技巧相當強大，因為它不需要依靠管線參數繫結——它直接把物件塞入參數中。但是，如果你用小括號括起來的命令沒有產生「參數所需要的特定類型物件」，那麼這個方法就無效了，因此，有時你需要進行一些調整。我們來看看怎麼做。

10.8 提取單一屬性的值

在第 10.7 節中，我們介紹了一個例子，用小括號執行 `Get-Content`，再把它的輸出結果餵給另一個 cmdlet 的參數：

```
Get-Command -Module (Get-Content ./modules.txt)
```

讓我們來探索小括號的另一個用途。有一個命令，我們會用來建立儲存體帳戶，叫做 `New-AzStorageAccount`。假設你想在「指定的 Azure 位置」中建立一個儲存體帳戶，並把它放入一個已經存在的資源群組（resource group）中。相較於從一個既存的文字檔中獲得資源群組名稱，你可能更想從 Azure 中直接查詢現有的資源群組名稱。透過 Az.Storage 模組（它包含在第 10.6 節所安裝的 Az 模組之中），你可以查詢在一個位置中的所有資源群組：

```
Get-AzResourceGroup -Location westus2
```

你能否應用相同的小括號技巧來為 `New-AzStorageAccount` 提供資源群組名稱？例如，以下的做法會成功嗎？

```
PS /Users/tylerl> New-AzStorageAccount -ResourceGroupName
➥ (Get-AzResourceGroup -Location westus2| Select-Object -First 1)
➥ -Name test0719 -SkuName Standard_ZRS -Location westus2
```

可惜，這種做法是無效的。查看 `New-AzStorageAccount` 的說明文件，你會發現，`-ResourceGroupName` 參數需要的是 `String` 值。特別要提的是，我們還加入了 `Select-Object -First 1`，用來只取得「第一個資源群組」，因為 `-ResourceGroupName` 只接受一個字串，而不是字串陣列。

請改用以下的方式執行：

```
Get-AzResourceGroup | Get-Member
```

Get-Member 揭示了 Get-AzResourceGroup 所產出的物件類型是 PSResourceGroup。這些不是 String 物件，所以 -ResourceGroupName 不會知道該如何處理它們。但 PSResourceGroup 物件確實有一個 ResourceGroupName 屬性。你需要做的，就是提取物件中 ResourceGroupName 屬性的值，並把這些值（也就是資源群組的名稱）提供給 -ResourceGroupName 參數。

> **TIP** 這是 PowerShell 很重要的一個觀念，如果你現在有點糊塗了，請暫停一下，回頭重新閱讀前面的段落。Get-AzResourceGroup 產生的是 PSResourceGroup 類型的物件；這一點已經由 Get-Member 確認。但 New-AzStorageAccount 的 -ResourceGroupName 參數卻不能接受 PSResourceGroup 物件；根據它的說明文件，它只接受 String 物件。因此，小括號內的命令就不會順序執行。

Select-Object cmdlet 又拯救了你一次，因為它包含了一個 -ExpandProperty 參數，這個參數能夠接受一個屬性名稱。這個 cmdlet 會把「這個屬性的值」提取出來，並且把這些值作為 Select-Object 的輸出結果回傳。請參考以下這個範例：

```
Get-AzResourceGroup -Location westus2 | Select-Object -First 1
➡ -ExpandProperty ResourceGroupName
```

這樣便能得到一個資源群組名稱。這個名稱可以直接餵給 New-AzStorageAccount 的 -ResourceGroupName 參數（或任何擁有 -ResourceGroupName 參數的 cmdlet）：

```
New-AzStorageAccount -ResourceGroupName (Get-AzResourceGroup -Location
➡ westus2 | Select-Object -First 1 -ExpandProperty ResourceGroupName)
➡ -Name downloads -SkuName Standard_LRS -Location westus2
```

> **TIP** 這又是一個很重要的觀念。正常來講，像 Select-Object -Property Name 這樣的命令所產生的物件，只會有一個 Name 屬性，那是因為我們只指定了這個屬性。-ComputerName 參數並不是在尋找隨便一個帶有 Name 屬性的物件，它需要的是一個 String，這是一個相當簡單的值。使用 -ExpandProperty Name 能進入 Name 屬性並提取它的值，這樣命令回傳的就會是簡單的字串。

這又是一個相當實用的技巧，讓你把更多種類的命令組合在一起，減少打字的次數，也讓 PowerShell 為你處理更多的工作。

在我們繼續之前，先來討論 `Select-Object` 中的 `-Property`。請嘗試將小括號內的命令改成

```
Get-AzResourceGroup -Location westus2 | Select-Object -First 1
➡ -Property ResourceGroupName
```

現在把它輸送給 `Get-Member`。它仍然是一個 `PSResourceGroup`。PowerShell 會建立一個新的自訂物件，只包含你所選擇的屬性。所以，`New-AzStorageAccount` 的 `-ResourceGroupName` 參數仍然不會接受這種物件。讓我們來看看，PowerShell 是如何做到這一點的。請執行以下命令：

```
(Get-AzResourceGroup -Location westus2 | Select-Object -First 1
➡ -Property ResourceGroupName).GetType().Name
```

輸出結果是 `PSCustomObject`。這個就是 PowerShell 使用的一個封裝類型（wrapper type），用來呈現你所選擇的屬性。

讓我們來回顧一下學到的知識。這是一個強大的技巧。一開始可能會覺得有點複雜，但如果你把屬性想像成一個盒子（box）的話，會比較容易理解。使用 `Select-Object` `-Property` 時，你是在選擇「你要的盒子」，但盒子仍然存在。使用 `Select-Object` `-ExpandProperty` 時，你是在取出盒子裡的「內容」，並且完全丟棄盒子。最後你只剩下在盒子裡的「內容」。

10.9 練習題

再次提醒，我們在短時間內講解了許多重要的概念。要鞏固你學到的知識，最有效的方式就是立刻付諸實踐。我們建議你按照順序完成以下的任務，因為這些任務彼此都有關聯，不僅能幫助你回顧學到的知識，也能幫助你找到實際應用這些知識的方法。

為了增加一點難度，我們將要求你去思考如何使用 Az.Accounts 模組（它包含在第 10.6 節所安裝的 Az 模組之中）。這應該可以在任何 macOS 或 Ubuntu 的機器上運作：

- ❏ Get-AzSubscription 命令有 -SubscriptionName 參數；執行 Get-AzSubscription -SubscriptionName MySubscriptionName 會 從 你 的 帳 戶 中 取 得 名 為 MySubscriptionName 的訂閱。

- ❏ Selecet-AZSubscription 命令有 -Subscription 參數；執行 Select-AzSubscription -Subscription MySubscriptionName 會在大多數 Az.* 模組的操作環境（context）中，設定好要使用的訂閱。

- ❏ Get-AzContext 命令可以用來確認目前被選中的訂閱是哪一個。

  這些就是你需要掌握的所有資訊。有了這些，請完成下列任務。

> **NOTE**　你其實不需要實際執行這些命令。這更像是一場思考練習。而我們會問你的是，這些命令是否能正常運作，以及為什麼。

1 在目前的機器上，下列命令能夠從 Microsoft.* 開頭的模組中取得命令清單嗎？為什麼行，或為什麼不行？請給出一個說明，就像本章稍早所做的那樣。

```
Get-Command -Module (Get-Module -ListAvailable -Name Microsoft.* |
Select-Object -ExpandProperty name)
```

2 以下這個命令能在一樣的模組中取得命令清單嗎？為什麼行，或為什麼不行？請給出一個說明，就像本章稍早所做的那樣。

```
Get-Module -ListAvailable -Name Microsoft.* | Get-Command
```

3 這會在 Azure 的操作環境中設定訂閱嗎？請考慮 Get-AzSubcription 可能會取得多個訂閱的情況。

```
Get-AzSubscription | Select-AzSubscription
```

4 請編寫一個命令，使用「管線參數繫結」來取得第一個訂閱，並在 Azure 的操作環境中設定它。請不要使用小括號。

5 請編寫一個命令，使用「管線參數繫結」來取得第一個訂閱，並在 Azure 的操作環境中設定它。請不要使用管線輸入，而是使用小括號中的命令（用小括號括起來的命令）。

6 偶爾會有人忘記在 cmdlet 中加入「管線參數繫結」。比如說，下面的命令是否能在 Azure 的操作環境中設定訂閱？請給出一個說明，就像本章稍早所做的那樣。

```
'mySubscriptionName' | Select-AzSubscription
```

10.10　練習題參考答案

1 這應該可以正常運作，因為內嵌的 `Get-Module` 運算式會回傳一個模組名稱的集合，而且 `-Module` 參數能接受陣列型態的值。

2 這不會運作，因為 `Get-Command` 不會以值的形式接受模組參數。它能以值的形式接受 `-Name`，但那指的是命令名稱，而不是模組物件。

3 技術上來說，這確實會設定訂閱，但如果有多個帳號，則最後一個處理的帳號會被設定。這是因為第一個 cmdlet 回傳了一個 `PSAzureSubscription`，而 `Select-AzSubscription` 有一個 `-SubscriptionObject` 參數，該參數可以直接「以 ByValue 方式」接收來自管線的該類型資料。

4 `Get-AzSubscription | Select-Object -First 1 | Select-AzSubscription`

5 `Select-AzSubscription -SubscriptionObject (Get-AzSubscription | Select-Object -First 1)`

6 這種做法是無效的。`Select-AzSubscription` 中的 `Subscription` 參數不接受任何管線繫結。

10.11　深入探索

　　我們發現，許多學生很難完全理解這個管線輸入的概念，主要是因為它太過於抽象。很不幸的是，這些內容對於理解 shell 來說也是不可或缺的。如果有需要，請重新閱讀本章，再次執行我們提供的範例命令，並細心研究輸出結果，來了解管線是如何運作的。舉例來說，為什麼這個命令的輸出結果

```
Get-Date | Select -Property DayOfWeek
```

與下面命令的輸出結果稍有不同？

```
Get-Date | Select -ExpandProperty DayOfWeek
```

如果你還有疑問，請到論壇中留言給我們：https://livebook.manning.com/book/learn-powershell-in-a-month-of-lunches-linux-and-macos-edition/discussion。

11 格式化：
爲何要在最後完成

我們來快速回顧一下。你知道 PowerShell 的 cmdlet 會產生物件，而這些物件所擁有的屬性，通常比 PowerShell 預設能顯示的屬性還多。你知道如何使用 gm 來列出一個物件的所有屬性，你也知道如何使用 Select-Object 來指定你想查看的屬性。到目前為止，在本書中，你都是依賴 PowerShell 的預設設定和規則來決定最後輸出到螢幕上（或檔案中，或紙本上）的結果。在本章中，你將學到如何覆蓋這些預設設定，並為你的命令輸出結果建立自己的格式。

11.1 格式化：使你所見更加美觀

我們不想給人一種印象，認為 PowerShell 是一個全方位管理報告的工具，因為它不是。但 PowerShell 確實有著不錯的資訊收集能力，只要有適當的輸出方式，你完全可以用這些資訊來產生報告。重點是要有適當的輸出方式，這就是格式化（formatting）的真正意義。

乍看之下，PowerShell 的格式化系統似乎相當好上手，大部分情況下確實如此。但這個格式化系統也隱藏著整個 shell 裡一些最棘手的「陷阱」，所以我們想要確保你能明白它是怎麼運作的，以及為什麼它會這樣運作。我們不只是簡單地介紹幾個新命令；更重要的是，我們會詳細解釋這整套系統如何運作，你該如何與它互動，以及可能會遭遇到的限制。

11.2 使用預設的格式

再次執行我們熟悉的 `Get-Process` 命令，並特別注意欄位的名稱。你會發現它們並不完全對應屬性的名稱。而且，每個欄位名稱都有特定的寬度、對齊方式等等。所有這些設定的資訊必定是來自於某處，是吧？實際上，你會在 PowerShell 安裝的眾多 .format. ps1xml 檔案中找到這些設定。更精確地說，處理程序物件的格式化設定，就儲存在 DotNetTypes.format.ps1xml 之中。

> **TRY IT NOW** 你絕對會想要開啟 PowerShell，這樣你才能跟著我們接下來要展示的內容來操作。這將有助於你了解格式化系統在底層到底是如何運作的。

首先，我們切換到 PowerShell 的安裝資料夾，特別是到 PSReadLine 所在的位置，並開啟 PSReadLine.format.ps1xml。PSReadLine 是一個 PowerShell 模組，它負責提供你在 PowerShell 主控台輸入時的操作體驗。它不僅增加了許多實用的鍵盤快捷鍵和語法突顯（syntax highlighting），還能夠進行自訂。請小心，不要儲存這個檔案的任何變更。這個檔案有數位簽章，你儲存的任何變更（即使只是增加單一的換行或空格到這個檔案），都會破壞這個簽章，導致 PowerShell 無法使用這個檔案。

```
PS /Users/jamesp/> cd $pshome/Modules/PSReadLine
PS /Users/jamesp/> code PSReadLine.format.ps1xml
```

> **TIP** 你可能會收到一個警告訊息：`The term 'code' is not recognized as a name of a cmdlet, function, script file, or executable program.` 要修正這個問題，請開啟命令選擇區（command palette），並執行以下 shell 命令：`Shell Command: Install 'code' command in PATH.`

接著，找出 `Get-PSReadLineKeyHandler` 回傳物件的確切類型：

```
PS /Users/jamesp/> Get-PSReadLineKeyHandler | get-member
```

現在，請按照以下步驟操作：

1　複製完整的類型名稱，即 `Microsoft.PowerShell.KeyHandler`，並貼到剪貼簿內。

2　切換到 Visual Studio Code，然後按下 Cmd + F （Windows 則是 Ctrl + F ）來開啓 Search 對話視窗。

3　在 Search 對話視窗中，貼上你剛剛複製到剪貼簿的類型名稱。然後按下 Enter 鍵。

4　你應該會在檔案中看到 `Microsoft.PowerShell.KeyHandler`。圖 11.1 顯示你應該會找到的內容。

```
C: > Program Files > PowerShell > 7 > Modules > PSReadLine >  ≡ PSReadLine.format.ps1xml
 1    <Configuration>
 2      <ViewDefinitions>
 3        <View>
 4          <Name>PSReadLine-KeyBindings</Name>
 5          <ViewSelectedBy>
 6            <TypeName>Microsoft.PowerShell.KeyHandler</TypeName>
 7          </ViewSelectedBy>
 8          <GroupBy>
 9            <PropertyName>Group</PropertyName>
10            <CustomControl>
11              <CustomEntries>
12                <CustomEntry>
13                  <CustomItem>
14                    <ExpressionBinding>
15                      <ScriptBlock>
16  $d = [Microsoft.PowerShell.KeyHandler]::GetGroupingDescription($_.Group)
17  "{0}`n{1}" -f $d,('='*$d.Length)
18  </ScriptBlock>
19                      </ExpressionBinding>
20                    </CustomItem>
21                </CustomEntry>
22              </CustomEntries>
23            </CustomControl>
24          </GroupBy>
25          <TableControl>
26            <TableHeaders>
27              <TableColumnHeader>
28                <Label>Key</Label>
29              </TableColumnHeader>
30              <TableColumnHeader>
31                <Label>Function</Label>
32              </TableColumnHeader>
33              <TableColumnHeader>
```

我們關心的 KeyHandler 類型，以及它的呈現形式定義

▌圖 11.1　在 Visual Studio Code 中找到「按鍵處理常式」的呈現形式設定

　　你目前在 Visual Studio Code 裡看到的，是一組規範「按鍵處理常式」（key handler）預設顯示方式的規則。往下捲動，你會看到一個關於表格形式的定義，這是預料中的，因為你已經知道「按鍵處理常式」是以多欄表格（multicolumn table）的形式來呈現的。

你會看到熟悉的欄位名稱，如果你再往下捲動一點，你會看到檔案中明確指出每個欄位會顯示哪個屬性。你也會看到有關欄寬和對齊方式的定義。當你瀏覽完畢後，請小心，不要儲存任何你可能不經意對檔案所做的變更，然後關閉 Visual Studio Code，回到 PowerShell。

TRY IT NOW 你也能夠透過執行以下的命令來取得這樣格式的資料。雖然你可以隨意變更取得的物件，但我們不打算深入探討：

```
PS /Users/jamesp/> Get-FormatData -PowerShellVersion 7.1 -TypeName
➥ Microsoft.PowerShell.KeyHandler
```

當你執行 `Get-PSReadLineKeyHandler` 時，在 shell 中會發生以下的事情：

1 這個 cmdlet 會把 `Microsoft.PowerShell.KeyHandler` 類型的物件放入管線。

2 在管線的最後面有一個看不見的 cmdlet，叫做 `Out-Default`。它一直存在，主要的工作是在你所有的命令執行完畢後，收集管線中的物件。

3 `Out-Default` 會把物件傳給 `Out-Host`，因為 PowerShell 主控台的設計就是使用螢幕（也就是主機，host）作為預設的輸出方式。理論上，任何人都可以編寫一個 shell，把檔案或印表機設定為預設的輸出方式，不過，我們目前還沒有聽說有人這麼做。

4 大部分以 `Out-` 開頭的 cmdlet 並不能直接對標準物件（standard object）進行操作。它們主要是設計來配合「特定的格式化指令」運作的。因此，當 `Out-Host` 發現接收到的是標準物件時，它會轉交給格式化系統處理。

5 格式化系統會檢視物件的類型，接著根據一套內部的格式化規則（我們等一下會介紹）進行操作。它使用這些規則來產生格式化指令（formatting instruction），然後再傳回給 `Out-Host`。

6 當 `Out-Host` 確認收到格式化指令後，它就會依照這些指令來構築螢幕上顯示的內容。

這一切也會發生在你手動使用一個以 `Out-` 開頭的 cmdlet 的情況下。例如，執行 `Get-Process | Out-File procs.txt`，那麼 `Out-File` 會發現你傳了一些一般的物件給它。它會將這些物件傳遞給格式化系統，該系統會建立格式化指令，並將它們傳回給 `Out-File`。接著，`Out-File` 就會根據這些指令來構築文字檔。所以簡單地說，每當需要將物件轉換為「人類可讀的文字輸出內容」時，格式化系統都會參與進來。

在「步驟 5」裡，格式化系統遵循的又是些什麼規則呢？首先，要產生「第一格式化規則」（the first formatting rule）時，系統會查看「它正在處理的物件類型」是否有一個預先定義的呈現方式。這就是你在 PSReadLine.format.ps1xml 中所見到的：一個針對 KeyHandler 物件預先定義的呈現方式。隨著 PowerShell 安裝的還有幾個其他的 .format.ps1xml 檔案，這些檔案在 shell 啟動時預設都會載入。你也可以建立自己的預設呈現方式，但這已經不在本書討論的範圍之內。

格式化系統會為目前正在處理的物件類型，尋找其預先定義的呈現方式。在這個例子中，它正在尋找用來呈現 Microsoft.PowerShell.KeyHandler 物件的方式。

如果沒有預先定義的呈現方式會怎樣呢？讓我們利用 System.Uri 這個類型來進行測試，這是在 format.ps1xml 檔案中沒有列出的類型（我們可以保證！）。試著執行這個命令：

```
[Uri]"https://github.com"
```

這邊運用了一個稱為「轉型」（casting）的概念，我們對著 PowerShell 說「嗨，PowerShell，我有一串看起來像 URI 的字串。你能不能就把它當作 System.Uri 類型來處理？」PowerShell 回答「沒問題！」並給你一個 Uri 物件。你或許發現了，在執行那一行命令時，我們並未特意加上 System。這是因為如果 PowerShell 找不到明確命名為 Uri 的類型，它會在前面自動加上 System。真是聰明的 PowerShell！總之，它的輸出結果會是一長串的屬性，就像這樣：

```
AbsolutePath    : /
AbsoluteUri     : https://github.com/
LocalPath       : /
Authority       : github.com
HostNameType    : Dns
IsDefaultPort   : True
IsFile          : False
IsLoopback      : False
PathAndQuery    : /
Segments        : {/}
IsUnc           : False
Host            : github.com
Port            : 443
Query           :
```

```
Fragment       :
Scheme         : https
OriginalString : https://github.com
DnsSafeHost    : github.com
IdnHost        : github.com
IsAbsoluteUri  : True
UserEscaped    : False
UserInfo       :
```

　　這樣的格式化結果，對於一個沒有特定格式的物件來說相當不錯。這是因為 PowerShell 會檢視該類型的屬性，然後以一個友善的呈現方式來顯示它們。我們能夠為這個類型增加一個 format.ps1xml 檔案來自訂想看到的屬性，或者，我們可以讓格式化系統進行下一個步驟，我們稱之為「第二格式化規則」（second formatting rule）：它會看看是否有人為「該類型的物件」宣告了一組預設的顯示屬性（a default display property set）。你會在另一個叫做 types.ps1xml 的設定檔中找到它們。我們不打算深入探討如何撰寫自己的格式和類型檔案，所以我們會提供一份內容讓你可以載入，然後我們只觀察它是如何改變輸出結果的。首先，讓我們在 Visual Studio Code 中建立一個名為 Uri.Types.ps1xml 的新檔案，並且開啟它：

```
PS /Users/jamesp/> code /tmp/Uri.Types.ps1xml
```

　　現在，請把以下的內容貼上去，然後儲存這個檔案：

```xml
<?xml version="1.0" encoding="utf-8" ?>
<Types>
  <Type>
    <Name>System.Uri</Name>
    <Members>
      <MemberSet>
        <Name>PSStandardMembers</Name>
        <Members>
          <PropertySet>
            <Name>DefaultDisplayPropertySet</Name>
            <ReferencedProperties>
              <Name>Scheme</Name>
              <Name>Host</Name>
              <Name>Port</Name>
              <Name>AbsoluteUri</Name>
```

```
            <Name>IsFile</Name>
          </ReferencedProperties>
        </PropertySet>
      </Members>
    </MemberSet>
  </Members>
 </Type>
</Types>
```

太好了，現在，你看到 `DefaultDisplayPropertySet` 了嗎？記下那裡列出的五個屬性。然後回到 PowerShell，執行以下命令：

```
PS /Users/jamesp/> Update-TypeData -Path /tmp/Uri.Types.ps1xml
```

我們已經載入了那個剛剛建立的 Types.ps1xml 檔案。現在，讓我們再次執行原來的命令，看看會得到什麼結果：

```
PS /Users/jamesp/> [Uri]"https://github.com"


Scheme      : https
Host        : github.com
Port        : 443
AbsoluteUri : https://github.com/
IsFile      : False
```

結果是不是很熟悉？的確應該如此——你之所以會看到這些屬性，全是因為它們被列為 Types.ps1xml 中的預設屬性。如果格式化系統找到一組預設的顯示屬性，它就會使用那組屬性來作為下一步決策的依據。要是找不到，則會涵蓋該物件所有的屬性。

下一步決策，也就是「第三格式化規則」（third formatting rule），是關於要建立哪種類型的輸出結果。如果格式化系統要顯示的屬性不超過四個，它會用「表格」來呈現。如果屬性有五個以上，則會改用「清單」來呈現，這也解釋了為何 `System.Uri` 物件不是以表格方式呈現出來：它的五個屬性促使系統採用了清單的形式。理論上，只要超過四個屬性，很可能就無法在不經裁減資訊的前提下，在特定的表格內完整顯示出來。

現在你已經明白「預設的格式化」是如何運作的了。你也知道大多數以 `Out-` 開頭的 cmdlet 會自動觸發格式化系統，以取得所需的格式化指令。接下來，我們要來看看如何自己控制這個格式化系統，以及如何覆蓋預設設定。

喔，對了，這個格式化系統就是爲何 PowerShell 有時會讓人覺得它在「說謊」的原因。比如說，執行 Get-Process，然後看一下那些欄位名稱。有看到一個標示爲 PM(K) 的欄位嗎？好，其實它在說謊，因爲實際上沒有一個屬性叫做 PM(K)。眞正的屬性名稱是 PM。這裡要告訴你的是，格式化後的欄位名稱就只是「名稱」而已。它們並不一定與實際的屬性名稱相同。要知道確切的屬性名稱，唯一可靠的方法就是使用 Get-Member。

11.3　格式化爲表格

PowerShell 有四個格式化 cmdlet，我們會探討日常工作中最實用的其中三個（我們會在本章最後面的「追求卓越」小專欄中簡短討論第四個）。首先要介紹的是 Format-Table，它有一個別名 ft。

如果你閱讀過 Format-Table 的說明文件，你會發現它有好幾個參數。以下是其中一些最實用的參數，以及如何使用它們的範例：

❏ -Property：這個參數接受一個由逗號隔開的屬性序列，這些屬性會出現在表格的各個欄位中。雖然屬性名稱不區分大小寫，但是 shell 會直接使用你輸入的文字作爲欄位的名稱，因此，正確地使用大小寫能使輸出結果看起來更加美觀（例如使用 CPU 而不是 cpu）。這個參數接受萬用字元，這意謂著你可以使用 *，在表格裡包含「所有屬性」，或是使用 c*，只包含「所有以 c 字母開頭的屬性」。但要注意，shell 還是只會顯示能夠放入表格的屬性，所以並不是你指定的每一個屬性都會顯示。這個參數是位置性的，所以只要把屬性序列放在第一個位置，你就不必輸入參數名稱。請參考以下範例（這裡包括了 Format-Table 說明文件中的第二個範例）：

```
Get-Process | Format-Table -Property *
Get-Process | Format-Table -Property ID,Name,Responding
Get-Process | Format-Table *
   Id Name                 Responding
   -- ----                 ----------
20921 XprotectService          True
 1242 WiFiVelocityAge          True
  434 WiFiAgent                True
89048 VTDecoderXPCSer          True
27019 VTDecoderXPCSer          True
  506 ViewBridgeAuxil          True
```

```
   428 usernoted              True
   407 UserEventAgent         True
   544 useractivityd          True
   710 USBAgent               True
  1244 UsageTrackingAg        True
   416 universalaccess        True
   468 TrustedPeersHel        True
   412 trustd                 True
 24703 transparencyd          True
  1264 TextInputMenuAg        True
 38115 Telegram               True
   425 tccd                   True
   504 talagent               True
  1219 SystemUIServer         True
```

❏ -GroupBy：這個參數能夠在指定的屬性值有所不同時，產生一組新的欄位名稱。這個
功能只有在你先用「同一個屬性」為物件進行排序後，才會正確運作。用一個例子來
說明如何運作是最好的方法（這個例子會根據「Azure 虛擬機器是否正在執行或停止」
來進行分組）：

```
PS /Users/jamesp/> Get-AzVM -Status | Sort-Object PowerState |
➥ ft -Property Name,Location,ResourceGroupName -GroupBy PowerState


   PowerState: VM running
Name        Location ResourceGroupName
----        -------- -----------------
MyUbuntuVM eastus2  MYUBUNTUVM


   PowerState: VM deallocated
Name         Location ResourceGroupName
----         -------- -----------------
MyUbuntuVM2 eastus2  MYUBUNTUVM
WinTestVM2  westus2  WINTESTVM2
```

❏ -Wrap：如果 shell 需要在某一個欄位截斷資料，它會在該欄位後面加上刪節號（...），
以視覺化的方式表示「有資料被刪減了」。這個參數還能讓 shell 將資料折行，這樣表
格雖然會更長，但你想要顯示的所有資料都會保留。以下是一個範例：

```
PS /Users/jamesp/> Get-Command | Select-Object Name,Source | ft -Wrap

Name                                    Source
----                                    ------
Compress-Archive                        Microsoft.P
                                        owerShell.A
                                        rchive
Configuration                           PSDesiredSt
                                        ateConfigur
                                        ation
Expand-Archive                          Microsoft.P
                                        owerShell.A
                                        rchive
Expand-GitCommand                       posh-git
Find-Command                            PowerShellG
                                        et
Find-DscResource                        PowerShellG
                                        et
Find-Module                             PowerShellG
                                        et
Find-RoleCapability                     PowerShellG
                                        et
```

> **TRY IT NOW**　你應該在 shell 中把這些範例都執行一遍看看，並隨意混合和搭配這些技巧。透過實驗來看看哪些方式有效，以及你能產出怎樣的輸出結果。這些命令只有在你已經連結到一個 Azure 帳戶，並且在 Azure 中已經有虛擬機器時才會有效。

11.4　格式化為清單

有時候，你需要顯示的資訊比一個表格「水平空間」可容納的資訊還要多，這時候清單就很有用。你會使用到 Format-List 這個 cmdlet，或者你也可以使用它的別名，即 fl。

這個 cmdlet 支援一些和 Format-Table 相同的參數，包括 -Property。而實際上，fl 不過是另一種顯示物件屬性的方式。fl 不像 gm，fl 不只會顯示屬性名稱，它還會顯示屬性的值，這樣你就能知道每個屬性包含了什麼樣的資訊：

```
Get-Verb | Fl *
...
Verb        : Remove
AliasPrefix : r
Group       : Common
Description : Deletes a resource from a container

Verb        : Rename
AliasPrefix : rn
Group       : Common
Description : Changes the name of a resource

Verb        : Reset
AliasPrefix : rs
Group       : Common
Description : Sets a resource back to its original state

Verb        : Resize
AliasPrefix : rz
Group       : Common
Description : Changes the size of a resource

Verb        : Search
AliasPrefix : sr
Group       : Common
Description : Creates a reference to a resource in a container

Verb        : Select
AliasPrefix : sc
Group       : Common
Description : Locates a resource in a container
...
```

我們經常用 fl 作為另一種了解物件屬性的方式。

TRY IT NOW　請閱讀 Format-List 的說明，並試著實驗不同的參數設定。

11.5 格式化為多欄式清單

最後一個 cmdlet 是 Format-Wide（它的別名是 fw），它會顯示一個更寬、更多欄的清單。它只能夠顯示單一屬性的值，所以它的 -Property 參數只能接受一個屬性名稱，不可以是屬性序列，也不支援萬用字元。

預設情況下，Format-Wide 會搜尋物件的 Name 屬性，因為 Name 是一個常用的屬性，並且通常包含有用的資訊。預設的顯示模式為兩欄，不過你可以使用 -Columns 參數來指定顯示更多欄數：

```
Get-Process | Format-Wide name -col 4


iTerm2          java            keyboardserv... Keychain Ci...
knowledge-ag... LastPass        LocationMenu    lockoutagent
loginwindow     lsd             Magnet          mapspushd
mdworker        mdworker_sha... mdworker_sha... mdworker_sh...
mdworker_sha... mdworker_sha... mdworker_sha... mdworker_sh...
mdworker_sha... mdworker_sha... mdworker_sha... mdwrite
media-indexer mediaremotea... Microsoft Ed... Microsoft E...
Microsoft Ed... Microsoft Ed... Microsoft Ed... Microsoft E...
Microsoft Ed... Microsoft Ed... Microsoft Ed... Microsoft E...
```

> **TRY IT NOW** 請閱讀 Format-Wide 的說明，並試著實驗不同的參數設定。

11.6 建立自訂欄位和清單項目

請往回翻到上一章並複習第 10.5 節（即第 153 頁）。在那一節中，我們介紹了如何使用雜湊表的結構來為物件增加自訂屬性。Format-Table 和 Format-List 都能使用同樣的結構來建立自訂的表格欄位（custom table column）或自訂的清單項目（custom list entry）。

你或許會採取這樣的做法，來讓「欄位名稱」與「要顯示的屬性名稱」有所不同：

```
Get-AzStorageAccount | Format-Table @{name='Name';expression=
    {$_.StorageAccountName}},Location,ResourceGroupName
```

```
Name                        Location            ResourceGroupName
----                        --------            -----------------
myubuntuvmdiag              eastus2             MyUbuntuVM
ismtrainierout              westus              ismtrainierout
cs461353efc2db7x45cbxa2d    westus              cloud-shell-storage...
mtnbotbmyhfk                westus              mtnbot
pssafuncapp                 westus              pssafuncapp
```

> **NOTE**　這個只有在 Azure 已連線和儲存帳戶已存在的情況下，才會有作用。

或者，你可能會在「指定的位置」放入一個更複雜的數學運算式：

```
Get-Process | Format-Table Name, @{name='VM(MB)';expression={$_.VM / 1MB
➡ -as [int]}}
```

我們承認，我們有點作弊，因為我們加入了一堆還沒討論到的內容。不如就趁此時好好地來討論這些內容吧：

❏ 很明顯地，我們先從 Get-Process 開始，這是一個你現在應該已經很熟悉的 cmdlet。如果你執行 Get-Process | fl *，你會發現 VM 屬性的單位是位元組，儘管預設的表格呈現方式不是這樣顯示的。

❏ 我們讓 Format-Table 先從處理程序的 Name 屬性著手。

❏ 下一步，我們使用一個特定的雜湊表來建立一個自訂欄位，它會被標記為 VM(MB)。這是「第一部分」，直到分號之前的那一段，分號則是分隔符號。「第二部分」則定義了該欄位的數值或運算式，是拿物件的一般 VM 屬性將其除以 1 MB 計算得來的。這裡的「斜線」是 PowerShell 的除法運算子，而 PowerShell 會識別 KB、MB、GB、TB 和 PB 這些縮寫，分別代表千位元組、百萬位元組、吉位元組、兆位元組、拍位元組。

❏ 該除法運算的結果會有一個我們不希望出現的小數點。-as 運算子讓我們能夠改變運算結果的資料類型，在這個例子中，是將一個浮點數值轉型成一個整數值（藉由 [int] 來指定）。在進行這樣的轉型時，shell 會適當地進行四捨五入。最後結果會得到一個沒有小數部分的整數：

```
Name            VM(MB)
----            ------
USBAgent          4206
```

```
useractivityd    4236
UserEventAgent   4235
usernoted        4242
ViewBridgeAuxil  4233
VTDecoderXPCSer  4234
VTDecoderXPCSer  4234
WiFiAgent        4255
WiFiVelocityAge  4232
XprotectService  4244
```

我們介紹了「這個除法與轉型的小技巧」，是因爲這能協助你產生更美觀的輸出結果。在本書中，我們不會再多花時間討論這些運算子（但我們還是會告訴你，* 代表乘法，而你也應該猜得出來，+ 和 - 分別代表加法和減法）。

追求卓越

試著再做一次這個範例：

```
Get-Process |
Format-Table Name,
@{name='VM(MB)';expression={$_.VM / 1MB -as [int]}} -AutoSize
```

但這一次不要把它們全部打在一行上。按照書上所顯示的方式，分成三行來輸入。你會發現，在打完第一行後，這行會以管線符號作爲結束，並且 PowerShell 的命令提示字元會改變。這是因為你以管線符號作爲 shell 的結束，而 shell 知道後續會有更多的命令。如果你按下了 Enter 鍵，在大括號、中括號、小括號還沒有正確閉合的情況下，它會進入一種「等待你完成輸入」的模式。

如果你原本就不打算進入這種延伸輸入模式（extended-typing mode），可以按下 Ctrl + C 鍵來取消，然後重新開始。在這個例子當中，你可以繼續輸入第二行的文字，然後按下 Enter 鍵，接著輸入第三行，並再次按下 Enter 鍵。在這種模式下，你最後還需要在一個空白行上按下 Enter 鍵，通知 shell 你已經完成輸入。這麼做之後，命令會被執行，就像你將它們全部打在同一行上一樣。

這和 Select-Object 不同，Select-Object 的雜湊表只能接受 Name 和 Expression 這兩種鍵（雖說它還接受 N、L 和 Label 等來代表 Name，也接受 E 來代表 Expression），但「以 Format- 開頭的命令」可以處理額外的鍵（key），這些額外的鍵是爲了控制視覺呈現。這些額外的鍵在 Format-Table 的命令中特別實用：

❑ FormatString 用來指定一個格式化代碼（formatting code），讓資料按照指定的格式呈現。這主要用於數值和日期資料。你可以前往 http://mng.bz/XWy1 查看與格式類型有關的文件，進一步了解有哪些標準的（或自訂的）數值和日期格式化代碼可以使用。

❑ Width 用來指定想要的欄位寬度。

❑ Alignment 用來指定想要的欄位內容對齊方式，可以選擇 Left 或 Right。

利用這些額外的鍵，就可以更輕鬆地達成前面範例的結果，甚至可以進一步改善它：

```
Get-Process |
➡ Format-Table Name,
➡ @{name='VM(MB)';expression={$_.VM};formatstring='F2';align='right'}
➡ -AutoSize
```

現在我們不需要進行除法運算了，因為 PowerShell 會將這個數值格式化成定點數（a fixed-point value），保留小數點後兩位數字，並且靠右對齊。

11.7 資料輸出：儲存成檔案或顯示在主機上

資料完成格式化之後，接下來你得決定它的去向。如果命令列是以 Format- 開頭的 cmdlet 作為結束，那麼以 Format- 開頭的 cmdlet 所建立的格式化指令會送到 Out-Default，然後轉發到 Out-Host，最終呈現在螢幕上：

```
Get-ChildItem | Format-Wide
```

你也可以手動將格式化指令輸送到 Out-Host，這樣做的結果會是完全一樣的：

```
Get-ChildItem | Format-Wide | Out-Host
```

另外，你也可以把格式化指令輸送到 Out-File，這樣可以將「格式化的輸出結果」輸入到一個檔案中。正如你即將在第 11.9 節中看到的，在命令列中，緊接在「以 Format- 開頭的 cmdlet」後面的，應該只有這兩個「以 Out- 開頭的 cmdlet」其中之一。

請記住，Out-File 的輸出結果預設會使用特定的字元寬度，這意謂著文字檔看起來會跟螢幕上顯示的不一樣。這個 cmdlet 有一個 -Width 參數，如果需要的話，它能讓你用來調整輸出結果的字元寬度，這樣就能容納更寬的表格。

11.8 另一種輸出格式：GridView

在 Windows PowerShell 的早期版本中，有一個叫做 `Out-GridView` 的 cmdlet，它提供了另一種實用的輸出方式，即圖形使用者介面（GUI）。針對 PowerShell 6 以上的版本，這個 cmdlet 也有一個跨平台的版本，並以模組的形式存在於 PowerShell Gallery 中。你可以執行以下的命令來安裝這個 cmdlet：

```
Install-Module Microsoft.PowerShell.GraphicalTools
```

要特別注意的是，就技術上來講，`Out-GridView` 並不是真的格式化；事實上，`Out-GridView` 完全繞過了格式化子系統。沒有呼叫任何一種以 `Format-` 開頭的 cmdlet，也沒有產生任何格式化指令，更沒有在主控台視窗中顯示任何文字輸出。`Out-GridView` 無法接收「以 `Format-` 開頭的 cmdlet」的輸出結果，它只能接收其他 cmdlet 輸出的一般物件。

圖 11.2 顯示當我們執行 `Get-Process | Out-GridView` 這個命令時會發生什麼事。

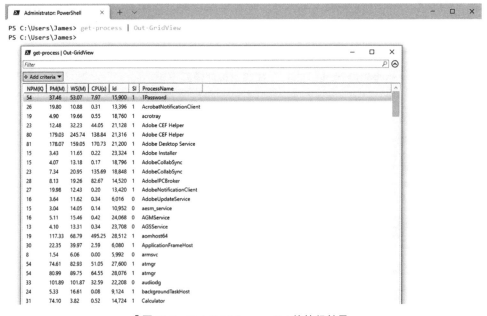

▌圖 11.2　Out-GridView cmdlet 的執行結果

11.9 常見的困惑點

本章的開頭提到，格式化系統裡面有許多會讓 PowerShell 新手感到困惑的「陷阱」。他們通常會遇到兩個問題，以下我們就要告訴你如何避免這些問題。

11.9.1 總是最後才格式化

請牢記本章的一條規則：最後才格式化（format right，即格式化靠右）。你的「以 Format- 開頭的 cmdlet」應該是命令列的最後一個項目，唯一的例外是 Out-File。這條規則的理由是「以 Format- 開頭的 cmdlet」會產生格式化指令，而只有「以 Out- 開頭的 cmdlet」能正確地處理這些指令。如果「以 Format- 開頭的 cmdlet」是命令列的最後一個項目，那麼這些指令就會被送到 Out-Default（它會一直在管線的末端），然後再轉發給 Out-Host，它會很順利地處理這些格式化指令。為了展示這條規則的重要性，請試著執行以下的命令：

```
Get-History | Format-Table | gm
```

```
   TypeName: Microsoft.PowerShell.Commands.Internal.Format.FormatStartData
Name                                  MemberType Definition
----                                  ---------- ----------
Equals                                Method     bool Equals(System.Object
                                                 ➥ obj)
GetHashCode                           Method     int GetHashCode()
GetType                               Method     type GetType()
ToString                              Method     string ToString()
autosizeInfo                          Property
    Microsoft.PowerShell.Commands.Internal.Format.AutosizeInfo,
    ➥ System.Management.Automation, Version=7.0.0.0,...
ClassId2e4f51ef21dd47e99d3c952918aff9cd  Property   string
➥ ClassId2e4f51ef21dd47e99d3c952918aff9cd {get;}
groupingEntry                            Property
    Microsoft.PowerShell.Commands.Internal.Format.GroupingEntry,
    ➥ System.Management.Automation, Version=7.0.0.0...
pageFooterEntry                          Property
    Microsoft.PowerShell.Commands.Internal.Format.PageFooterEntry,
    ➥ System.Management.Automation, Version=7.0.0...
```

```
pageHeaderEntry                           Property
    Microsoft.PowerShell.Commands.Internal.Format.PageHeaderEntry,
    ➥ System.Management.Automation, Version=7.0.0...
shapeInfo                                 Property
    Microsoft.PowerShell.Commands.Internal.Format.ShapeInfo,
    ➥ System.Management.Automation, Version=7.0.0.0, Cu...


    TypeName: Microsoft.PowerShell.Commands.Internal.Format.GroupStartData
Name                                      MemberType Definition
----                                      ---------- ----------
Equals                                    Method     bool Equals(System.Object
                                                     ➥ obj)
GetHashCode                               Method     int GetHashCode()
GetType                                   Method     type GetType()
ToString                                  Method     string ToString()
ClassId2e4f51ef21dd47e99d3c952918aff9cd   Property   string
    ClassId2e4f51ef21dd47e99d3c952918aff9cd {get;}
groupingEntry                             Property
    Microsoft.PowerShell.Commands.Internal.Format.GroupingEntry,
    ➥ System.Management.Automation, Version=7.0.0.0...
shapeInfo                                 Property
➥ Microsoft.PowerShell.Commands.Internal.Format.ShapeInfo,
➥ System.Management.Automation, Version=7.0.0.0, Cu...
```

　　你會發現，gm 並沒有顯示與你的歷史物件有關的資訊，因為 Format-Table cmdlet 不會輸出這些歷史物件。它會接收你輸送進來的歷史物件，然後產出格式化指令，即 gm 所看到及輸出的這些資訊。現在，請嘗試以下的操作：

```
Get-History | Select-Object Id,Duration,CommandLine | Format-Table |
ConvertTo-Html | Out-File history.html
```

　　請用瀏覽器開啟 history.html，你會看到一些令人驚訝的結果。你其實並沒有將歷史物件輸送給 ConvertTo-Html，而是輸送了格式化指令，因此這些指令才被轉成了 HTML。這個例子說明了，如果你要使用以 Format- 開頭的 cmdlet，它必須是命令列的最後一個項目，或是倒數第二個項目，但前提是最後一個項目必須是 Out-File。

此外也要記住，Out-GridView 是特殊的命令（至少在 Out- 開頭的 cmdlet 中是如此），它不會接受格式化指令，只會接受標準物件。試試以下這兩個命令，看看有什麼不同：

```
PS C:\>Get-Process | Out-GridView
PS C:\>Get-Process | Format-Table | Out-GridView
```

這也是為什麼我們特別強調，只有 Out-File 是唯一應該緊接在「以 Format- 開頭的 cmdlet」之後的 cmdlet（嚴格來講，Out-Host 也可以緊接在「以 Format- 開頭的 cmdlet」後面，但這是不必要的，因為無論如何，只要命令列以 Format- 開頭的 cmdlet 結尾，輸出就會自動轉到 Out-Host）。

11.9.2　請一次只處理一種類型的物件

另一個要避免的情況是一次把多種類型的物件放入管線之中。格式化系統會查看管線中的第一個物件，並根據該物件的類型來決定要產生什麼樣的格式。如果管線包含兩種或更多種類型的物件，那麼輸出結果可能會不完整或沒有用。

例如，請進行以下操作：

```
PS /Users/jamesp/> Get-Process; Get-History

NPM(K)    PM(M)     WS(M)     CPU(s)      Id SI ProcessName
------    -----     -----     ------      -- -- -----------
...
     0     0.00      1.74       0.25    1244  1 UsageTrackingAg
     0     0.00      0.68       0.19     710  1 USBAgent
     0     0.00      4.12       6.37     544  1 useractivityd
     0     0.00      5.44       8.00     407  1 UserEventAgent
     0     0.00      7.50       3.43     428  1 usernoted
     0     0.00      3.44       8.71     506  1 ViewBridgeAuxil
     0     0.00      5.91       0.08   27019 ...19 VTDecoderXPCSer
     0     0.00      5.92       0.07   89048 ...48 VTDecoderXPCSer
     0     0.00     10.79      50.02     434  1 WiFiAgent
     0     0.00      1.11       0.20    1242  1 WiFiVelocityAge
     0     0.00     10.28       4.30   20921 ...21 XprotectService

Id             : 1
CommandLine    : Update-TypeData -Path /tmp/Uri.Types.ps1xml
```

```
ExecutionStatus     : Completed
StartExecutionTime  : 9/21/2019 12:20:03 PM
EndExecutionTime    : 9/21/2019 12:20:03 PM
Duration            : 00:00:00.0688690

Id                  : 2
CommandLine         : Update-TypeData -Path /tmp/Uri.Types.ps1xml
ExecutionStatus     : Completed
StartExecutionTime  : 9/21/2019 12:21:07 PM
EndExecutionTime    : 9/21/2019 12:21:07 PM
Duration            : 00:00:00.0125330eyp
```

　　那個分號讓我們能在一個命令列中放入兩個命令，而不需要將「第一個 cmdlet 的輸出結果」輸送到第二個 cmdlet。這表示這兩個 cmdlet 是獨立執行的，但它們的輸出結果將匯入同一個管線。如你所見，輸出結果一開始是正確的，顯示了處理程序物件。但要開始顯示歷史物件時，輸出結果就開始出現問題了。PowerShell 沒有產生你習慣看到的表格，而是顯示了一份清單。格式化系統不是爲了「處理多種類型的物件，並且還要讓輸出的結果盡可能美觀」而設計的。

　　如果你想把來自兩個（或更多個）來源的資訊，合併成單一的輸出形式呢？你完全可以這樣做，而且你還可以用一種「格式化系統也能夠順利處理」的方式來做。但這是一個進階的主題，我們在本書中不會多談。

追求卓越

嚴格來說，格式化系統可以處理多種類型的物件，只要你告訴它怎麼做就行了。請執行 Dir ｜ gm，你會發現，管線中包含了 DirectoryInfo 和 FileInfo 這兩種物件（gm 能順利地處理「含有多種類型物件的管線」，並且會顯示這些物件所有的成員資訊。）當你單獨執行 Dir 時，輸出的結果是十分清晰的。這是因為 Microsoft 為 DirectoryInfo 和 FileInfo 物件預先定義了自訂的格式化樣式，而這個樣式是由 Format-Custom cmdlet 負責處理的。

Format-Custom 主要是用來顯示各種預先定義的自訂樣式。就技術上來講，你可以建立自己的預先定義自訂樣式，但這背後所需的 XML 語法相當複雜，而且目前沒有正式公開的相關說明文件，所以自訂樣式仍是侷限於 Microsoft 所提供的那些。

Microsoft 的自訂樣式使用頻率相當高。舉例來說，PowerShell 的說明資訊就是以物件的形式儲存的，而你在螢幕上看到的格式化說明文件，就是將這些物件輸入給自訂樣式所產生的結果。

11.10　練習題

> **NOTE**　針對本章的練習題，你需要一台安裝了 PowerShell 7 以上版本的電腦。

看看你是否能完成以下任務：

1　請顯示一個處理程序的表格，其中只包含處理程序的名稱、ID，以及它們是否有對 Windows 作出回應（`Responding` 屬性包含了這個資訊）。請讓表格盡量排得緊密一點，同時確保不會有資訊被截斷。

2　請顯示一個處理程序的表格，其中不只包含處理程序名稱和 ID，還要包含虛擬記憶體及實體記憶體使用量的欄位，並將這些數值用 MB（百萬位元組）的單位來表示。

3　使用 `Get-Module` 列出已載入的模組，並將輸出結果格式化為一個表格，依序顯示模組名稱和版本號碼。欄位名稱必須是 `ModuleName` 和 `ModuleVersion`。

4　使用 `Get-AzStorageAccount` 和 `Get-AzStorageContainer` 列出你所有的儲存體容器（storage container），並將「可公開存取的儲存體容器」與「私人的儲存體容器」分開呈現在不同的表格中。（提示：請善用管線功能；請使用 `-GroupBy` 參數。）

5　在一個四欄寬的清單中，列出家目錄（home directory）底下的所有目錄。

6　建立一個格式化清單，列出 `$pshome` 中所有的 .dll 檔案，其中包括檔案名稱、版本資訊及檔案大小。雖然 PowerShell 使用 `Length` 屬性，但為了讓輸出結果更清楚，你應該顯示 `Size`。

11.11　練習題參考答案

1　`Get-Process | Format-Table Name,ID,Responding -Wrap`

2　```
Get-Process | Format-Table Name,ID,
@{l='VirtualMB';e={$_.vm/1MB}},
@{l='PhysicalMB';e={$_.workingset/1MB}}
```

*3*　```
Get-Module| Format-Table @{l='ModuleName';e={$_.Name }},
@{l='ModuleVersion';e={$_.Version}}
```

```
4  Get-AzStorageAccount | Get-AzStorageContainer | ft -GroupBy PublicAccess

5  gci ~ -Directory | format-wide -column 4

6  gci $pshome/*.dll |
   Format-List Name,VersionInfo,@{Name="Size";Expression={$_.length}}
```

11.12 深入探索

現在是實驗「格式化系統」的最好時機。請試著使用三個主要的「以 Format- 開頭的 cmdlet」來產生各種不同形式的輸出。在後續章節的練習題裡，經常會要求你使用指定的格式，所以你不妨趁此機會提升你使用這些 cmdlet 的技巧，並開始記住本章中那些較常使用的參數。

篩選與比較

12

到目前為止，你一直在使用 shell 提供給你的輸出結果：所有的處理程序、檔案系統物件和各種 Azure 命令。但是，這樣的輸出結果未必總是符合你的實際需要。往往你會想要把結果裡面「特別感興趣的幾個項目」篩選出來，像是與特定模式相符的處理程序或檔案。你將在本章學習如何做到這些事情。

12.1 讓 shell 只給你需要的內容

shell 提供了兩種通用的模型來精簡結果，這兩種方法都被稱為篩選（filtering）。在第一種模型中，你會嘗試指示「擷取資訊的 cmdlet」，只擷取「你指定的內容」。在第二種模型中（第 12.5 節會討論），這種方式是迭代式的，你會先接收 cmdlet 提供的所有內容，然後使用「第二個 cmdlet」篩選掉你不想要的內容。

理想情況下，你會盡量使用第一種模型，我們稱之為篩選左移（filter left）。這就像「你直接告訴 cmdlet 你需要的資訊」這麼簡單。例如，使用 Get-Process 時，你可以告訴它「你想要的處理程序名稱」：

```
Get-Process -Name p*,*s*
```

但如果你想要 Get-Process 只回傳記憶體使用量超過 1 GB 的處理程序，而不管它們的名稱是什麼，你會發現，你無法指示 cmdlet 做到這一點，因為它並沒有提供任何能讓你指定這項資訊的參數。

同樣地，當你使用 `Get-ChildItem` 時，它內建了一個支援萬用字元的 `-Path` 參數。雖然你完全可以在列出所有檔案後，再透過 `Where-Object` 進行篩選，但我們並不建議這樣做。再強調一次，讓 cmdlet 只擷取「符合條件的物件」才是最理想的做法。我們稱這種技術為篩選左移，有時也稱之為篩選先行（early filtering）。

12.2 篩選左移

篩選左移意謂著盡量把「你的篩選條件」放在命令的最左側，或是靠近開頭的位置。你越早篩選掉不需要的物件，命令列上「後續的 cmdlet」就越少工作要做，而且也可以減少「不必要的資訊」透過網路傳輸到你的電腦。

篩選左移這個技術的缺點在於，每個 cmdlet 都可以實作自己特定的篩選方法，而且每個 cmdlet 在執行篩選的能力亦有所差異。例如，在使用 `Get-Process` 時，你只能夠根據「處理程序的 `Name` 或 `Id` 屬性」進行篩選。

當你無法透過一個 cmdlet 滿足你所有的篩選需求時，你可以轉而使用一個 PowerShell Core 的 cmdlet，叫做 `Where-Object`（別名是 `where`）。它採用一套通用的語法，在你取得物件並將其傳入管線之後，你能用它來篩選物件，任何種類的物件都可以。

要用 `Where-Object`，你需要學習如何告訴 shell「你想要篩選出的內容」，這個過程需要用到 shell 的比較運算子（comparison operator）。

12.3 使用比較運算子

在電腦領域中，「比較」就是要把兩個物件或值拿來判斷（test，測試）彼此之間的關係。你可以判斷它們是否相等，或者一個是否大於另一個，又或者它們的其中一個是否與某種文字模式相符。你透過使用「比較運算子」來指明你想要判斷的關係種類。在簡單的判斷中，結果會是一個布林值（Boolean value）：`True` 或 `False`。換言之，判斷出來的關係要嘛是你所指定的那樣，要嘛不是。

PowerShell 使用下列的比較運算子。請注意，在比較文字字串的時候，是不區分大小寫的；一個大寫字母被視為與其小寫字母相等：

❑ -eq：用來判斷相等，例如 5 -eq 5（結果是 True）或 "hello" -eq "help"（結果是 False）

❑ -ne：用來判斷不相等，例如 10 -ne 5（結果是 True）或 "help" -ne "help"（結果 是 False，因為它們實際上是相等，而我們是在判斷它們是否不相等）

❑ -ge 與 -le：用來判斷大於等於和小於等於，例如 10 -ge 5（True）或 (Get-Date) -le '2020-12-02'（這會根據你執行命令的時間而定，表示日期是可以被比較的）

❑ -gt 與 -lt：用來判斷大於和小於，例如 10 -lt 10（False）或 100 -gt 10（True）

在進行字串比較時，如果需要的話，你也可以使用另一組能夠區分大小寫的比較運算子：-ceq、-cne、-cgt、-clt、-cge、-cle。

如果你想要一次比較多項條件，你可以使用邏輯運算子（logical operator）-and 和 -or。這兩個運算子的兩側都需要一個子運算式（subexpression），我們通常會將它們用括號括起來，使整行文字更容易閱讀：

❑ (5 -gt 10) -and (10 -gt 100) 的結果是 False，因為這兩個子運算式的結果，至少有一個是 False。

❑ (5 -gt 10) -or (10 -lt 100) 的結果是 True，因為這兩個子運算式的結果，至少有一個是 True。

此外，邏輯運算子 -not 會將 True 和 False 進行反轉。當你處理的變數或屬性已經是 True 或 False，而你想要判斷「相反的條件」時，這特別實用。舉例來說，假設你想要判斷「一個處理程序是否沒有回應」，你可以這樣做（使用 $_ 作為處理程序物件的預留位置）：

$_.Responding -eq $False

PowerShell 定義了 $False 和 $True 來代表 False 和 True 的布林值。另一種表達該比較運算式的寫法，如下所示：

-not $_.Responding

因為 Responding 通常會是 True 或 False，而 -not 運算子會將 False 反轉為 True。如果處理程序沒有回應（意即 Responding 為 False），你的比較結果將回傳 True，指明處理程序是「沒有回應」（not responding）的狀態。我們偏好第二種技巧，因為它用英語讀起來更像我們正在判斷的內容，即「我想要知道處理程序是否沒有回應。」有時候，你會看到 -not 運算子被縮寫成驚嘆號（!）。

當你需要比較文字字串時，還有其他幾個相當實用的比較運算子：

❏ -like：它接受 *、? 和 [] 作為萬用字元，所以你可以嘗試比較看看 "Hello" -like "*ll*"（結果是 True）。其否定形式為 -notlike，兩者都不區分大小寫；要區分大小寫的話，則使用 -clike 和 -cnotlike。關於其他可用的萬用字元，你可以參考 about_Wildcards 說明文件。

❏ -match：將「文字字串」與「正規表示式的模式」進行比較。它的反向邏輯運算子為 -notmatch，以及如你所料，-cmatch 和 -cnotmatch 為其區分大小寫的版本。本書的後續章節會介紹正規表示式。

shell 的便利之處在於，你幾乎可以直接在命令列介面上進行所有這些比較運算式（唯一的例外是那個使用了 $_ 作為預留位置的比較，它本身無法單獨運作，不過你會在下一節看到它適用的場景）。

> **TRY IT NOW** 請嘗試進行上述任何一種（或是所有的）比較運算式。例如，輸入 5 -eq 5（將它們輸入在同一行），然後按下 Enter 鍵，看看你會得到什麼。

在 about_Comparison_Operators 說明文件中，你可以找到其他可用的比較運算子，在本書的第 25 章中，你將學到一些其他的運算子。

12.4 在管線中篩選出物件

當你寫了一個比較運算式之後，你要在哪裡使用它呢？嗯，你可以和「shell 的通用篩選 cmdlet」（即 Where-Object）搭配使用。

舉例來說，你只想保留記憶體使用量超過 100 MB 的處理程序（WorkingSet），其他都篩選掉：

```
Get-Process | Where-Object -FilterScript {$_.WorkingSet -gt 100MB}
```

-FilterScript 參數是位置性的，所以你會經常看到輸入命令時省略它的名稱：

```
Get-Process | Where-Object {$_.WorkingSet -gt 100MB}
```

如果你習慣大聲讀出來，命令聽起來就會很合理：「where WorkingSet greater than 100 MB.」（哪些是 WorkingSet 大於 100 MB 的。）它的運作方式是：當你把物件透過管線輸送給 Where-Object 時，它會使用篩選條件逐一篩選每個物件。它一次將一個物件放入 $_ 預留位置中，然後進行比對，看看結果是 True 還是 False。如果是 False，該物件就會從管線中丟棄。如果比對的結果是 True，該物件就會從 Where-Object 輸送出去到「管線中的下一個 cmdlet」。在這個例子當中，下一個 cmdlet 是 Out-Default，它始終會出現在管線的末端（正如第 11 章所述），並且啟動格式化的程序，來顯示你的輸出結果。

那個 $_ 預留位置（placeholder）是一個特別的元素：你之前已經看過它的用法（在第 10 章），而在之後的一、兩個場景中，你還會再看到它。你只能在「預期 PowerShell 會去尋找這個預留位置的特定場景」中使用它，而上面這個例子正好是這些場景的其中一個。就像你在第 10 章學到的那樣，那個英文句號是在告訴 shell，你不是要比較整個物件，而是物件中的一個屬性，也就是 WorkingSet。

我們希望你能逐漸理解 Get-Member 的實用之處。它為你提供了快速且方便的方式，來找出一個物件的屬性，這讓你能夠使用這些屬性進行類似於上面這個例子的比較。請記住，PowerShell 最終輸出結果的「欄位名稱」，未必會與「屬性名稱」完全對應。舉例來說，執行 Get-Process，你會看到像 PM(MB) 這樣的欄位。而執行 Get-Process | Get-Member，你會看到其實際的屬性名稱是 PM。這是一個很重要的差異：總是使用 Get-Member 來確認屬性名稱，而不是使用 Format- 開頭的 cmdlet。

追求卓越

PowerShell v3 針對 Where-Object 推出了一種新的「簡化」語法。當你只是要進行單一的比較時，你可以使用它；如果你需要比較多個項目，你仍然必須使用原始的語法，也就是你在本節中看到的語法。

關於這種簡化語法是否實用，有不同的意見。它看起來像這樣：

```
Get-Process | where WorkingSet -gt 100MB
```

很明顯，這種方式更容易閱讀：它省略了大括號 {}，而且不需要使用那個看起來彎扭的 $_ 預留位置。但這種新的語法並不代表你可以完全忘記舊的語法，針對更複雜的比較，你還是需要舊的語法：

```
Get-Process | Where-Object {$_.WorkingSet -gt 100MB -and $_.CPU -gt 100}
```

此外，那些在網路上存在多年的範例都是使用舊的語法，這意謂著你必須了解它才能使用這些範例。你也必須了解新的語法，因為它現在會開始出現在許多開發者的範例中。需要掌握兩套語法其實並不算是真正的「簡化」，但你至少要能了解它們的差異。

12.5 使用迭代命令列模式

我們現在想帶你稍微偏離一下主題，來討論我們所說的 PowerShell 迭代命令列模式（iterative command-line model）。這個模式的核心理念是，你不需要一次性且完全從頭開始建構大型、複雜的命令列，而是從小的地方開始。

假設你想要計算「消耗虛擬記憶體最多的前 10 個處理程序」的總用量。但如果 PowerShell 是這些處理程序的其中之一，你不希望將它包含在計算當中。讓我們來快速盤點一下你需要做的事：

1 取得目前執行中的處理程序。

2 排除所有與 PowerShell 相關的項目。

3 按照虛擬記憶體使用量進行排序。

4 根據你的排序方式，只留下排名前 10 名或後 10 名。

5 對「留下來的處理程序」所佔用的虛擬記憶體進行加總。

我們相信你知道如何執行前 3 個步驟。至於「步驟 4」，則可以透過你熟悉的 Select-Object 來完成。

> **TRY IT NOW**　請花點時間閱讀 Select-Object 的說明文件。你是否能找到任何一個參數，讓你能夠在一個集合中只保留「第一個」或「最後一個」物件？

我們希望你找到了答案。最後，你需要加總虛擬記憶體使用量。這裡你需要尋找一個新的 cmdlet，或許可以使用 Get-Command 或 Help 進行萬用字元搜尋。你可以嘗試 Add、Sum 或 Measure 等關鍵字。

> **TRY IT NOW**　看看你是否能找到一個命令，用來計算數值屬性（numeric property，如虛擬記憶體）的總和。使用 Help 或 Get-Command 搭配 * 萬用字元進行搜尋。

在你嘗試這些小型任務的同時（而且沒有提前查看答案），你正在逐步成爲一名 PowerShell 專家。一旦你覺得自己找到了答案，你就可以開始嘗試迭代方法了。

首先，你需要取得目前執行中的處理程序。這個步驟很簡單：

```
Get-Process
```

> **TRY IT NOW**　在 shell 中跟著做並執行這些命令。每次執行之後，觀察其輸出結果，並思考你在下一個迭代命令中需要做哪些變更。

下一步，你需要篩選掉那些不想要的部分。請記住，篩選左移是指盡量把篩選條件放在命令列的最前面。在這個例子中，你會使用 Where-Object 進行篩選，因爲你希望它成爲管線中的下一個 cmdlet。雖然這不及在「第一個 cmdlet」上進行篩選那麼好，但好過在「管線的更後面」才進行篩選。

在 shell 中，按下鍵盤上的「↑」，來重新叫出你之前的命令，接著加入下一個的命令：

```
Get-Process | Where-Object { $_.Name -notlike 'pwsh*' }
```

你不太確定是 pwsh 或 pwsh.exe，所以你使用「萬用字元比較」來確保涵蓋所有可能的名稱。不符合這些名稱的處理程序將保留在管線中。

執行它來測試一下，然後再次按下「↑」來加入下一個部分：

```
Get-Process | Where-Object { $_.Name -notlike 'pwsh*' } |
Sort-Object VM -Descending
```

按下「Enter 鍵」能讓你驗證結果，然後「↑」能讓你繼續加入下一個部分：

```
Get-Process | Where-Object { $_.Name -notlike 'pwsh*' } |
Sort-Object VM -Descending | Select -First 10
```

如果你使用的是預設的升冪排序（default ascending order），那麼你應該會在加上最後一個部分之前改用 -last 10：

```
Get-Process | Where-Object { $_.Name -notlike 'pwsh*' } |
Sort-Object VM -Descending | Select -First 10 |
Measure-Object -Property VM -Sum
```

我們希望你至少能夠弄清楚最後使用的 cmdlet 名稱，即便不是跟這裡所使用的語法完全一樣。

這個模式（執行一個命令、檢驗結果、重新叫回命令並為下一次嘗試進行修改）正是 PowerShell 與其他傳統指令碼語言有所不同的關鍵之處。因為 PowerShell 是一個命令列 shell，你可以立即得到結果，就算結果不符合預期，也能迅速、輕易地修改你的命令。結合你迄今為止學到的 cmdlet，就算只是一小部分，你應該也能體會到你所擁有的強大力量。

12.6　常見的困惑點

每當我們在課堂上介紹 Where-Object 時，經常會遇到兩個主要的癥結點。我們在前面的討論中，已極力說明這些概念，但如果你仍然心有疑惑，我們現在會幫你釐清。

12.6.1　篩選左移優先

你應該讓你的篩選條件「盡可能地靠近命令列的開頭」。如果你能在「第一個 cmdlet」中完成所需要的篩選，那就這麼做；如果不行，則試著在「第二個 cmdlet」中進行篩選，讓後面的 cmdlet 盡量減少工作量。

另外，請試著盡可能在靠近資料來源處進行篩選。例如，假設你正從遠端電腦查詢處理程序，且需要使用到 Where-Object（就像本章的某個例子所做的那樣），這時，請考慮使用 PowerShell 遠端功能（PowerShell remoting），讓篩選發生在遠端電腦上，而不是將所有物件先傳輸到你的電腦上，然後再進行篩選。第 13 章會介紹更多關於遠端控制的內容，屆時，我們會再次強調「在資料來源處進行篩選」的觀念。

12.6.2　當允許使用 $_ 時

特殊的 $_ 預留位置只有在「預期 PowerShell 會去尋找它的場景」中有作用。當它有作用時，它一次只容納一個從管線傳入該 cmdlet 的物件。請記住，管線中的內容會隨著各個 cmdlet 的執行和產生輸出結果而變化。

此外，也要特別留意巢狀的管線——那些出現在小括號中的命令。例如，下面這個範例可能會有些棘手或難以理解：

```
Get-Process -Name (Get-Content c:\names.txt |
Where-Object -filter { $_ -notlike '*daemon' }) |
Where-Object -filter { $_.WorkingSet -gt 128KB }
```

讓我們來逐步解析它：

1 你會從 Get-Process 開始，但那不是第一個執行的命令。由於小括號的存在，Get-Content 才是第一個執行的命令。

2 Get-Content 正將它的輸出結果（由簡單的 String 物件組成）輸送到 Where-Object。這個 Where-Object 位於小括號裡面，而其篩選條件內，$_ 表示從 Get-Content 傳來的 String 物件。只有那些結尾不是 daemon 的字串才會被保留在 Where-Object 的輸出結果中。

3 Where-Object 的輸出結果，即小括號中命令的輸出結果，因為 Where-Object 是小括號內的最後一個 cmdlet。因此，所有不是 daemon 結尾的名稱將被傳送到 Get-Process 的 -Name 參數。

4 現在 Get-Process 開始執行，它所產生的 Process 物件將被輸送到 Where-Object。這個 Where-Object 的執行個體（instance）會一次一個地把「服務」放入它自己的 $_ 預留位置，並只保留那些 WorkingSet 屬性大於 128KB 的服務。

有時候，面對這些大括號、句號和小括號，我們真的會感到眼花繚亂，但這就是 PowerShell 的運作方式，如果你能訓練自己仔細地逐步分析命令，你就能弄清楚它在做什麼。

12.7 練習題

切記，Where-Object 並不是唯一的篩選方式，它甚至不應該是你優先考慮的方式。為了讓你有更多時間進行實際的操作練習，我們刻意精簡了本章的內容。請牢記篩選左移的原則，並嘗試完成下列任務：

1 取得 PSReadLine 模組中的命令。

2 取得 PSReadLine 模組中動詞為 Get 的命令。

3 顯示 /usr/bin 目錄下所有大小超過 5 MB 的檔案。

4 尋找 PowerShell Gallery 上所有名稱為 PS 開頭且作者名稱為 Microsoft 開頭的模組。

5 取得目前目錄中 LastWriteTime 是在過去一週內的檔案。（提示：(Get-Date).
AddDays(-7) 會給你一個一週前的日期。）

6 列出所有正在執行且名稱為 pwsh 或 bash 的處理程序清單。

12.8 練習題參考答案

1 `Get-Command -Module PSReadLine`

2 `Get-Command Get-* -Module PSReadLine`

3 `Get-ChildItem /usr/bin/* | Where-Object {$_.length -gt 5MB}`

4 `Find-Module -Name PS* | Where-Object {$_.Author -like 'Microsoft*'}`

5 `Get-ChildItem | where-object LastWriteTime -ge (get-date).AddDays(-7)`

6 `Get-Process -Name pwsh,bash`

12.9 深入探索

　　熟能生巧，所以請嘗試篩選一些你已經學過的 cmdlet 輸出結果，如 Get-ChildItem、Get-Process，甚至是 Get-Command。舉例來說，你可以嘗試篩選 Get-Command 的輸出結果，只顯示 cmdlet。或者，使用 Test-Connection 來 ping 幾台電腦或幾個網站（如 google.com 或 facebook.com），且顯示的結果只保留「那些沒有回應的電腦」。我們並不是建議你在每個情況下都使用 Where-Object，不過你應該練習在適當的時機才使用它。

13

遠端控制：
一對一及一對多

　　讓我們來看看 `Invoke-ScriptBlock` 命令。你會注意到它有一個 `-ComputerName` 參數。嗯，這是否表示它也能在其他主機上執行命令呢？經過一番試驗之後，你會發現這就是它的功能。還有多少命令具有連線到遠端機器的能力？雖然沒有一個具體的數字可以回答這個問題，但具有此能力的命令實際上非常多。

　　我們意識到，PowerShell 的開發者們有些懶惰，但這其實是件好事。因為他們不想為每個單獨的 cmdlet 都編寫一個 `-HostName` 參數，所以他們建立了一個適用於整個 shell 的系統，叫做遠端操作（remoting）。這個系統能讓你在遠端電腦上執行任何 cmdlet。事實上，你甚至可以執行「只存在於遠端電腦上、但你自己電腦上沒有」的命令，這表示你不需要在你的工作站上安裝所有管理用的 cmdlet。這個遠端系統非常強大，並且提供了有趣的管理功能。

> **NOTE**　遠端操作是一項龐大且複雜的技術。我們會在本章中向你介紹它，並涵蓋你可能會經常遇到的 80% 到 90% 的使用情境。但我們無法涵蓋所有內容，因此在本章結尾的「深入探索」小節，我們會推薦一個必要資源給你，該資源涵蓋了遠端操作的設定選項。

13.1 遠端 PowerShell 的基本概念

遠端 PowerShell 的運作方式在某種程度上與 Telnet 及其他老舊的遠端控制技術有些相似。當你執行一個命令時，該命令實際上是在遠端電腦上執行的——只是執行的結果會回傳到你的電腦。

13.1.1 Windows 裝置上的遠端操作

PowerShell 使用一種名為 WSMan（Web Services for Management，Web 服務管理）的通訊協定。WSMan 完全仰賴 HTTP 或 HTTPS 來運作（預設使用 HTTP），因此它能在必要時輕鬆地通過防火牆（因為這些協定都是使用單一埠號來進行通訊的）。Microsoft 將 WSMan 實作為背景服務（background service），叫做 WinRM（Windows Remote Management，Windows 遠端管理）。預設情況下，在 Windows 10 的裝置以及 Windows Server 2012 以上的版本中，都有安裝 WinRM。這些服務在預設情況下是被停用的，但可以很容易地單獨或透過群組原則（group policy）來啟用。

13.1.2 macOS 和 Linux 裝置上的遠端操作

你可能已經猜到，WSMan 和 WinRM 是僅限於 Windows 的服務。因此，為了讓 PowerShell 具有遠端操作的能力，開發團隊決定採用業界標準的安全外殼（Secure Shell，SSH）。SSH 能在需要時輕易地通過防火牆（因為該協定是使用單一埠號來進行通訊的），並且已經被 Linux 專業人員使用了數十年。Microsoft 已經將 OpenSSH 移植到 Windows，所以你也能利用它來遠端操作 Windows。

在 Windows 上裝設經由 SSH 的 PSRP

你可能會想要在裝有 PowerShell Core 的 Windows 機器上，裝設經由 SSH 的 PSRP（PowerShell remoting protocol，PowerShell 遠端操作協定）。關於如何設定，我們在這裡不會詳細介紹，但你可以在 Microsoft 的官方文件中找到相關的說明：http://mng.bz/laPd。

13.1.3 跨平台遠端操作

你已經學到，PowerShell 的 cmdlet 都會產生「物件」作爲它們的輸出結果。當你執行遠端命令時，其輸出物件需要被轉換成可以方便在網路傳輸的形式。事實證明 XML 就是最好的方式，因此 PowerShell 會自動把輸出物件「序列化」爲 XML。這個 XML 會透過網路進行傳輸，並在你的電腦上被「反序列化」爲可在 PowerShell 中使用的物件。序列化（serialization）和反序列化（deserialization）本質上是一種格式轉換的過程：從物件轉換爲 XML（序列化），再將 XML 轉回物件（反序列化）。

爲什麼你應該關注這些輸出結果是如何回傳的呢？因爲這些先序列化再反序列化的物件實際上只是一種快照（snapshot）；它們不會持續更新自身狀態。舉例來說，如果你想要取得表示「正在遠端電腦上執行的處理程序」的物件，你收到的資料只會是這些物件被產生時「當下」那一刻的狀態。像是記憶體使用量和 CPU 使用率這樣的值，都不會更新反映出後續的變化。此外，你無法指示這些反序列化的物件執行任何操作，例如：你不能將其中的一個停止運作。

這些都是遠端操作的基本限制，但並不妨礙你完成一些令人驚豔的事情。事實上，你可以讓一個遠端的處理程序停止運作，但你需要運用一些技巧。本章稍後會告訴你如何做到這一點。要讓遠端操作順利進行，你需要符合兩項基本要求：

❏ 你的電腦和你打算遠端操作的電腦，都必須執行 PowerShell v7.1 以上的版本。

❏ 理想的情況下，這兩台電腦需要是同一個網域內，或是互信網域（trusted/trusting domain）內的成員。在不同網域的環境下進行遠端操作是可行的，但會較複雜一點，本章不會詳細介紹這一部分。如果想要了解更多關於這方面的資訊，可以在 PowerShell 中執行 `help about_remote_troubleshooting` 命令。

> **TRY IT NOW**　我們希望你能夠跟著本章的範例來操作。爲了更好地參與其中，理想的情況是你需要有第二台測試用電腦（或一台虛擬機器），而且它需要與「你目前使用的測試用電腦」在同一個 Active Directory 網域。在第二台電腦上，你可以使用任何版本的 Windows，只要有安裝 PowerShell v7.1 以上的版本即可。如果你使用的是兩台 Windows 裝置，將它們設定在同一個網域中會讓你的操作簡便許多。如果你無法準備另一台電腦或虛擬機器，可以使用 `localhost` 來建立遠端連線到你目前的電腦。雖然你還是在使用遠端操作，但在自己正在使用的電腦上進行「遠端控制」，好像就沒那麼有趣了。

13.2 裝設經由 SSH 的 PSRP

讓我們花點時間，在你的環境中裝設 SSH。

13.2.1 macOS 與 Linux

在電腦上，請確認已經安裝了 SSH 伺服器及客戶端。以下是在 Ubuntu 的安裝步驟：

```
sudo apt install openssh-client
sudo apt install openssh-server
```

在 macOS 上，客戶端預設已經安裝。以下是啟用伺服器的命令：

```
sudo systemsetup -setremotelogin on
```

下一步，我們需要安裝一個模組，它能啟用經由 SSH 的 PSRP 功能：

```
Install-Module EnableSSHRemoting
```

然後，執行命令來啟用經由 SSH 的 PSRP 功能：

```
sudo pwsh -c Enable-SSHRemoting
```

下一步，你需要重新啟動 OpenSSH 服務。以下是在 Ubuntu 重新啟動服務的命令：

```
sudo service sshd restart
```

而下面則是在 macOS 重新啟動服務的命令：

```
sudo launchctl stop com.openssh.sshd
sudo launchctl start com.openssh.sshd
```

13.2.2 在 Windows 上裝設 SSH

SSH 不僅能在 Windows 桌上型電腦上執行，也能在伺服器上執行。事實上，如果你真的想要的話，是可以停用 WinRM 的（但我們不建議這麼做）。一般來說，如果你正在使用 SSH 在 Windows 裝置上進行遠端操作，那麼你很可能是要遠端連線到 Linux 或 macOS 裝置上，或是從這些裝置上遠端連線過來。

安裝 OpenSSH 客戶端和伺服器：

```
Add-WindowsCapability -Online -Name OpenSSH.Client~~~~0.0.1.0
Add-WindowsCapability -Online -Name OpenSSH.Server~~~~0.0.1.0
```

以下是 SSH 伺服器的初始設定步驟：

```
Start-Service sshd
Set-Service -Name sshd -StartupType 'Automatic'
```

確認防火牆規則是否已經設定。通常該規則應該會在安裝時自動建立：

```
Get-NetFirewallRule -Name *ssh*
```

應該有一個名為 OpenSSH-Server-In-TCP 的防火牆規則，它應該是被啟用的狀態。在目標機器上，請找到位於 $env:ProgramData\ssh 的 sshd_config 檔案，並進行調整與修改（如圖 13.1）。

```
sshd_config - Notepad
File Edit Format View Help
#UseDNS no
#PidFile /var/run/sshd.pid
#MaxStartups 10:30:100
#PermitTunnel no
#ChrootDirectory none
#VersionAddendum none

# no default banner path
#Banner none

# override default of no subsystems
#Subsystem      sftp    sftp-server.exe
Subsystem       powershell      c:/progra~1/powershell/7/pwsh.exe -sshs -NoLogo -NoProfile


# Example of overriding settings on a per-user basis
#Match User anoncvs
#       AllowTcpForwarding no
#       PermitTTY no
#       ForceCommand cvs server

Match Group administrators
        AuthorizedKeysFile __PROGRAMDATA__/ssh/administrators_authorized_keys
```

▌圖 13.1　這是在加入了 PowerShell 相關變更後的 sshd_config 檔案內容

確認密碼驗證（password authentication）已經啟用，請移除井字號 #：

```
PasswordAuthentication yes
```

為 PowerShell 增加 `Subsystem`。你會發現，我們使用了 8.3 檔名（8.3 short name）來表示「含有空格的檔案路徑」。

```
Subsystem powershell c:/progra~1/powershell/7/pwsh.exe -sshs -NoLogo
➥ -NoProfile
```

在 Windows 中，`Program Files` 資料夾的 8.3 檔名通常是 `Progra~1`。你可以使用以下命令來確認這一點：

```
Get-CimInstance Win32_Directory -Filter 'Name="C:\\Program Files"' |
➥ Select-Object EightDotThreeFileName
```

啟用公鑰驗證，這是選擇性的：

```
PubkeyAuthentication yes
```

重新啟動 OpenSSH 服務：

```
Restart-Service sshd
```

務必確保你 SSH 伺服器的安全

你應該研究目前保護 OpenSSH 的最新標準。在撰寫本書時，基本要求是開啟私鑰驗證功能（private-key authentication）。同時，請務必保護好你的私鑰。以下是在主流平台上如何進行操作的相關連結：

▶ macOS：http://mng.bz/Bxyw

▶ Ubuntu：http://mng.bz/do9g

13.3 經由 SSH 的 PSRP 總覽

讓我們來談談 SSH 吧，因為你需要設定它才能使用遠端操作。再次強調，你只需要在「那些預期會接收傳入命令的電腦」上設定「經由 SSH 的 PSRP」以及「PowerShell 遠端操作」。在大多數我們工作過的環境中，系統管理員都會在每台電腦上啟用遠端操作。這樣做能讓你在背景中遠端進入客戶端的桌上型電腦和筆記型電腦（也就是說，使用這些電腦的人不會察覺到你的操作），這非常好用。

　　SSH 允許多個子系統進行註冊。這讓不同的協定能夠透過「同一個埠號」來運作。當你啓用 SSH 遠端操作時，PowerShell 就註冊爲一個子系統，而「從 PSRP 傳入的連線」會被導引到這個子系統。圖 13.2 展示了這些單元是如何協同工作的。

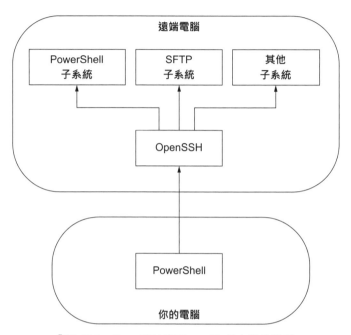

▌圖 13.2　OpenSSH 與 PowerShell 之間的關係

　　如圖 13.2 所示，你的系統上可能有數十個甚至數百個 sshd 子系統。每一個子系統都能指向不同的應用程式。

　　圖 13.2 還展示了 sshd 監聽器（listener）的功能。sshd 作爲一個監聽器，它會持續等待著「來自網路的流量」——有點像是「網頁伺服器」等待著接收「傳入的請求」。一個監聽器會在特定的 IP 位址及埠號上進行「監聽」。

> **TRY IT NOW**　請在你的第二台電腦上啟用遠端操作功能（如果你只有一台電腦可用，就在那一台上啟用）。如果你在啟動遠端操作的過程中收到錯誤訊息，請暫停下來，並找出問題所在。

13.4 WinRM 總覽

我們現在就來討論 WinRM，因為你需要設定它才能使用遠端操作。再次強調，你只需要在「那些預期會接收傳入命令的電腦」上設定「WinRM」以及「PowerShell 遠端操作」。在大多數我們工作過的環境中，系統管理員都會在每台 Windows 的電腦上啟用遠端操作。（請記住，PowerShell 和遠端操作功能可支援到 Windows XP 那麼早的版本）。這樣做能讓你在背景中遠端進入客戶端的桌上型電腦和筆記型電腦（也就是說，使用這些電腦的人不會察覺到你的操作），這非常好用。

WinRM 不是僅限於 PowerShell 使用。Microsoft 正逐漸將其應用到更多通訊管理方面，甚至包括目前使用其他協定的事物。基於這個理念，Microsoft 讓 WinRM 能夠把流量導引到多種管理應用程式，而不是只有 PowerShell。WinRM 扮演著調度員的角色：當流量傳入時，WinRM 會決定哪個應用程式需要處理這些流量。所有的 WinRM 流量都會被標記上「接收的應用程式（recipient application）的名稱」，而這些應用程式必須向 WinRM 註冊為端點（endpoint），讓 WinRM 能夠代替它們監聽「傳入的流量」。這意謂著你需要在啟用 WinRM 的同時，還要指示 PowerShell 向 WinRM 註冊為一個端點。圖 13.3 展示了這些單元是如何協同工作的。

如圖 13.3 所示，你的系統上可能有數十個甚至數百個 WinRM 端點（PowerShell 將它們稱為會話組態，session configurations）。每一個端點都能指向不同的應用程式，你甚至可以有多個端點指向同一個應用程式，但提供不同的權限和功能。例如，你可以建立一個 PowerShell 端點，只允許執行一、兩個命令，然後提供給環境中的某些特定使用者來使用。本章不會詳細介紹遠端操作，但本書後面會有更深入的討論。

圖 13.3 還展示了 WinRM 監聽器（listener）的功能，在圖 13.3 中為 HTTP 型態。該監聽器會代表 WinRM 等候「傳入的網路流量」——有點像是「網頁伺服器」等待接收「傳入的請求」。一個監聽器會在特定的 IP 位址及埠號上進行「監聽」，不過，由 Enable-PSRemoting 所建立的預設監聽器（default listener），會對所有的本機 IP 位址（local IP address）進行監聽。

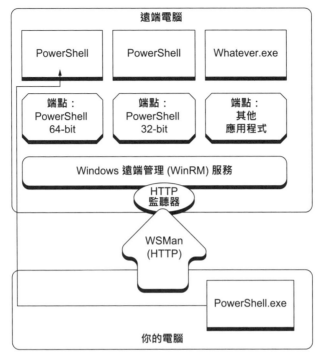

圖 13.3　WinRM、WSMan、端點與 PowerShell 之間的關係

　　監聽器會連線到定義好的端點。建立端點的其中一個方法是開啟一個 PowerShell 的副本（請確定你是以系統管理員的身分執行），然後執行 Enable-PSRemoting 這個 cmdlet。有時候，你可能會在參考資料中看到另一個叫做 Set-WSManQuickConfig 的 cmdlet。但你不需要執行它；因為 Enable-PSRemoting 會自動呼叫它，而且 Enable-PSRemoting 會執行一些額外的必要步驟來啟動遠端操作。總而言之，這個 cmdlet 會啟動 WinRM 服務，設定讓它自動啟動，並將 PowerShell 註冊為一個端點，甚至會在 Windows 防火牆設定例外規則（exception），允許傳入的 WinRM 流量。

> **TRY IT NOW**　請在你的第二台電腦上啟用遠端操作功能（如果你只有一台電腦可用，就在那一台上啟用）。如果你使用的是 Windows 裝置，請記得以系統管理員身分開啟 PowerShell（視窗的標題應該會顯示 Administrator）。如果沒有，請先關閉 shell，在 Start 選單中，按右鍵點擊 PowerShell 的圖示，並從右鍵選單中點選 Run as Administrator。

你最常收到的錯誤訊息是「WinRM firewall exception will not work since one of the network connection types on this machine is set to Public.」（WinRM 防火牆例外無法工作，因爲這台電腦上的某個網路連線類型設定爲公用。）任何設定爲公用的網路連線，都不能設定 Windows 防火牆例外規則，因此當 `Enable-PSRemoting` 嘗試建立例外規則時，就失敗了。唯一的解決方法是進入 Windows，然後修改網路介面卡的設定，把你目前連線的網路調整爲 Work（工作場所）或 Home（家用）。但如果你連線到的是公共網路（例如公共的 Wi-Fi 熱點），則不要這樣做，因爲你會關閉一些重要的安全防護措施。

> **NOTE** 在伺服器作業系統上，你不必太擔心使用 PowerShell 遠端操作會面臨公用網路的問題，因為這些作業系統中沒有類似的使用限制。

如果你不希望到處跑來跑去爲每一台電腦啓用遠端操作，別擔心：你可以透過 GPO（Group Policy Object，群組原則物件）來完成。必要的 GPO 設定已經內建在你的網域控制器中（你可以從 www.microsoft.com/en-us/download 下載一個 ADM 範本，將這些 GPO 設定加入到舊版的網域控制器中）。開啓 GPO，瀏覽至 Computer Configuration > Administrative Templates > Windows Components。在接近清單底部的地方，你會找到 Remote Shell（遠端殼層）和 Windows Remote Management（Windows 遠端管理）。現在，我們假設你會在「那些你想要設定的電腦」上執行 `Enable-PSRemoting`，因爲現階段你可能只在一、兩台虛擬機器上進行試驗。

> **NOTE** 在 PowerShell 的 `about_remote_troubleshooting` 說明主題中，提供了更多關於使用 GPO 的資訊。特別是在說明主題中的「How to enable remoting in an enterprise」（如何在企業中啟用遠端操作）和「How to enable listeners by using a Group Policy」（如何使用群組原則啟用監聽程式）這兩個小節。

13.5 使用 Enter-PSSession 和 Exit-PSSession 進行一對一遠端操作

PowerShell 使用了兩種不同的方式進行遠端操作。第一種是一對一遠端操作（one-to-one remoting），也就是 1:1 遠端操作。第二種是一對多遠端操作（one-to-many remoting），也就是 1:N 遠端操作（這會在下一節介紹）。在一對一遠端操作中，你使用的是單一遠端電腦的 shell 提示字元。你在該遠端電腦上執行的所有命令將會直接執行，並且你會在 shell 視窗中看到結果。這與使用 SSH 或遠端桌面連線有些類似，不過你只能被限制在 Windows PowerShell 的命令列環境中操作。這種遠端操作也只消耗遠端桌面所需資源的一小部分，因此它對伺服器造成的負擔相對較小。

在我們連線到一台遠端電腦之前，我們需要讓你了解 -hostname 和 -computername 參數之間的差異：

❏ -hostname：此參數用於透過 SSH 進行連線。

❏ -computername：此參數用於透過 WinRM 進行連線。

PowerShell 無法自動判斷你想要使用的協定，所以你必須主動告訴它。要跟遠端電腦建立一對一連線，可以執行以下命令：

```
Enter-PSSession -HostName Ubuntu1 -UserName tylerl
Enter-PSSession -ComputerName SRV2 -UserName contoso\tylerl
```

或者，你也可以使用以下的語法：

```
Enter-PSSession -HostName tylerl@Ubuntu1
```

（你必須提供正確的電腦名稱，而不是 SRV2 或 Ubuntu1。）

假設你已在遠端電腦上啟用了遠端操作，也都在同一個網域內，而且網路也運作正常，你應該就能建立連線。PowerShell 會用 shell 提示字元的改變來讓你知道連線成功：

```
[Ubuntu1] PS /home/tylerl>

[SRV2] PS C:\>
```

shell 提示字元會告訴你，你現在正在進行的所有操作都在 Ubunut1（或是你連線到的其他伺服器）上執行。你可以自由執行任何你想要的命令，甚至還能匯入模組。

TRY IT NOW　請嘗試建立一個遠端連線到你的第二台電腦或虛擬機器。在嘗試連線之前，如果你尚未完成設定，你就需要先在那台電腦上啟用遠端操作功能。注意，你還需要知道主機名稱或 IP 位址。

任何你在遠端電腦上執行的命令，都會在你用來認證的使用者身分下執行，所以你能夠進行任何正常情況下你有權限的操作。就像你登入那台電腦的主控台並直接使用它的 PowerShell 一樣。

如果你在遠端電腦上有一份個人設定檔指令碼（profile script），當你透過遠端連線時，它不會執行。我們尚未完全詳細介紹個人設定檔指令碼（第 26 章才會介紹），簡而言之，它們就是一套在每次開啟 shell 時會自動執行的命令。大家通常用它們來自動載入 shell 的擴充套件和模組等。但當你遠端連線到一台電腦時，這件事情不會發生，因此請留意這一點。

除了這個小小的注意事項之外，你應該不會有太大問題。不過等一下——當你在遠端電腦上執行完命令後，該怎麼辦呢？很多 PowerShell 的 cmdlet 都是成對出現的，一個 cmdlet 執行某個操作，另一個執行相反的操作。在這個例子中，如果 `Enter-PSSession` 能讓你遠端連線進入電腦，你能猜出哪個命令可以讓你退出遠端電腦嗎？如果你已猜到是 `Exit-PSSession`，請給自己一個獎勵。這個命令不需要任何參數；執行它，你的 shell 提示字元就會回到正常狀態，而遠端連線也會自動關閉。

TRY IT NOW　　如果你建立了一個遠端的工作階段，現在可以退出了。我們暫時不需要它。

萬一你忘記執行 `Exit-PSSession` 而直接關閉 PowerShell 視窗呢？不用擔心。PowerShell 很聰明，它會自行判斷你的操作，遠端連線也會自動關閉。

這裡有一點需要特別注意：在遠端連線登入到某台電腦時，除非你完全清楚知道自己在做什麼，否則不要在該電腦上執行 `Enter-PSSession`。假設你正在使用的「電腦 A」是 Ubuntu 作業系統，而你遠端連線登入了 SRV2。然後，在 PowerShell 的提示字元下，你又執行了以下命令：

```
[Ubuntu1] PS /home/tylerl>
Enter-PSSession -computername SRV2 -UserName contsco\tylerl
```

這會導致 Ubuntu1 持續保持與 SRV2 的連線，可能會造成一個難以追蹤的遠端操作鏈（remoting chain），並為你的伺服器帶來不必要的負擔。但在某些情況下，你還是必須得這麼做，主要是考慮到像 SRV2 這樣的電腦被防火牆隔離，無法直接對它操作，所以你必須利用 Ubuntu1 作為中繼站，以便跳轉到（hop over to）SRV2。然而，作為基本原則，應該盡量避免形成遠端操作鏈。關於在 PowerShell 遠端操作中進行第二次跳轉，PowerShell 團隊有一篇精彩的文章：http://mng.bz/AxXe。

> **CAUTION**　有些人會把「遠端操作鏈」稱為「第二次跳轉」(the second hop)，這是 PowerShell 中的一大陷阱。我們提供一個建議：如果 PowerShell 的提示字元顯示的是某台電腦的名稱，則表示已經完成了遠端連線。在你退出該工作階段並「回到」你自己的電腦之前，不要發出更多的遠端控制命令。

　在使用這種一對一的遠端連線時，你不需要擔心物件的序列化與反序列化問題。對你來說，你是直接在遠端電腦的主控台上進行輸入的。如果你取得一個處理程序，並將其輸送給 Stop-Process，它會如你所預期的那樣停止執行。

13.6　使用 Invoke-ScriptBlock 進行一對多遠端操作

　下一個技巧能夠將命令同時發送給多台遠端電腦（老實說，這是 PowerShell 最酷的功能之一）。沒錯，這是大範圍的分散式運算（full-scale distributed computing）。每台電腦都會獨立執行命令，並將結果回傳給你。所有的這些都是透過 Invoke-ScriptBlock cmdlet 來完成的，它也被稱為一對多遠端操作，或是 1:N 遠端操作。這個命令看起來像這樣：

```
Invoke-ScriptBlock -ComputerName SRV2,DC3,SRV4
-ScriptBlock { Get-Process pwsh } -UserName tylerl
```

> **TRY IT NOW**　請執行這個命令。將其中我們使用的三台伺服器名稱，替換成你的遠端電腦（或多台電腦）的名稱以及使用者帳號。

　大括號 {} 中的所有內容都會傳輸到遠端電腦中——這三台都會。預設情況下，PowerShell 能同時與最多 32 台電腦進行通訊；如果你指定的電腦超過這個數量，它將會進行排隊處理，當其中一台電腦完成後，隊伍中的下一台再接著開始。如果你有一個極佳的網路環境和效能強大的電腦，可以透過設定 Invoke-ScriptBlock 的 -throttleLimit 參數來拉高這個數字。想了解更多資訊，請參考該命令的說明文件。

當心標點符號的使用

在面對一對多遠端操作的語法時，我們需要特別留意，因為在這種情況下，PowerShell 的標點符號可能會讓人混淆。這種混淆可能會導致你在自行建立命令列時犯下錯誤。

思考以下這個範例：

```
Invoke-ScriptBlock -HostName SRV2,DC3,SRV4
-ScriptBlock { Get-Process pwsh |
Where-Object {$_.Parent.ProcessName -like '*term*'}} -UserName
```

在這個範例中，有兩個命令使用到大括號：`Invoke-ScriptBlock` 和 `Where-Object`。`Where-Object` 完全被外層的大括號給括起來。最外層的大括號包含了所有要被傳送到遠端電腦執行的內容：

```
Get-Process pwsh | Where-Object {$_.Parent.ProcessName -like '*term*'}
```

要理解這種命令的巢狀方式並不容易，尤其是在這樣一本入門書中，由於頁面實際寬度的限制，需要將命令跨越好幾行文字來顯示。

請務必確保你能辨識出「正被發送到遠端電腦的確切命令」，並且明白每一對大括號的用途。

如果你仔細閱讀了 `Invoke-ScriptBlock` 的說明文件（有沒有感覺到我們一直很賣力地推廣這些說明文件？），你還會發現，有一個參數能讓你指定一個指令碼檔案，而不是一個命令。這個參數讓你能從本機電腦發送一整份指令碼到遠端電腦——這意謂著你可以自動化執行一些複雜的任務，並讓每台遠端電腦分擔相關工作。

> **TRY IT NOW**　請確保你能在 `Invoke-ScriptBlock` 的說明文件中，辨識出 `-ScriptBlock` 參數，以及找到能讓你指定檔案路徑和名稱，而非指令碼區塊的參數。

我們想回到本章開頭提到的 `-HostName` 參數。當我們第一次使用 `Invoke-ScriptBlock` 時，就像前面的範例一樣，我們輸入了一串以逗號分隔的主機名稱。然而，考慮到我們需要操作很多電腦，我們不想每次都要輸入所有的電腦名稱。對於一些常見的電腦分類，像是網頁伺服器和網域控制器，我們保存了相關的文字檔。這些檔案裡，每一行只有一個電腦名稱，就這樣——沒有逗號、沒有引號，沒有任何其他內容。PowerShell 能讓我們輕易地使用這些檔案：

```
Invoke-ScriptBlock -ScriptBlock { dir }
-HostName (Get-Content webservers.txt) -UserName tylerl
```

　　這裡的小括號會強制 PowerShell 先執行 Get-Content，就像數學中小括號的運作方式一樣。接著，Get-Content 的輸出結果會被賦予給 -HostName 參數，對檔案中所列出的每一台電腦進行處理。

13.7　遠端命令與本機命令的差異

　　我們打算要來解釋，使用 Invoke-ScriptBlock 執行命令與在本機執行相同命令，兩者會有何差異，以及遠端操作與其他形式的遠端連線有何不同。在這次的討論中，我們將使用以下的命令作為例子：

```
Invoke-ScriptBlock -HostName SRV2,DC3,SRV4
-ScriptBlock { Get-Process pwsh -UserName tylerl  |
Where-Object {$_.Parent.ProcessName -like '*term*'}}
```

13.7.1　反序列化物件

　　關於遠端操作，還有一點需要留意，那就是傳回你電腦的物件並不具備完整的功能性。在大多數的情況下，這些物件缺少了方法（method），因為它們不再與任何「正在運行中」的軟體「結合」在一起。

　　舉例來說，如果你在本機電腦上執行下面這個命令，你會看到一個 System.Diagnostics.Process 物件擁有許多相關聯的方法：

```
PS > Get-Process | Get-Member


   TypeName: System.Diagnostics.Process

Name                    MemberType      Definition
----                    ----------      ----------
Handles                 AliasProperty   Handles = Handlecount
Name                    AliasProperty   Name = ProcessName
NPM                     AliasProperty   NPM = NonpagedSystemMemory...
PM                      AliasProperty   PM = PagedMemorySize64
SI                      AliasProperty   SI = SessionId
VM                      AliasProperty   VM = VirtualMemorySize64
```

WS	AliasProperty	WS = WorkingSet64
Parent	CodeProperty	System.Object Parent{get=G...
Disposed	Event	System.EventHandler Dispos...
ErrorDataReceived	Event	System.Diagnostics.DataRec...
Exited	Event	System.EventHandler Exited...
OutputDataReceived	Event	System.Diagnostics.DataRec...
BeginErrorReadLine	Method	void BeginErrorReadLine()
BeginOutputReadLine	Method	void BeginOutputReadLine()
CancelErrorRead	Method	void CancelErrorRead()
CancelOutputRead	Method	void CancelOutputRead()
Close	Method	void Close()
CloseMainWindow	Method	bool CloseMainWindow()
Dispose	Method	void Dispose(), void IDisp...
Equals	Method	bool Equals(System.Object ...
GetHashCode	Method	int GetHashCode()
GetLifetimeService	Method	System.Object GetLifetimeS...
GetType	Method	type GetType()
InitializeLifetimeService	Method	System.Object InitializeLi...
Kill	Method	void Kill(), void Kill(boo...
Refresh	Method	void Refresh()
Start	Method	bool Start()
ToString	Method	string ToString()
WaitForExit	Method	void WaitForExit(), bool W...
WaitForInputIdle	Method	bool WaitForInputIdle(), b...
__NounName	NoteProperty	string __NounName=Process

現在改用遠端操作，來取得那些相同的物件：

```
PS > Invoke-ScriptBlock {Get-Process} -HostName localhost -UserName tyler1 |
    ➡ Get-Member
```

   TypeName: Deserialized.System.Diagnostics.Process

Name	MemberType	Definition
GetType	Method	type GetType()
ToString	Method	string ToString(), string To...
Company	NoteProperty	object Company=null
CPU	NoteProperty	object CPU=null

```
Description              NotePropertyobject Description=null
FileVersion             NotePropertyobject FileVersion=null
Handles                 NotePropertyint Handles=0
Name                    NotePropertystring Name=
NPM                     NotePropertylong NPM=0
Parent                  NotePropertyobject Parent=null
Path                    NotePropertyobject Path=null
PM                      NotePropertylong PM=0
Product                 NotePropertyobject Product=null
ProductVersion          NotePropertyobject ProductVersion=null
PSComputerName          NotePropertystring PSComputerName=localh...
PSShowComputerName      NotePropertybool PSShowComputerName=True
RunspaceId              NotePropertyguid RunspaceId=26297051-1cb...
SI                      NotePropertyint SI=53860
VM                      NotePropertylong VM=0
WS                      NotePropertylong WS=0
__NounName              NotePropertystring __NounName=Process
BasePriority            Property     System.Int32 {get;set;}
Container               Property     {get;set;}
EnableRaisingEvents     Property     System.Boolean {get;set;}
```

　　這些方法（除了所有物件普遍通用的 ToString() 和 GetType() 方法之外）統統不見了。這是該物件的唯讀副本（read-only copy）；你無法指示它進行像是停止、暫停、繼續等操作。因此，在你的命令輸出結果中，任何你想要操作的行為，都應該包含在「發送給遠端電腦的指令碼區塊」中；如此一來，在執行命令的當下，這些物件才會依然保持運作中的狀態，並且包含所有的方法。

13.7.2　本機處理 vs. 遠端處理

　　我們再次引用原先的例子：

```
Invoke-ScriptBlock -HostName SRV2,DC3,SRV4
-ScriptBlock { Get-Process pwsh -UserName tylerl |
Where-Object {$_.Parent.ProcessName -like '*term*'}}
```

以下說明這裡發生了什麼事：

❑ 電腦平行地接收到指令碼，這表示命令可以更快地完成。

❑ 每一台電腦在「本機」查詢記錄並進行篩選。在網路上傳輸的只是篩選的結果，也就是說，只有我們關心的記錄才會被傳輸。

❑ 在進行資料傳輸之前，每一台電腦都會把自己的輸出結果序列化成 XML 格式。我們自己的電腦則接收這些 XML 資料，並將它們反序列化成看起來像是物件的東西。但是它們並非真正的處理程序物件，所以當它們被傳送到我們自己的電腦時，我們對它們的操作可能會受到一定的限制。

現在，把它與以下的另一種方法做個對比：

```
Invoke-ScriptBlock -HostName SRV2,DC3,SRV4
-ScriptBlock { Get-Process pwsh } -UserName tylerl |
Where-Object {$_.Parent.ProcessName -like '*term*'}
```

差異是很細微的。事實上，我們只觀察到一個變化：我們移動了其中一個大括號的位置。

在第二個版本中，只有 Get-Process 是在遠端執行的。Get-Process 產生的所有結果都會被序列化並傳送到我們的電腦，在這裡它們會被反序列化成物件，然後被輸送到 Where 進行篩選。這個命令的第二個版本效能較差，因為過多不必要的資料正在網路上傳輸，而且我們這一台電腦必須要篩選來自三台電腦的結果，而不是這三台電腦自行為我們篩選各自產生的結果。因此，第二個版本的做法並不理想。

讓我們來看看另一個命令的兩種不同版本，先從以下的命令開始：

```
Invoke-ScriptBlock -ComputerName SRV2
-ScriptBlock { Get-Process -name pwsh } -UserName tylerl |
Stop-Process
```

接著，讓我們來看第二個版本：

```
Invoke-ScriptBlock -ComputerName SRV2
-ScriptBlock { Get-Process -name pwsh -UserName tylerl |
Stop-Process }
```

再一次，跟前面一樣，這兩者之間的唯一差別在於大括號的位置。但在這個範例中，第一個版本的命令不會正常運作。

　　請仔細看：我們正在將 `Get-Process -name pwsh` 命令發送到遠端電腦。遠端電腦會去找出指定的處理程序，將其序列化成 XML 格式，並透過網路送回給我們。我們的電腦收到回傳的 XML 後，會將它反序列化成物件，然後輸送給 `Stop-Process`。問題在於，用來反序列化的 XML 中並沒有足夠的資訊讓我們的電腦辨別出該處理程序來自於「遠端機器」。結果就是，我們的電腦會嘗試停止「在本機運行（running locally）的 pwsh 處理程序」，這並不符合我們預期的結果。

　　這個故事的啟示是，盡可能在「遠端電腦」上完成大部分的處理工作。你能運用 `Invoke-ScriptBlock` 的執行結果來做的事情只有一件，那就是用來顯示，或者將其儲存為一份報告、一份資料檔等等。上述命令的第二個版本就是根據這樣的建議來執行的：發送到遠端電腦的整個命令是 `Get-Process -name pwsh | Stop-Process`，所以整個命令（包括取得處理程序及停止它）都在遠端電腦上完成。由於 `Stop-Process` 通常不會產生任何輸出結果，因此不會有任何物件需要序列化並發送回給我們，所以我們在本機主控台上不會看到任何輸出內容。但該命令會執行我們期望的操作：它會在「遠端電腦」上停止 pwsh 處理程序，而非在我們的本機電腦上。

　　每當我們使用 `Invoke-ScriptBlock` 時，我們總是會仔細查看在它之後的命令。如果我們看到的是有關格式化或資料匯出的命令，那就沒問題，因為對 `Invoke-ScriptBlock` 的執行結果進行這類型的操作是可以的。但如果 `Invoke-ScriptBlock` 後面接的是執行某行為的 cmdlet，比如啟動、停止、設定、修改或其他操作，那我們就要停下來，仔細思考我們正在進行的操作。理想的情況下，我們希望所有的這些操作都在遠端電腦上進行，而不是在我們的本機電腦上進行。

13.8　等等，還有更多內容

　　前面的範例都是使用臨時性遠端連線，也就是我們會透過指定主機名稱來進行。如果你需要在短時間內多次與相同的電腦（或多台電腦）進行連線，你可以建立一種可重複使用且持續存在的連線。我們會在第 18 章詳細介紹這種技巧。

　　我們應該了解，不是所有公司都會允許啟用 PowerShell 遠端操作的功能——最起碼不是立刻馬上。例如，那些資安政策極為嚴格的公司，就可能會在所有客戶端與伺服器電腦上裝設防火牆，這會阻擋遠端連線。如果你的公司也是這種情況，請檢查一下是否有對 SSH 或 WinRM 設定例外規則。我們發現這是一個常見的例外規則，因為系統管理員確實有遠端連線到伺服器的需求。如果 SSH 或 WinRM 是被允許的，那麼你就可以透過 SSH 使用 PowerShell 的遠端操作。

13.9　常見的困惑點

當新手開始使用遠端操作時，通常都會在日常的操作過程中遇到幾個常見的問題：

❏ 遠端操作的功能在設計上，或多或少是可以自動設定的。如果所有相關電腦都位於同一個網域內，而且你使用的都是同一個使用者帳號，那麼事情通常能進行得很順利。如果不是這樣，你需要執行 `help about_remote_troubleshooting`，並深入了解細節。

❏ 當你執行一個命令時，你實際上是在要求遠端電腦啓動 PowerShell，執行你的命令，隨後再關閉 PowerShell。在同一台遠端電腦上執行的下一個命令將會從頭開始──之前的呼叫所執行的任何事情都不再有作用。如果你需要執行一連串相關的命令，請把它們全部放入同一次呼叫中。

13.10　練習題

> **NOTE**　針對這次的練習題，你需要一台安裝了 PowerShell v7 以上版本的電腦。最理想的情況下，你應該要有兩台位於同一個網路上且已經啟用遠端操作的電腦。

現在正是把「你學到的遠端操作知識」和「前幾章的內容」結合起來運用的時候了。試試看你能否完成下列任務：

1 與一台遠端電腦建立一對一的連線（如果你只有一台電腦，就連線到 `localhost`）。啓動你偏好的文字編輯器。看看會發生什麼事？

2 使用 `Invoke-ScriptBlock` 從一、兩台遠端電腦（如果你只有一台電腦，重複使用 `localhost` 也可以）取得目前正在執行中的處理程序清單。將輸出結果格式化成多欄式清單。（提示：取得結果後，在你的電腦上進行格式化是可以的，不需要在遠端執行的命令中加入以 `Format-` 開頭的命令。）

3 使用 `Invoke-ScriptBlock` 列出虛擬記憶體（VM）使用量前 10 名的處理程序。
如果可以的話，請對一、兩台電腦進行操作；如果你只有一台電腦，可以重複將
`localhost` 作為目標。

4 建立一份文字檔，該文字檔包含三個電腦名稱，每一行一個名稱。如果你只有一
台電腦可以操作，重複相同電腦名稱或 `localhost` 三次也是可以的。然後，使用
`Invoke-ScriptBlock` 從家目錄（`~`）中取得最新的 10 個檔案。

5 使用 `Invoke-ScriptBlock` 在一台或多台遠端電腦上執行查詢，顯示 `$PSVersionTable`
變數中的 `PSVersion` 屬性。（提示：這需要你取得某個項目的屬性。）

13.11　練習題參考答案

1 `Enter-PSSession Server01`
`[Ubuntu1] /home/tyler1> nano`

nano 處理程序會被啟動，但無論是在本機還是遠端，都不會進入互動模式。事實上，
以這種方式執行時，直到 nano 處理程序結束前，命令提示字元都不會恢復，即使用另
一種啟動命令的方式 `Start-Process nano` 也是如此。

`[SRV2] PS C:\Users\Administrator\Documents> Notepad`

Notepad 處理程序會被啟動，但無論是在本機還是遠端，都不會進入互動模式。事實
上，以這種方式執行時，直到 Notepad 處理程序結束前，命令提示字元都不會恢復，
即使用另一種啟動命令的方式 `Start-Process Notepad` 也是如此。

2 `Invoke-ScriptBlock -scriptblock {Get-Process } -HostName`
➥ `Server01,Server02 -UserName yourUser | Format-Wide -Column 4`

3 `Invoke-ScriptBlock -scriptblock {get-process | sort VM -Descending |`
➥ `Select-first 10} -HostName Server01,Server02 -UserN`

4 `Invoke-ScriptBlock -scriptblock { Get-ChildItem ~/* | Sort-Object`
➥ `-Property LastWriteTime -Descending | Select-Object -First 10}`
➥ `-HostName (Get-Content computers.txt) -UserName yourUser`

5 `Invoke-ScriptBlock -scriptblock $ -Server01,Server02 -UserName yourUser`

13.12 深入探索

我們可以深入探討許多關於 PowerShell 遠端操作的內容——其豐富程度足以佔據你一個月的午餐時間，讓你再讀一本書。但遺憾的是，其中一些比較複雜的部分並沒有詳盡的文件。我們建議你前往 PowerShell.org，特別是他們提供的電子書（e-book）資源專區，在那裡，Don 和另一位 MVP Tobias Weltner 博士合編了一本內容豐富（而且免費！）的迷你電子書，書名是《*Secrets of PowerShell Remoting*》（詳情請參考 https://leanpub.com/secretsofpowershellremoting）。這本指南重新梳理了你在本章所學的基礎知識，但它主要專注於提供詳細且步驟分明的指導（附有彩色截圖），展示了如何設定各種遠端操作的情境。這本指南還深入介紹了一些關於協定及故障排除等細節，甚至還有一個小節是在講述如何與資安人員討論遠端操作。這本指南會定期更新，建議你每隔幾個月回訪一次，以確保手中擁有的是最新版本。

利用背景作業進行多工處理

大家總是告訴你要多工處理（multitask），對吧？那麼為什麼 PowerShell 不能幫你同時執行多項任務呢？事實上，對於那些可能有多台電腦參與的長時間執行的任務，PowerShell 是確實能做得到的。在你深入閱讀本章之前，請確保你已經閱讀了第 13 章，因為我們會更進一步探討那些遠端操作的概念。

> **HEADS UP**　在本章中，我們將使用大量的 Az cmdlet，這需要有一個有效的 Azure 訂閱。文中提到的這些只是我們挑選出來重點展示的範例。

14.1　讓 PowerShell 同時執行多項任務

你應該把 PowerShell 看成是單執行緒的應用程式（a single-threaded application），也就是說它同一時間只能做一件事情。你輸入一個命令，按下 Enter 鍵，然後 shell 等待該命令執行完成。在第一個命令完成之前，你無法執行第二個命令。

但是，借助背景作業（background job）的功能，PowerShell 能將命令移到一個單獨的背景執行緒或獨立的背景 PowerShell 處理程序中。這讓命令能夠在背景中執行，同時你可以繼續在 shell 中進行其他工作。但你必須在執行命令之前就要做出決定；否則在你按下 Enter 鍵之後，就不能再將一個長時間執行的命令移到背景去了。

在命令進入背景之後，PowerShell 有提供各種機制來檢查它們的狀態、取得相關結果等等。

14.2 同步 vs. 非同步

讓我們先來解釋一些專業術語。PowerShell 會以同步（synchronous）的方式執行普通的命令，這表示當你按下 [Enter] 鍵之後，必須等待該命令完全執行完畢。而將一項工作移至背景，可以讓它以非同步（asynchronous）的方式執行，這表示你在命令執行完成的過程中，同時還能繼續使用 shell 進行其他工作。讓我們來看看以這兩種方式執行命令的一些關鍵差異：

❏ 當你同步執行一個命令時，可以回應輸入的請求。但當你非同步執行一個命令時，就無法處理輸入的請求了（而且這些請求會中斷命令的執行）。

❏ 同步的命令出現問題時，會產生錯誤訊息。而非同步的命令雖然也會產生錯誤訊息，但你不會立刻看到它們。如果有需要，你必須採取一些措施來捕獲這些錯誤。（第 24 章會討論如何做到這一點。）

❏ 如果你在一個同步的命令遺漏了一個必要參數，PowerShell 會提示你輸入遺漏的資訊。而非同步的命令，它做不到這一點，所以命令將執行失敗。

❏ 當同步的命令產生結果時，這些結果會立即顯示出來。至於非同步的命令，你必須等到命令執行完畢，然後再去取得快取起來的輸出結果（the cached results）。

一般來說，我們會同步執行命令，來測試並確保它們能運作正常，只有確認這些命令已經完全除錯且按照我們的期望運行後，才會在背景中執行它們。我們採取了這樣的措施，是為了確保命令能夠在背景中順利運作無誤。PowerShell 把背景命令稱為作業（job）。你可以透過數種方式建立作業，同時也有多個命令可以用來管理它們。

追求卓越

嚴格來講，本章所討論的「作業」只是你可能會遇到的幾種作業類型中的一小部分。作業是 PowerShell 的擴充功能之一，亦即其他人（無論是 Microsoft 內部或第三方）也有可能建立其他同樣稱為作業的東西，這些作業的呈現方式和工作方式與本章描述的有所不同。當你出於各種目的擴充 shell 時，你可能會遇到其他類型的作業。我們希望你能理解這個小細節，並明白你在這一章中所學的知識，僅適用於 PowerShell 原生的常規作業。

14.3 建立一個處理程序作業

　　我們要介紹的第一種作業類型，也許是最簡單的一種：處理程序作業（process job）。它指的是在你電腦上的另一個 PowerShell 處理程序內，於背景中執行的命令。

　　要啓動這些作業中的其中一個，你需要使用 `Start-Job` 命令。透過 `-ScriptBlock` 參數，你可以指定要執行的命令（或多個命令）。PowerShell 會自動產生一個預設的作業名稱（例如 `Job1`、`Job2` 等等），或者你可以使用 `-Name` 參數來指定一個自訂的作業名稱。你可以不用指定一個指令碼區塊，而是使用 `-FilePath` 參數，讓作業執行一個包含多個命令的指令碼檔案。以下是一個簡單的範例：

```
PS /Users/travisp/> start-job -scriptblock { gci }

Id   Name  PSJobTypeName  State    HasMoreData   Location  Command
--   ----  -------------  -----    -----------   --------  -------
1    Job1  BackgroundJob  Running  True                    localhost  gci
```

　　這個命令建立了一個作業物件（job object），正如上面的範例所展示的，作業立即開始執行。作業還被分配了一個有序的作業 ID 號碼（a sequential job ID number），這在表格中有顯示。

　　該命令還有一個 `-WorkingDirectory` 參數，允許你變更作業在檔案系統上的開始位置。預設情況下，作業的開始位置是在家目錄。在背景作業中，切勿對檔案路徑有任何預期的假設：應使用絕對路徑（absolute path），以確保你能夠正確指向作業命令可能需要的任何檔案，或是使用 `-WorkingDirectory` 參數。以下是一個範例：

```
PS /Users/travisp/> start-job -scriptblock { gci } -WorkingDirectory /tmp

Id   Name  PSJobTypeName  State    HasMoreData   Location  Command
--   ----  -------------  -----    -----------   --------  -------
3    Job3  BackgroundJob  Running  True                    localhost  gci
```

　　細心的讀者可能會發現，我們建立的第一個作業被命名爲 `Job1`，並且分配了一個 ID 號碼 1，但第二個作業是 `Job3`，ID 號碼是 3。其實每個作業至少會有一個子作業（child job），而第一個子作業（`Job1` 的子作業）被命名爲 `Job2`，ID 號碼是 2。本章後續會介紹何謂子作業。

這裡有一點需要記住：雖然處理程序作業是在本機執行，但它們仍然需要啟用 PowerShell 遠端操作功能，關於啟用 PowerShell 遠端操作功能，我們在第 13 章有詳細的介紹。

14.4 建立一個執行緒作業

PowerShell 內建的另一種作業類型是我們接下來要討論的主題。它被稱為執行緒作業（thread job）。它並非是在一個完全不同的 PowerShell 處理程序中執行的，而是在「同一個處理程序」中啟動另一個執行緒。以下是一個範例：

```
PS /Users/travisp/> start-threadjob -scriptblock { gci }
Id   Name PSJobTypeName  State     HasMoreData     Location      Command
--   ---- -------------  -----     -----------     --------      -------
1    Job1 ThreadJob      Running   False           PowerShell    gci
```

看起來與上一個作業的輸出結果很相似，對吧？差異之處只有兩個：`PSJobTypeName` 為 `ThreadJob`，以及 `Location` 為 `PowerShell`。這告訴我們，該作業是在「目前使用的處理程序」內執行，但在「不同的執行緒」中。

由於啟動一個新執行緒的速度遠快於新的處理程序，因此「執行緒作業」非常適合那些需要快速啟動且在背景中執行的短時間指令碼和命令。相反地，對於在你電腦上長時間執行的指令碼，則可以使用「處理程序作業」。

HEADS UP 雖然執行緒作業啟動得更快，但請記住，一個處理程序同時只能執行一定數量的執行緒，過多的話會開始變慢。PowerShell 內部設定了一個「節流限制」（throttle limit），它的值為 10，協助你防止 PowerShell 過度負荷。這表示同一時間內只能有 10 個執行緒作業在執行。如果你想增加這個限制，是可以的。只需要指定 -ThrottleLimit 參數，並輸入你想要設定的新限制值。但請注意，如果你同時啟動 50、100、200 個執行緒作業，最終可能會導致效能遞減。切勿忽視這一點。

14.5　將遠端操作變成作業

讓我們回顧一下最後你可以用來建立新作業的方式：PowerShell 的遠端操作功能，這是你在第 13 章中學到的。這裡有一個重要的區別：你在 -scriptblock（或 -command，這是同一參數的別名）中指定的任何命令，它們都會平行地被傳送到你指定的每一台電腦上。一次最多可以連線 32 台電腦（除非你調整了 -throttleLimit 參數，增加或減少這個數量），因此，如果你指定了超過 32 台電腦，那麼只有前 32 台電腦會開始執行。其餘的電腦會在第一批電腦執行完成後才開始執行，而最上層的作業會在所有電腦都完成後，才顯示爲完成的狀態。

不同於其他兩種啓動作業的方式，這種方式會要求你在每台目標電腦上安裝 PowerShell v6 以上的版本，並且在這些電腦的 PowerShell 啓用「經由 SSH 遠端操作」的功能。因爲實際上命令是在每台遠端電腦上執行的，這樣就分散了運算負擔，對於複雜或需要長時間執行的命令來說，這有助於提高效能。執行結果會被傳回到你的電腦，並且儲存在作業中，直到你準備好查看它們。

在下面的範例中，你會看到 -JobName 參數，這個參數能讓你指定一個比預設名稱更具特色的作業名稱：

```
PS C:\> invoke-command -command { get-process }
-hostname (get-content .\allservers.txt )
-asjob -jobname MyRemoteJob
WARNING: column "Command" does not fit into the display and was removed.
Id              Name            State     HasMoreData     Location
--              ----            -----     -----------     --------
8               MyRemoteJob     Running   True            server-r2,lo...
```

14.6　真實環境中的作業

我們想利用這一節來展示一個 PowerShell 模組的例子，這個模組公開了自己的 PSJob，讓你可以在學習 PowerShell 的過程中注意到這種模式。例如，讓我們來看看 New-AzVm 這個命令：

```
PS /Users/travisp/> gcm New-AzVM -Syntax

New-AzVM -Name <string> -Credential <pscredential> [-ResourceGroupName
    <string>] [-Location <string>] [-Zone <string[]>] [-VirtualNetworkName
    <string>] [-AddressPrefix <string>] [-SubnetName <string>] [-
    SubnetAddressPrefix <string>] [-PublicIpAddressName <string>] [-
    DomainNameLabel <string>] [-AllocationMethod <string>] [-
    SecurityGroupName <string>] [-OpenPorts <int[]>] [-Image <string>] [-
    Size <string>] [-AvailabilitySetName <string>] [-SystemAssignedIdentity]
    [-UserAssignedIdentity <string>] [-AsJob] [-DataDiskSizeInGb <int[]>] [-
    EnableUltraSSD] [-ProximityPlacementGroup <string>] [-HostId <string>]
    [-DefaultProfile <IAzureContextContainer>] [-WhatIf] [-Confirm]
    [<CommonParameters>]

New-AzVM [-ResourceGroupName] <string> [-Location] <string> [-VM]
    <PSVirtualMachine> [[-Zone] <string[]>] [-DisableBginfoExtension] [-Tag
    <hashtable>] [-LicenseType <string>] [-AsJob] [-DefaultProfile
    <IAzureContextContainer>] [-WhatIf] [-Confirm] [<CommonParameters>]

New-AzVM -Name <string> -DiskFile <string> [-ResourceGroupName <string>] [-
    Location <string>] [-VirtualNetworkName <string>] [-AddressPrefix
    <string>] [-SubnetName <string>] [-SubnetAddressPrefix <string>] [-
    PublicIpAddressName <string>] [-DomainNameLabel <string>] [-
    AllocationMethod <string>] [-SecurityGroupName <string>] [-OpenPorts
    <int[]>] [-Linux] [-Size <string>] [-AvailabilitySetName <string>] [-
    SystemAssignedIdentity] [-UserAssignedIdentity <string>] [-AsJob] [-
    DataDiskSizeInGb <int[]>] [-EnableUltraSSD] [-ProximityPlacementGroup
    <string>] [-HostId <string>] [-DefaultProfile <IAzureContextContainer>]
    [-WhatIf] [-Confirm] [<CommonParameters>]
```

有沒有發現一個熟悉的參數？ -AsJob ！讓我們來看看它在這個命令中的作用：

```
PS /Users/travisp/> Get-Help New-AzVM -Parameter AsJob

-AsJob <System.Management.Automation.SwitchParameter>
    Run cmdlet in the background and return a Job to track progress.

    Required?                   false
    Position?                   named
    Default value               False
```

```
      Accept pipeline input?        False
      Accept wildcard characters?   false
```

這個參數指示 New-AzVM 回傳一個作業。如果我們執行那個 cmdlet，在替虛擬機器輸入「使用者帳號」和「密碼」之後，我們會發現它回傳了一個作業。

```
PS /Users/travisp/> New-AzVm -Name myawesomevm -Image UbuntuLTS -AsJob

cmdlet New-AzVM at command pipeline position 1
Supply values for the following parameters:
Credential
User: azureuser
Password for user azureuser: ***********
Id Name             PSJobTypeName     State     HasMoreData Location  Command
-- ----             -------------     -----     ----------- --------  -------
8  Long Running O... AzureLongRunni... Running   True        localhost New-AzVM
```

這種做法的好處是，你就可以像管理「從 Start-Job 或 Start-ThreadJob 回傳的作業」那樣，管理這些作業。稍後你會看到我們如何管理作業，不過，目前這裡展示的是一個自訂作業可能會出現的例子。請特別留意 -AsJob 參數！

14.7　取得作業結果

在啟動作業之後，你可能要做的事情是先檢查你的作業是否已經完成。Get-Job cmdlet 能取得目前系統定義的所有作業，並顯示每一個作業的狀態：

```
PS /Users/travisp/> get-job
Id Name             PSJobTypeName     State      HasMoreData Location   Command
-- ----             -------------     -----      ----------- --------   -------
1  Job1             BackgroundJob     Completed  True        localhost  gci
3  Job3             BackgroundJob     Completed  True        localhost  gci
5  Job5             ThreadJob         Completed  True        PowerShell gci
8  Job8             BackgroundJob     Completed  True        server-r2, lo...
11 MyRemoteJob      BackgroundJob     Completed  True        server-r2, lo...
13 Long Running O... AzureLongRunni... Running   True        localhost  New-AzVM
```

你還可以利用作業 ID 或名稱來取得特定的作業。我們會建議你使用這種做法，並將結果輸送給 Format-List *，因為這樣可以獲得一些重要的資訊：

```
PS /Users/travisp/> get-job -id 1 | format-list *
State          : Completed
HasMoreData    : True
StatusMessage  :
Location       : localhost
Command        : gci
JobStateInfo   : Completed
Finished       : System.Threading.ManualResetEvent
InstanceId     : e1ddde9e-81e7-4b18-93c4-4c1d2a5c372c
Id             : 1
Name           : Job1
ChildJobs      : {Job2}
PSBeginTime    : 12/12/2019 7:18:58 PM
PSEndTime      : 12/12/2019 7:18:58 PM
PSJobTypeName  : BackgroundJob
Output         : {}
Error          : {}
Progress       : {}
Verbose        : {}
Debug          : {}
Warning        : {}
Information    : {}
```

TRY IT NOW 如果你正跟著步驟操作，請留意你的作業 ID 和名稱可能與我們的不同。重點應放在 Get-Job 的輸出結果上，從中取得你的作業 ID 和名稱，並在範例中替換成它們。同時也請注意，Microsoft 在最近幾個 PowerShell 版本中已經擴充了作業物件，所以你的輸出結果可能會有所不同。

ChildJobs 屬性是最重要的資訊之一，我們會在稍後詳細介紹它。要從作業中取得結果，請使用 Receive-Job。但在你執行這個之前，有幾件事你需要了解：

❑ 你必須指明你想從哪一個作業取得結果。這可以透過作業 ID 或作業名稱來做到這一點，或者也可以直接使用 Get-Job 取得作業，再輸送給 Receive-Job。

❏ 如果你接收到的是「父作業」的結果，那麼這些結果會包括所有「子作業」的輸出結果。另外，你可以選擇從一個或多個子作業中取得結果。

❏ 一般來說，從作業中取得結果，會從作業的輸出快取（job output cache）中移除這些結果，因此你無法再次取得它們。使用 -keep 參數能夠在記憶體中保留結果的副本。或是，如果要留下副本供未來繼續使用的話，你可以把結果輸出成 CLIXML 檔案。

❏ 作業的結果可能是反序列化後的物件，這是你在第 13 章中學過的。這些物件代表它們在被建立時「當下狀態」的快照，可能沒有包含「可執行的方法」。不過，如果有需要的話，你還是可以把這些作業結果直接輸送給像是 Sort-Object、Format-List、Export-CSV、ConvertTo-HTML、Out-File 之類的 cmdlet。

下面有一個範例：

```
PS /Users/travisp/> receive-job -id 1


    Directory: /Users/travisp


Mode                 LastWriteTime         Length Name
----                 -------------         ------ ----
d----         11/24/2019 10:53 PM                 Code
d----         11/18/2019 11:23 PM                 Desktop
d----          9/15/2019  9:12 AM                 Documents
d----          12/8/2019 11:04 AM                 Downloads
d----          9/15/2019  7:07 PM                 Movies
d----          9/15/2019  9:12 AM                 Music
d----          9/15/2019  6:51 PM                 Pictures
d----          9/15/2019  9:12 AM                 Public
```

上面的輸出內容展示了一組有趣的結果。這裡快速回顧一下當初啓動這項作業的命令：

```
PS /Users/travisp/> start-job -scriptblock { gci }
```

當我們從 Job1 收到結果時，並沒有指定 -keep 參數。如果我們嘗試再次取得這些相同的結果，就會得不到任何東西，因爲這些結果已經不存在於該作業的快取當中：

```
PS /Users/travisp/> receive-job -id 1
```

以下是強制把結果留在快取記憶體中的方法：

```
PS /Users/travisp/> receive-job -id 3 -keep

    Directory: /Users/travisp

Mode                 LastWriteTime         Length Name
----                 -------------         ------ ----
d----        11/24/2019   10:53 PM                Code
d----        11/18/2019   11:23 PM                Desktop
d----         9/15/2019    9:12 AM                Documents
d----         12/8/2019  11:04 AM                 Downloads
d----         9/15/2019    7:07 PM                Movies
d----         9/15/2019    9:12 AM                Music
d----         9/15/2019    6:51 PM                Pictures
d----         9/15/2019    9:12 AM                Public
```

最後，你終究會需要釋放被用於快取作業結果的記憶體空間，我們稍後會介紹。但在此之前，讓我們來看看一個把「作業結果」直接輸送給「另一個 cmdlet」的簡單範例：

```
PS /Users/travisp> receive-job -name myremotejob | sort-object PSComputerName
  ➡ | Format-Table -groupby PSComputerName
   PSComputerName: localhost

NPM(K)     PM(M)     WS(M) CPU(s)      Id ProcessName PSComputerName
------     -----     ----- ------      -- ----------- --------------
     0         0     56.92   0.70     484 pwsh        localhost
     0         0    369.20  70.17    1244 Code        localhost
     0         0     71.92   0.20    3492 pwsh        localhost
     0         0    288.96  15.31     476 iTerm2      localhost
```

這是我們使用 Invoke-Command 啟動的那項作業。這個 cmdlet 新增了 PSComputerName 屬性，讓我們能夠追蹤每個物件是來自哪一台電腦。由於我們從最上層的作業取得了結果，其中包含了我們指定的所有電腦，這使得該命令能夠按照電腦名稱進行排序，並且為每台電腦建立一個獨立的表格群組（table group）。同時，Get-Job 可以告訴你哪些作業還有未被取出的結果：

```
PS /Users/travisp> get-job
Id Name           PSJobTypeName    State       HasMoreData Location   Command
-- ----           -------------    -----       ----------- --------   -------
```

```
1  Job1              BackgroundJob    Completed False    localhost  gci
3  Job3              BackgroundJob    Completed True     localhost  gci
5  Job5              ThreadJob        Completed True     PowerShell gci
8  Job8              BackgroundJob    Completed True     server-r2, lo...
11 MyRemoteJob       BackgroundJob    Completed False    server-r2, lo...
13 Long Running O... AzureLongRunni... Running True      localhost  New-AzVM
```

如果一個作業沒有快取任何輸出結果，它的 `HasMoreData` 欄位值便會是 `False`。在這個例子中的 `Job1` 和 `MyRemoteJob`，我們之前已經取出了它們的結果，且當時並沒有指定 `-keep` 參數。

14.8　處理子作業

我們之前有提過，大多數作業都由一個最上層的父作業（top-level parent job）和至少一個子作業組成。讓我們再次查看一個作業：

```
PS /Users/travisp> get-job -id 1 | format-list *
State         : Completed
HasMoreData   : True
StatusMessage :
Location      : localhost
Command       : dir
JobStateInfo  : Completed
Finished      : System.Threading.ManualResetEvent
InstanceId    : e1ddde9e-81e7-4b18-93c4-4c1d2a5c372c
Id            : 1
Name          : Job1
ChildJobs     : {Job2}
PSBeginTime   : 12/27/2019 2:34:25 PM
PSEndTime     : 12/27/2019 2:34:29 PM
PSJobTypeName : BackgroundJob
Output        : {}
Error         : {}
Progress      : {}
Verbose       : {}
Debug         : {}
Warning       : {}
Information   : {}
```

　　你可以看到 Job1 有一個子作業，即 Job2。既然你已經知道它的名稱了，你現在可以直接取得它：

```
PS /Users/travisp> get-job -name job2 | format-list *
State          : Completed
StatusMessage  :
HasMoreData    : True
Location       : localhost
Runspace       : System.Management.Automation.RemoteRunspace
Debugger       : System.Management.Automation.RemotingJobDebugger
IsAsync        : True
Command        : dir
JobStateInfo   : Completed
Finished       : System.Threading.ManualResetEvent
InstanceId     : a21a91e7-549b-4be6-979d-2a896683313c
Id             : 2
Name           : Job2
ChildJobs      : {}
PSBeginTime    : 12/27/2019 2:34:25 PM
PSEndTime      : 12/27/2019 2:34:29 PM
PSJobTypeName  :
Output         : {Applications, Code, Desktop, Documents, Downloads, Movies,
                 ➥ Music...}
Error          : {}
Progress       : {}
Verbose        : {}
Debug          : {}
Warning        : {}
Information    : {}
```

　　有時候一個作業會有很多的子作業，以至於無法使用常規的方式列出來，因此你可能需要以不同的方式列出它們，如下所示：

```
PS /Users/travisp> get-job -id 1 | select-object -expand childjobs
Id Name          PSJobTypeName     State        HasMoreData Location Command
-- ----          -------------     -----        ----------- -------- -------
2  Job2                            Completed    True        localhost gci
```

這種技巧會爲「作業 ID 1」建立一個子作業的表格，該表格會根據所需列出的子作業數量調整長度。你可以使用 Receive-Job 來指定子作業的名稱或 ID，以取得任一子作業的結果。

14.9 管理作業的命令

作業還使用另外三個命令。對於這些命令，你可以透過指定作業的 ID、提供作業的名稱，或是直接取得作業，來選定特定的作業，然後將其輸送給這些 cmdlet 的其中之一：

❏ Remove-Job：這個命令會從記憶體中移除某個作業及其所有快取的輸出結果。

❏ Stop-Job：如果一個作業出現卡住的現象，這個命令可以用來停止它。而你依然可以取得在停止當下已產生的結果。

❏ Wait-Job：如果有一份指令碼要啟動一個或多個作業，而你想要指令碼只有在作業完成時才能往下繼續。這個命令會強制 shell 暫停，直到作業（或多個作業）完成，然後才繼續執行。

例如，要移除我們已經取得輸出結果的作業，我們可以執行下列命令：

```
PS /Users/travisp> get-job | where { -not $_.HasMoreData } | remove-job
PS /Users/travisp> get-job
Id Name               PSJobTypeName     State        HasMoreData Location   Command
-- ----               -------------     -----        ----------- --------   -------
3  Job3               BackgroundJob     Completed    True        localhost  gci
5  Job5               ThreadJob         Completed    True        PowerShell gci
8  Job8               BackgroundJob     Completed    True        server-r2, lo...
13 Long Running O...  AzureLongRunni... Completed    True        localhost  New-AzVM
```

作業有時也可能會失敗，這表示它在執行的過程中發生了一些錯誤。請看看下面這個例子：

```
PS /Users/travisp> invoke-command -command { nothing } -hostname notonline
   -asjob -jobname ThisWillFail
```

```
Id Name                PSJobTypeName    State    HasMoreData   Location Command
-- ----                -------------    -----    -----------   -------- -------
11 ThisWillFail        BackgroundJob    Failed   False         notonline nothing
```

　　這裡，我們啟動了一個帶有假命令的作業，並且指向了一台不存在的電腦。作業立刻就失敗了，這個可以從它的狀態得知。這個時候，我們不必使用 Stop-Job；因為該作業並不是執行中。不過，我們還是可以列出它的子作業：

```
PS /Users/travisp> get-job -id 11 | format-list *
State         : Failed
HasMoreData   : False
StatusMessage :
Location      : notonline
Command       : nothing
JobStateInfo  : Failed
Finished      : System.Threading.ManualResetEvent
InstanceId    : d5f47bf7-53db-458d-8a08-07969305820e
Id            : 11
Name          : ThisWillFail
ChildJobs     : {Job12}
PSBeginTime   : 12/27/2019 2:45:12 PM
PSEndTime     : 12/27/2019 2:45:14 PM
PSJobTypeName : BackgroundJob
Output        : {}
Error         : {}
Progress      : {}
Verbose       : {}
Debug         : {}
Warning       : {}
Information    : {}
```

　　接著，我們可以取得該子作業的資訊：

```
PS /Users/travisp> get-job -name job12

Id Name   PSJobTypeName    State    HasMoreData Location Command
-- ----   -------------    -----    ----------- -------- -------
12 Job12                   Failed   False       notonline nothing
```

　　如你所見，這個作業沒有任何輸出，所以你不會有任何輸出的結果可以取得。但是「作業的錯誤訊息」被記錄在結果裡面，你可以使用 Receive-Job 來取得這些錯誤訊息：

```
PS /Users/travisp> receive-job -name job12
OpenError: [notonline] The background process reported an error with the
➡ following message: The SSH client session has ended with error message:
➡ ssh: Could not resolve hostname notonline: nodename nor servname provided,
➡ or not known.
```

　　完整的錯誤訊息實際上很長；為了節省篇幅，我們在此將它截斷。你會發現，這個錯誤訊息中包含了錯誤來源的主機名稱，即 [notonline]。如果只有一台電腦無法連線，會發生什麼事？我們試試看：

```
PS /Users/travisp> invoke-command -command { nothing }
-computer notonline,server-r2 -asjob -jobname ThisWilLFail
Id Name          PSJobTypeName State   HasMoreData Location     Command
-- ----          ------------- -----   ----------- --------     -------
13 ThisWillFail  BackgroundJob Running True        notonline,lo... nothing
```

　　在等待一段時間後，我們執行以下命令：

```
PS /Users/travisp> get-job 13
Id Name          PSJobTypeName State   HasMoreData Location     Command
-- ----          ------------- -----   ----------- --------     -------
13 ThisWillFail  BackgroundJob Failed  False       notonline,lo... nothing
```

　　這個作業仍然失敗，不過，我們還是來看一下個別的子作業：

```
PS /Users/travisp> get-job -id 13 | select -expand childjobs
Id Name PSJobTypeName  State   HasMoreData Location    Command
-- ---- -------------  -----   ----------- --------    -------
14 Job14               Failed  False       notonline   nothing
15 Job15               Failed  False       localhost   nothing
```

　　好吧，它們全都失敗了。我們大概可以猜到 Job14 為什麼會失敗，但 Job15 又出了什麼問題？

```
PS /Users/travisp> receive-job -name job15
Receive-Job : The term 'nothing' is not recognized as the name of a cmdlet,
function, script file, or operable program. Check the spelling of the name, or
if a path was included, verify that the path is correct and try again.
```

啊，確實沒錯，我們讓它執行了一個假的命令。就像你看到的，每個子作業都可能因為不同的原因而失敗，PowerShell 會個別追蹤每一個子作業的狀態。

14.10 常見的困惑點

作業通常是簡單明瞭的，但我們確實見過有人做出一件讓人困惑的事情。請避免這麼做：

```
PS /Users/travisp> invoke-command -command { Start-Job -scriptblock { dir } }
-hostname Server-R2
```

這麼做會建立一個暫時性的連線，連到 Server-R2，並啟動一個本機作業。不幸的是，該連線會立即中斷，所以你無法重新連線來取得該作業。一般的情況下，請避免混合使用三種啟動作業的方式。以下的做法也是不建議的：

```
PS /Users/travisp> start-job -scriptblock { invoke-command -command { dir }
-hostname SERVER-R2 }
```

這完全是多餘的；只需要保留 Invoke-Command 的部分，並使用 -AsJob 參數讓它在背景執行。

同樣引人好奇但較不容易造成困惑的，是新手經常對作業提出的一些問題。其中最重要的一個問題可能是「我們是否能看到其他人啟動的作業？」答案是「不行」。作業和執行緒作業完全是在 PowerShell 的處理程序裡面，儘管你能看到另一位使用者正在執行 PowerShell，但你無法窺視該處理程序的內部。這就像任何其他的應用程式一樣，例如：你可以看到另一位使用者正在執行 Microsoft Word，但你無法看到該使用者正在編輯哪些文件，因為那些文件完全是在 Word 處理程序的內部。

作業的存續時間只在你 PowerShell 工作階段開啟的期間。一旦關閉了之後，工作階段內定義的任何作業都會消失。由於作業並未定義在 PowerShell 以外的任何地方，所以它們依賴的處理程序要持續運作，它們才能保持運作。

14.11　練習題

　　以下的練習，應該能幫助你理解如何在 PowerShell 中，處理各種類型的作業和任務。當你進行這些練習時，不必勉強自己寫出一行命令的解法。有時候，把問題拆成幾個獨立的步驟會更為簡單。

1　建立一個一次性的執行緒作業，用於在檔案系統上尋找所有的文字檔（*.txt）。任何可能需要花上較長時間執行的任務，都非常適合用作業來完成。

2　現在你知道，在某些伺服器上辨識出所有文字檔是很有幫助的。那麼你要如何在一群遠端電腦上執行與「任務 1」相同的命令呢？

3　你會使用哪一個 cmdlet 來取得作業的結果，以及你該如何把這些結果儲存在作業佇列（job queue）中？

14.12　練習題參考答案

1　`Start-ThreadJob {gci / -recurse -filter '*.txt'}`

2　`Invoke-Command -scriptblock {gci / -recurse -filter *.txt}`
　　`-computername (get-content computers.txt) -asjob`

3　`Receive-Job -id 1 -keep`

　　當然，你會根據情況使用相對應的作業 ID 或是作業名稱。

逐一處理多個物件

PowerShell 的全部重點在於自動化管理，這通常意謂著你需要針對多個目標執行一些任務。你可能是想要啟動多台 VM、上傳資料到多個 Blob 儲存體、修改多個使用者的權限等等。在本章中，你將學習兩種不同的技巧來完成這些和其他針對多個目標的任務，它們分別是：批次處理 cmdlet 和物件列舉（object enumeration）。無論你使用的是哪種作業系統，這些概念和技巧都是相同的。

> **NOTE**　這是一個極其困難的章節，可能會讓你感到挫折。請保持耐心（無論是對自己還是對我們），並相信我們會在本章結尾把所有事情說明清楚。

15.1　首選方式：「批次處理」cmdlet

就像你在前面幾章中所學到的，有很多 PowerShell 的 cmdlet 能夠接受處理整批（batches）或整組（collections）的物件。例如，在第 6 章中，你學到了物件可以從一個 cmdlet 輸送給另一個，就像下面這樣（請不要在任何系統上執行這個命令，除非你真的想找麻煩）：

```
Get-Process | Stop-Process
```

這是使用 cmdlet 進行批次管理的一個例子。在這個例子中，Stop-Process 是專門設計用來從管線接收一個處理程序物件，然後停止它。Set-Service、Start-Process、Move-Item 和 Move-AdObject 等 cmdlet 都能接收一個或多個輸入的物件，然後對這些物件逐個執行任務或進行操作。PowerShell 自己就知道如何處理整批的物件，而且只需透過相對簡單的語法，就可以協助你處理它們。

這些批次處理 cmdlet（batch cmdlet，這只是我們對它們的稱呼，不是官方正式名稱），就是我們執行任務的首選方式。例如，假設我們需要變更多個服務的啟動類型（startup type）：

```
Get-Service BITS,Spooler | Set-Service -startuptype Automatic
```

這種方法的一個潛在缺點，就是「執行操作的 cmdlet」往往不會產生任何輸出結果，來明確表示它們已經完成了任務。你不會從上面的命令中得到任何視覺化的輸出結果，這有時會讓人覺得不安。但這些 cmdlet 通常會有一個 -PassThru 參數，這個參數的作用是指示 cmdlet 輸出它們所接收的輸入物件。比如說，你可以讓 Set-Service 輸出它修改過的服務，這樣你就可以檢查這些服務是否真的已經被修改。以下就是另一個在不同的 cmdlet 中使用 -PassThru 參數的範例：

```
Get-ChildItem .\ | Copy-Item -Destination C:\Drivers -PassThru
```

這個命令會取得目前目錄下的所有項目。這些物件接著被輸送給 Copy-Item，它會將這些項目複製到 C:\Drivers 目錄。由於我們在命令的結尾加上 -PassThru 參數，所以它會在螢幕上顯示所進行的操作。如果沒有這樣做，命令會在完成後直接回到 PowerShell 的提示字元。

> **TRY IT NOW** 請從一個目錄複製幾個檔案或資料夾到另一個目錄。試著使用和不使用 -PassThru 參數，並觀察兩者之間的差別。

15.2 CIM 方式：呼叫方法

在我們開始之前，有兩件事你必須要知道：

❏ Windows 管 理 規 範（Windows Management Instrumentation，WMI） 不 適 用 於 PowerShell 7。你必須使用通用訊息模型（Common Information Model，CIM）命令，其運作方式大致上與 WMI 相同。

❏ 第 15.2 節僅適用於 Windows 的使用者。我們盡力確保本書中的所有操作都是跨平台的。但某些情況下這是不可能的，這一節就是其中一個例子。

不幸的是，我們不一定能找到 cmdlet 來完成我們需要的所有操作，尤其是在處理「可透過 CIM 操作的項目」時，這一點特別明顯。舉個例子，讓我們來看一下 Win32_NetworkAdapterConfiguration 這個 CIM 類別。這個類別用來表示與網路介面卡相關的設定（介面卡可能會有多種設定，但目前我們暫時假定每個介面卡只有一種設定，這在客戶端電腦上很常見）。假設我們的目標是想要在所有電腦中的 Intel 網路介面卡上啟用 DHCP 功能，同時不啟用任何的 RAS 或其他的虛擬介面卡。

> **NOTE**　我們將帶領你經歷一段簡短的故事情境，主要是幫助你體驗一般人是如何使用 PowerShell 的。其中可能會有一些重複的內容，但請耐心跟著我們——這段體驗本身是相當有價值的。

我們的第一步，可能會從試著查詢所需的介面卡設定開始，這樣一來，我們就能夠得到類似下面的輸出結果：

```
DHCPEnabled       : False
IPAddress         : {192.168.10.10, fe80::ec31:bd61:d42b:66f}
DefaultIPGateway  :
DNSDomain         :
ServiceName       : E1G60
Description       : Intel(R) PRO/1000 MT Network Connection
Index             : 7
DHCPEnabled       : True
IPAddress         :
DefaultIPGateway  :
DNSDomain         :
ServiceName       : E1G60
```

```
Description        : Intel(R) PRO/1000 MT Network Connection
Index              : 12
```

　　為了要取得這樣的輸出結果，我們必須查詢相關的 CIM 物件，並篩選出說明中僅包含 Intel 字樣的設定。以下這個命令能做到這一點（請注意，在 WMI 篩選語法中，% 代表萬用字元）：

```
PS C:\> Get-CimInstance -ClassName Win32_NetworkAdapterConfiguration |
-Filter "description like '%intel%'" | Format-List
```

> **TRY IT NOW**　歡迎你按照本節執行的命令進行操作。這些命令可能需要稍作微調才能順利執行。舉例來說，如果你的電腦中沒有任何 Intel 製造的網路介面卡，你需要相應地修改篩選條件。

　　當我們在管線中取得這些設定物件後，我們想要啟用它們的 DHCP（你可以看到我們的其中一個介面卡沒有啟用 DHCP）。我們可能會先試著尋找一個名稱叫做 Enable-DHCP 的 cmdlet。但遺憾的是，我們沒有找到它，因為它根本不存在。目前沒有任何 cmdlet 能直接批次處理 CIM 物件。

> **TRY IT NOW**　依據你目前掌握的知識，你會使用什麼命令來搜尋名稱中含有「DHCP」的 cmdlet？

　　我們的下一步，是看看這個物件本身是否含有啟用 DHCP 的方法。為此，我們執行 Get-CimClass 命令，並展開查看 CimClassMethods 的屬性：

```
PS C:\> (Get-CimClass Win32_NetworkAdapterConfiguration).CimClassMethods
```

　　我們可以看到，在最上面有一個名稱為 EnableDHCP 的方法（圖 15.1）。

```
PS C:\Scripts> (Get-CimClass Win32_NetworkAdapterConfiguration).CimClassMethods

Name                      ReturnType Parameters
----                      ---------- ----------
EnableDHCP                UInt32 {}
RenewDHCPLease            UInt32 {}
RenewDHCPLeaseAll         UInt32 {}
ReleaseDHCPLease          UInt32 {}
ReleaseDHCPLeaseAll       UInt32 {}
EnableStatic              UInt32 {IPAddress, SubnetMask}
SetGateways               UInt32 {DefaultIPGateway, GatewayCostMetric}
EnableDNS                 UInt32 {DNSDomain, DNSDomainSuffixSearchOrder, DNSHostName, DNSServerSearchOrder}
SetDNSDomain              UInt32 {DNSDomain}
SetDNSServerSearchOrder   UInt32 {DNSServerSearchOrder}
```

▌圖 15.1　顯示可用的方法

　　下一步，是許多 PowerShell 的新手會嘗試的步驟，也就是將「設定物件」輸入給這個方法：

```
PS C:\> Get-CimInstance win32_networkadapterconfiguration -filter
"description like '%intel%'" | EnableDHCP
```

　　可惜，這個方法無效。你無法將物件輸送給一個方法；你只能將它們輸送給一個 cmdlet。EnableDHCP 不是一個 PowerShell 的 cmdlet。它其實是直接附加在設定物件上的一個行為。

　　雖然不存在一個名為 Enable-DHCP 的「批次處理」cmdlet，但你仍然可以使用一個叫做 Invoke-CimMethod 的通用 cmdlet。這個 cmdlet 特地用來接收一整批 CIM 物件，如我們的 Win32_NetworkAdapterConfiguration 物件，並呼叫附加在這些物件上的其中一個方法。以下是我們執行的命令：

```
PS C:\> Get-CimInstance -ClassName Win32_NetworkAdapterConfiguration -filter
➥ "description like '%intel%'" | Invoke-CimMethod -MethodName EnableDHCP
```

　　你必須記住幾件事情：

❏ 方法名稱後面不用加上小括號。

❏ 方法名稱不區分大小寫。

❏ Invoke-CimMethod 一次只能接受一種類型的 WMI 物件。在這個例子中，我們只傳送了 Win32_NetworkAdapterConfiguration 物件，所以它會如預期般執行。傳送多個物件是沒有問題的（實際上，這正是它的主要功能），但這些物件必須是相同類型。

❏ 你可以在 Invoke-CimMethod 中使用 -WhatIf 和 -Confirm 參數。但當你是直接從物件中呼叫某個方法時，就不能使用這些參數。

　　Invoke-CimMethod 的輸出結果非常容易理解。它會提供給你兩項資訊：一個是回傳值，另一個是執行該命令的電腦名稱（如果電腦名稱是空白的，這表示是在 localhost 上執行的）。

```
ReturnValue PSComputerName
----------- --------------
        84
```

ReturnValue 的數字告訴我們執行的結果。利用你最喜歡的搜尋引擎查詢 Win32_NetworkAdapterConfiguration，可以迅速找到相關的說明頁面，我們可以點擊進去該頁面，查閱 EnableDHCP 方法可能的回傳值及它的含義。圖 15.2 展示了我們發現的內容。

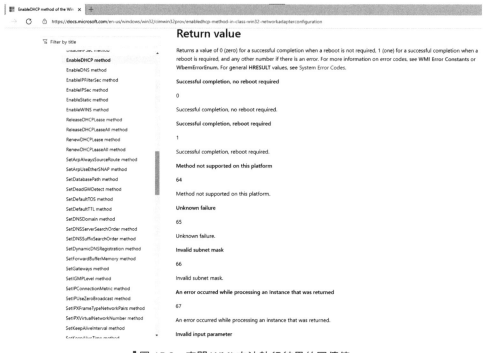

▌圖 15.2　查閱 WMI 方法執行結果的回傳值

回傳值為 0 表示成功，而 84 則表示該網路介面卡設定沒有啓用 IP，所以無法啓用 DHCP。但這些輸出結果各自是對應兩個網路介面卡設定的哪一個呢？這很難判斷，因為輸出結果並沒有告訴你它是哪一個設定物件產生的。很遺憾，但 CIM 的運作方式就是這樣。

在大多數的情況下，當你想要執行 CIM 物件中的方法時，Invoke-CimMethod 都能適用。就算是從遠端電腦查詢 CIM 物件，這個命令也同樣運作得很好。我們的基本規則就是「如果你可以使用 Get-CIMInstance 取得某個物件，那麼 Invoke-CimMethod 就能夠執行它的方法。」

15.3 備用方案：列舉物件

　　不幸的是，在某些情況下，我們只能使用會產生物件的 cmdlet，可是卻找不到合適用來輸送的批次處理 cmdlet，來對這些物件進行一些操作。我們也遇過 cmdlet 不接收來自管線任何輸入的情況。無論是哪種情況，你還是可以完成想要完成的任務，但你將不得不退回到使用更繁瑣的方式，讓電腦列舉（enumerate）物件，然後再一次對一個物件執行你的任務。PowerShell 提供了兩種方法來完成這件事情：一種是使用 cmdlet，另一種是編寫指令碼。在本章中，我們主要專注在第一種方法，因爲它是最簡單的。你應該盡量優先使用 cmdlet，而不是自己嘗試編寫指令碼。我們將第二種方法保留到第 19 章，屆時會再深入探討 PowerShell 內建的指令碼語言。

　　在我們的例子中，因爲本章主要是討論處理程序，所以我們將會專注於探討 cmdlet。讓我們來看看這個語法：

```
Get-Help Get-Process -Full
```

　　這讓我們取得了所有資訊……但請留意一下名爲「Id」的區塊。你會發現有些參數表明它們可以接收從管線的輸入，但在小括號內，它標註是 ByPropertyName。這意謂著如果我們將一個物件輸送給這個 cmdlet，並且該物件有一個叫做 Id 的屬性名稱，那麼這個 cmdlet 就會使用該屬性：

```
-Id <System.Int32[]>
        Specifies one or more processes by process ID (PID). To specify
        ➥ multiple IDs, use commas to separate the IDs.
        To find the PID of a process, type 'Get-Process'.

        Required?                   true
        Position?                   named
        Default value               None
        Accept pipeline input?      True (ByPropertyName)
        Accept wildcard characters? false

    -IncludeUserName <System.Management.Automation.SwitchParameter>
        Indicates that the UserName value of the Process object is returned
        ➥ with results of the command.
```

```
Required?                       true
Position?                       named
Default value                   False
Accept pipeline input?          False
Accept wildcard characters?     false
```

然而，如果我們只想輸送一串字串，這串字串是我們想要建立的處理程序的名稱時，那該怎麼辦？我們無法這樣做，因為 Name 參數並不支援另一種管線輸入方式：ByValue。不妨試一試。讓我們來看一下 New-AzKeyVault 這個命令。我們會把我們的值放入到一個陣列當中，然後把它們輸送給 New-AzKeyVault 命令：

```
@( "vaultInt1", "vaultProd1", "vaultInt2", "vaultProd2" ) | New-AzKeyVault
```

這給了我們以下這一段不太理想的紅色文字提示：

```
New-AzKeyVault: The input object cannot be bound to any parameters for the
➥ command either because the command does not take pipeline input or the
➥ input and its properties do not match any of the parameters that take
➥ pipeline input.
```

讓我們深入了解一下，即使命令無法支援我們嘗試想做的事情，我們還是可以找到方法達成我們的目標。

15.3.1 讓 cmdlet 能完成你想做的事情

此刻，我們必須做出決定。有可能是我們執行命令的方式不正確，因此我們必須決定是否要花費大量的時間去弄清楚。也有可能是 New-AzKeyVault 根本不支援我們想要做的事，如果是這樣的話，我們可能會花很多時間在嘗試修復我們無法掌控的問題。

我們需要產生一份文字檔，裡面列出了我們想要建立的保存庫（vault）名稱。我們的 vaultsToCreate.txt 檔案內容如下：

```
vaultInt1
vaultInt2
vaultProd1
vaultProd2
```

　　在這樣的情況下，我們通常會選擇嘗試不同的方法。我們會指示電腦（準確來說，是 shell）逐一處理每個物件（在我們的例子中，是字串），因為 `New-AzKeyVault` 命令一次只接收一個物件，並在物件上執行 `New-AzKeyVault`。為此，我們使用了 `ForEach-Object` 這個 cmdlet：

```
Get-Content -Path vaultsToCreate.txt | ForEach-Object { New-AzKeyVault
-ResourceGroupName manning -Location 'UK South' -Name $_ }
```

　　對於我們建立的四個資源，我們得到了四個像這樣的結果（這裡只顯示一部分的輸出結果，因為完整的結果可能很長）：

```
Vault Name                        : vaultInt1
Resource Group Name               : manning
Location                          : Australia Central
Resource ID                       :
    /subscriptions/*****/resourceGroups/manning/providers/Microsoft.KeyVault
    ➡ /vaults/vaultInt1
Vault URI                         : https://vaultint1.vault.azure.net/
Tenant ID                         : *********
SKU                               : Standard
Enabled For Deployment?           : False
Enabled For Template Deployment?  : False
Enabled For Disk Encryption?      : False
Soft Delete Enabled?              :
```

　　根據文件，我們得知，若得到這樣的回應，則表示成功，也就是說我們達成了目的。不過，我們來更仔細地研究一下這個命令：

```
Get-Content -Path vaultsToCreate.txt |
 ForEach-Object -Process {
   New-AzKeyVault -ResourceGroupName manning -Location 'UK South' -Name $_
}
```

　　這個命令包含了很多內容。第一行應該很容易理解：我們使用 `Get-Content` 取得我們存放在文字檔內的保存庫名稱。我們將這些字串物件輸送給 `ForEach-Object` 這個 cmdlet：

❑ 首先，你會看到命令名稱：`ForEach-Object`。

❏ 下一步，我們使用 -Process 參數來指定一個指令碼區塊。我們原本沒有輸入 -Process 參數名稱，因爲它是一個位置參數（positional parameter）。但是那個指令碼區塊（即大括號中包含的所有內容）就是 -Process 參數的值。爲了使命令更容易閱讀，我們在重新格式化的時候，特地加上了這個參數名稱。

❏ ForEach-Object 會對每個輸送進 ForEach-Object 的物件執行一次指定的指令碼區塊。每次執行指令碼區塊時，緊接著輸送進來的物件就會被放入「特殊的 $_ 預留位置」，如你所見，這個預留位置的內容會被當作 Name 參數傳入 New-AzKeyVault。

15.4 加快執行速度

在前面的章節中，我們討論了如何利用 PowerShell 的作業來平行執行多個命令，以此來節省時間。爲了更進一步提升這種節省時間的效率，PowerShell 7 爲 ForEach-Object 加入了一個新的參數：-Parallel。透過一個範例是理解它最好的方式，我們將使用眾所周知的 Measure-Command cmdlet，它可以用來測量（measure）各種事物，而我們將用它來測量一個指令碼區塊的執行時間。如下所示：

```
Measure-Command { <# The script we want to time #> }
```

那就動手來試試看吧。首先，使用一般的 ForEach-Object 嘗試一些基本的操作：

```
Get-Content -Path vaultsToCreate.txt | ForEach-Object -Process {
  Write-Output $_
  Start-Sleep 1
}
```

這項操作只會做一件事，那就是印出檔案中的每一行，並且在每一行之間暫停一秒。如果檔案中有五行，你大概能預測它會需要多久才能執行完畢，不過，我們還是用 Measure-Command 測量一下：

```
Measure-Command {
  Get-Content -Path vaultsToCreate.txt |
  ForEach-Object -Process {
    Write-Output $_
    Start-Sleep 1
  }
}
```

當我們執行這個命令時，我們得到以下的輸出結果：

```
Days               : 0
Hours              : 0
Minutes            : 0
Seconds            : 5
Milliseconds       : 244
Ticks              : 52441549
TotalDays          : 6.06962372685185E-05
TotalHours         : 0.00145670969444444
TotalMinutes       : 0.0874025816666667
TotalSeconds       : 5.2441549
TotalMilliseconds  : 5244.1549
```

讓我們特地來看一下 Seconds 的值，它是 5，表示 5 秒。這很合理，對吧？如果我們的檔案中有五行，並且我們一次處理一行，每次暫停 1 秒，那麼我們可以預期這個命令大概會需要 5 秒來執行。

現在讓我們將相同命令中「原本的 Process 參數」換成 Parallel 參數：

```
Measure-Command {
  Get-Content -Path vaultsToCreate.txt |
  ForEach-Object -Parallel {
    Write-Output $_
    Start-Sleep 1
  }
}
```

你猜結果會怎樣？我們執行看看：

```
Days               : 0
Hours              : 0
Minutes            : 0
Seconds            : 1
Milliseconds       : 340
Ticks              : 13405417
TotalDays          : 1.55155289351852E-05
TotalHours         : 0.000372372694444444
TotalMinutes       : 0.0223423616666667
TotalSeconds       : 1.3405417
TotalMilliseconds  : 1340.5417
```

　　只用了 1 秒！這是因爲 `Parallel` 做到了跟它的名稱一樣的事情——它平行執行指令碼區塊，而不是循序執行。我們的檔案內有五個項目，所有項目平行執行，且每個項目會暫停 1 秒，因此整個操作只需大約 1 秒。這對於「長時間執行的任務」或是「有許多小型任務想要批次處理」的情況來說，非常有用。我們甚至可以拿我們現有的例子來使用 `Parallel ForEach`：

```
Get-Content -Path vaultsToCreate.txt |
 ForEach-Object -Parallel {
    New-AzKeyVault -ResourceGroupName manning -Location 'UK South' -Name $_
}
```

　　`Parallel` 是 `ForEach` 上一個非常強大的參數，但它也存在一些限制，你應該要留意。首先，預設情況下，`Parallel ForEach` 最多只會平行執行 5 個指令碼區塊。這被稱爲節流限制（throttle limit），你可以透過 `ThrottleLimit` 參數來進行調整。回到我們之前使用的那個檔案，並確認它總共有 10 行文字。這樣一來，你就會明顯感受到差異：

```
Measure-Command {
    Get-Content -Path vaultsToCreate.txt |
    ForEach-Object -Process {
      Write-Output $_
      Start-Sleep 1
    }
}
```

　　在沒有調整節流限制的情況下，執行時間爲 2 秒：

```
Days              : 0
Hours             : 0
Minutes           : 0
Seconds           : 2
Milliseconds      : 255
Ticks             : 22554472
TotalDays         : 2.6104712962963E-05
TotalHours        : 0.000626513111111111
TotalMinutes      : 0.0375907866666667
TotalSeconds      : 2.2554472
TotalMilliseconds : 2255.4472
```

但是，如果我們將節流限制調整到 10，我們得到的結果是：

```
Measure-Command {
  Get-Content -Path vaultsToCreate.txt |
  ForEach-Object -ThrottleLimit 10 -Process {
    Write-Output $_
    Start-Sleep 1
  }
}
```

這個命令只用了 1 秒就完成了！

```
Days                : 0
Hours               : 0
Minutes             : 0
Seconds             : 1
Milliseconds        : 255
Ticks               : 12553654
TotalDays           : 1.45296921296296E-05
TotalHours          : 0.000348712611111111
TotalMinutes        : 0.0209227566666667
TotalSeconds        : 1.2553654
TotalMilliseconds   : 1255.3654
```

Parallel ForEach 是 PowerShell 非常強大的功能之一。適當地利用它會節省大量時間。

15.5 常見的困惑點

本章中的技巧是 PowerShell 中最困難的部分之一，且經常帶來很大的困惑和挫折。讓我們來看看新手們通常會遇到的一些問題。我們揉供了幾個不同的解釋，這有助於你避免相同的問題。

15.5.1 哪一個方法才是對的？

我們使用「批次處理 cmdlet」或「行為 cmdlet」（action cmdlet）這些術語，來表示那些能一次對「一組或一群物件」進行操作的 cmdlet。不需要讓電腦「逐一檢視清單上的每項事物，並對每項事物進行相同的操作」，你可以將整個群組一次性地傳送給一個 cmdlet，由這個 cmdlet 負責處理。

Microsoft 在替自家產品提供這類型的 cmdlet 方面正在逐漸改善當中，但是目前的涵蓋範圍還未能達到 100%（可能還需要很多年，因為 Microsoft 有許多複雜的產品）。不過，當有一個這類型的 cmdlet 存在時，我們通常會選擇使用它。儘管如此，其他的 PowerShell 開發者可能會根據他們最初學會的和最容易掌握的內容，選擇其他替代的方法，以下的方法全都有相同的結果：

```
Get-Process -name *B* | Stop-Process ❶
Get-Process -name *B* | ForEach-Object { $_.Kill()} ❷
Get-Process -Name *B* | ForEach-Object -Parallel { Stop-Process $_ } ❸
```

❶ 批次處理 cmdlet
❷ 使用 ForEach-Object 呼叫 Kill() 方法
❸ 使用 ForEach-Object 呼叫 Stop-Process

我們來看看每一種方法的運作方式：

❑ 第一種是批次處理 cmdlet。在這裡，我們使用 `Get-Process` 來取得所有名稱中含有 B 的處理程序，然後停止它們。

❑ 第二種是使用 `ForEach-Object` 呼叫 `Kill()` 方法。這種方式與批次處理 cmdlet 類似，但不是使用批次處理 cmdlet，而是將處理程序輸送給 `ForEach-Object`，並指示它執行每個服務的 `Kill()` 方法。

❑ 第三種是使用 `ForEach-Object` 呼叫 `Stop-Process`，並搭配 `-Parallel` 參數。

實際上，還有第四種方法──使用 PowerShell 的指令碼語言來完成同樣的事情。在 PowerShell 中，幾乎任何事情都有許多種解決方式，而且每一種解決方式都是正確的。有些方式比其他方式更容易學習、記憶及重複運用，這就是為什麼我們要專注於我們所使用的技巧，並且按照指定的順序來介紹它們的原因。你應該使用哪一種呢？這並不重要，因為沒有唯一正確的方式。根據當下具體的情況和 shell 對於目前任務所能提供的功能，你可能會混合使用這些方式。

15.5.2 Parallel ForEach 的效益遞減

還記得我們之前的 `Parallel ForEach` 範例嗎？它是這樣的：

```
Measure-Command {
  Get-Content -Path vaultsToCreate.txt |
  ForEach-Object -Parallel {
    Write-Output $_
    Start-Sleep 1
  }
}
```

現在假設 vaultsToCreate.txt 裡面有 100 行。我們是否應該將 `ThrottleLimit` 設為 100，這樣一來，整個操作只需要 1 秒就能完成？讓我們試試看：

```
Measure-Command {
  Get-Content -Path vaultsToCreate.txt |
  ForEach-Object -ThrottleLimit 100 -Parallel {
    Write-Output $_
    Start-Sleep 1
  }
}
```

我們得到的輸出結果是 3 秒。這有些出乎意料：

```
Days              : 0
Hours             : 0
Minutes           : 0
Seconds           : 3
Milliseconds      : 525
Ticks             : 35250040
TotalDays         : 4.07986574074074E-05
TotalHours        : 0.000979167777777778
TotalMinutes      : 0.0587500666666667
TotalSeconds      : 3.525004
TotalMilliseconds : 3525.004
```

為什麼變得這麼慢？事實上，瓶頸在於你的電腦，它能平行執行的任務數量是有限的，一旦超過這個數量就會開始變慢。這跟我們在第 14 章所看到的 `Start-ThreadJob` 是一樣的。單一處理程序只能平行處理有限數量的操作，超過這個數量後，執行速度就會變得比循序執行還要慢。

這是一個有點難以理解的概念，但想像一下，假設你必須同時處理一堆任務，你將不得不在這些任務之間不斷地切換背景狀態，才能同時處理所有的任務。有時候，你會發現，如果你能等到「目前正在處理中的其他任務」完成後，再開始新的任務，可能會更有效率。我們通常稱這種現象為「效益遞減」（diminishing returns），意思是當你試圖平行執行更多任務時，所得到的效益將逐漸減少，而且如果不謹慎的話，可能會對結果產生負面影響。

15.5.3 方法的說明文件

請牢記，將物件輸送給 Get-Member 能揭露物件的方法：

```
Get-Process | Get-Member
```

PowerShell 內建的說明系統並不提供物件方法的說明文件。舉例來說，如果你取得一個處理程序的成員清單，你會看到有叫做 Kill 和 Start 的方法存在：

```
TypeName: System.Diagnostics.Process
Name                       MemberType    Definition
----                       ----------    ----------
BeginErrorReadLine         Method        void BeginErrorReadLine()
BeginOutputReadLine        Method        void BeginOutputReadLine()
CancelErrorRead            Method        void CancelErrorRead()
CancelOutputRead           Method        void CancelOutputRead()
Close                      Method        void Close()
CloseMainWindow            Method        bool CloseMainWindow()
Dispose                    Method        void Dispose(), void
    IDisposable.Dispose()
Equals                     Method        bool Equals(System.Object obj)
GetHashCode                Method        int GetHashCode()
GetLifetimeService         Method        System.Object GetLifetimeService()
GetType                    Method        type GetType()
InitializeLifetimeService  Method        System.Object
    InitializeLifetimeService()
Kill                       Method        void Kill(), void Kill(bool
    entireProcessTree)
```

```
Refresh                    Method          void Refresh()
Start                      Method          bool Start()
ToString                   Method          string ToString()
WaitForExit                Method          void WaitForExit(), bool
    WaitForExit(int milliseconds)
WaitForInputIdle           Method          bool WaitForInputIdle(), bool
➠ WaitForInputIdle(int milliseconds)
```

　要找到這些方法的說明文件，重點在於 TypeName，在這個例子中是 System. Diagnostics.Process。在搜尋引擎中輸入這個完整的類型名稱，通常可以找到該類型的官方開發者文件，這會指引你找到你正在尋找的特定方法的說明文件。

15.5.4 對於 ForEach-Object 感到困惑

　ForEach-Object 這個 cmdlet 使用了大量的標點符號，再加上方法本身的語法，可能會造成命令列變得很混亂。為此，我們收集了一些突破困境的小訣竅：

❏ 盡量使用完整的 cmdlet 名稱，而不是使用它的 % 或 ForEach 別名。完整的名稱比較容易閱讀。如果你正在參考其他人的範例，請記得把所有的別名替換成完整的 cmdlet 名稱。

❏ 包含在大括號內的指令碼區塊，會對「每一個輸送進 cmdlet 的物件」執行一次。

❏ 在指令碼區塊內，$_ 代表管線中目前正在處理的物件。

❏ 單獨使用 $_ 來處理你輸送進來的整個物件；如果需要存取特定方法或屬性，則在 $_ 後面接上英文句號。

❏ 無論是否需要參數，方法名稱後面都要跟著小括號。當方法需要參數時，參數會以逗號分隔並放在小括號內。

15.6 練習題

> **NOTE**　針對這些練習題，你需要一台安裝了 PowerShell 7 以上版本的機器。

　　請嘗試回答下列的問題，並完成指定的任務。這些練習題很重要，因爲它結合了你在前面多個章節所學到的技巧，你應該在繼續閱讀本書剩餘部分的過程中，持續使用並精進這些技巧：

1 在 `DirectoryInfo` 物件（由 `Get-ChildItem` 所產生的）中，哪一個方法可以刪除目錄？

2 在 `Process` 物件（由 `Get-Process` 所產生的）中，哪一個方法可以終止指定的處理程序？

3 假設有多個檔案和目錄名稱中都含有 `deleteme`，請寫出三個不同的命令，用來刪除所有名稱中包含這個詞彙的檔案和目錄。

4 假設你手上有一份電腦名稱的文字清單，但你想要將它們全部顯示爲大寫。你可以使用哪一個 PowerShell 運算式來完成這個任務？

15.7 練習題參考答案

1 用以下的方式尋找方法：

```
Get-ChildItem | Get-Member -MemberType Method
```

你應該會看到一個 `Delete()` 方法。

2 用以下的方式尋找方法：

```
get-process | Get-Member -MemberType Method
```

你應該會看到一個 `Kill()` 方法。你可以透過查閱這個處理程序物件類型的 MSDN 官方文件來確定這一點。不過，你其實不必手動呼叫這個方法，因爲有一個名爲 `Stop-Process` 的 **cmdlet**，它會替你完成這項工作。

3
```
Get-ChildItem *deleteme* | Remove-Item -Recurse -Force
Remove-Item *deleteme* -Recurse -Force
Get-ChildItem *deleteme* | foreach {$_.Delete()}
```

4
```
Get-content computers.txt | foreach {$_.ToUpper()}
```

變數：
存放資料的地方

16

我們之前提過 PowerShell 內含一種指令碼語言，而在接下來的幾個章節中，我們將開始嘗試使用它。不過，當你開始撰寫指令碼時，你可能會想將「物件」儲存為「變數」，以便後續使用，所以我們會在本章先講解這個部分。不僅僅是在又長又複雜的指令碼中，你還可以在其他許多地方使用變數，所以本章也將展示一些實用的使用方式。

16.1　介紹變數

關於變數（variable），一個簡單的思考方式是把它想像成電腦記憶體中一個有名稱的盒子。你可以把任何你想要的內容放入這個盒子裡面：一個電腦名稱、一組服務、一份 XML 文件等等。你只要使用它的名稱就可以存取這個盒子，而在存取它時，你可以把內容放進去，或是從中取出內容。這些內容會留在盒子裡面，讓你可以一次又一次地取用它們。

PowerShell 對變數的使用並沒有太多正式規定。例如，你不需要在使用變數之前明確宣告或聲明你要使用它。你還可以變更「變數內容中的類型或物件」，舉例來說，某一刻你可能在其中有一個處理程序，下一刻你又可以在其中儲存一組電腦名稱的陣列。一個變數甚至可以包含多種不同的內容，比如一組服務和一組處理程序（不過，我們必須承認，在這種情況下，使用變數的內容可能會有些棘手）。

16.2 把資料儲存進變數

在 PowerShell 中的一切——我們的的確確是指所有事物——都被視為是一個物件。即使是簡單的字串，如電腦名稱，也被視為是一個物件。舉個例子，輸送一個字串給 Get-Member（或它的別名 gm），就會顯示該物件為 System.String 類型，並且擁有許多你可以操作的方法（為了節省篇幅，我們會將清單的內容截斷）：

```
PS > "SRV-02" | Get-Member
```

這會給你以下內容：

```
   TypeName: System.String

Name                MemberType   Definition
----                ----------   ----------
Clone               Method       System.Object Clone(), System.O...
CompareTo           Method       int CompareTo(System.Object val...
Contains            Method       bool Contains(string value), bo...
CopyTo              Method       void CopyTo(int sourceIndex, ch...
EndsWith            Method       bool EndsWith(string value), bo...
EnumerateRunes      Method       System.Text.StringRuneEnumerato...
Equals              Method       bool Equals(System.Object obj),...
GetEnumerator       Method       System.CharEnumerator GetEnumer...
GetHashCode         Method       int GetHashCode(), int GetHashC...
GetPinnableReference Method      System.Char&, System.Private.Co...
GetType             Method       type GetType()
```

> **TRY IT NOW** 請在 PowerShell 中執行這個相同的命令，看看你是否能得到一個完整的清單，裡面有 System.String 物件所包含的所有方法，甚至還包括了至少一個屬性。

儘管那個字串就技術上來講是一個物件，但你會發現，大家通常還是傾向於像對待 shell 中其他項目一樣，把它視為是一個簡單的值。這是因為在大多數的情況下，你關注的是字串本身（在上面的例子中即 "SRV-02"），而不太關心從屬性中取得資訊。這與一個處理程序不同，因為一個完整的處理程序物件是一個龐大且抽象的資料結構，而你通常只處理它的單獨屬性，如 VM、PM、Name、CPU、ID 等等。字串雖然也是一個物件，但它的結構遠比處理程序這類的物件簡單得多。

PowerShell 允許你把這些簡單的值儲存在一個變數當中。為此，你需要指定一個變數，並使用等號運算子（即賦值運算子，assignment operator），然後放上你想存入變數的任何內容。以下是一個例子：

```
$var = "SRV-02"
```

> **TRY IT NOW** 請跟著這些範例操作，因為這樣你就能重現我們要展示的結果。而你應該改用你測試用的伺服器名稱，而不是 SRV-02。

需要注意的是，錢字符號（$）並不是變數名稱的一部分。在我們的範例中，變數名稱是 var。錢字符號只是提醒 shell，暗示接下來的內容將是一個變數名稱，而且我們想要存取該變數的內容。在這個例子中，我們正在設定該變數的內容。

讓我們來看看一些關於變數及其名稱的重要事項：

❑ 變數名稱通常包含字母、數字和底線，最常見的就是以一個字母或底線作為開頭。

❑ 變數名稱可以包含空格，但名稱必須用大括號括起來，例如：${My Variable} 表示一個名為 My Variable 的變數。就我們個人而言，是不太贊成使用「含空格的變數名稱」的，因為它們需打更多字，而且閱讀起來更困難。

❑ 變數不會存在於不同的 shell 工作階段。當你關閉 shell 時，你建立的所有變數都會消失。

❑ 變數名稱可以相當長，長到你基本上不需要擔心它們的長度。請盡量選擇有意義的變數名稱。舉例來說，如果你想把一個電腦名稱放入一個變數，使用 computername 作為變數名稱是合適的。如果一個變數要包含一堆處理程序，那麼 processes 就是一個好的變數名稱。

❑ 有些熟悉其他指令碼語言的人，可能會習慣使用「前綴」來指明變數中儲存的內容類型。例如：strComputerName 是一種常見的變數名稱，表示該變數儲存了一個字串（即 str 的部分）。PowerShell 對此沒有硬性規定，但在 PowerShell 社群中，這不再被認為是一種理想的做法。

要取得變數的內容，你需要使用錢字符號，接著加上變數名稱，如下面的例子所示。再次強調，錢字符號是為了告訴 shell 你想要存取某個變數的內容；接在後面的變數名稱告訴 shell 你要存取的是哪一個變數：

```
$var
```

以下是輸出結果：

```
SRV-02
```

你幾乎可以在任何情況下使用一個變數來代替一個值，例如：當你使用 Get-Process ID 時。這個命令通常看起來像這樣：

```
Get-Process -Id 13481
```

以下是輸出結果：

```
NPM(K)  PM(M)  WS(M)  CPU(s)     Id  SI ProcessName
------  -----  -----  ------     --  -- -----------
     0   0.00  86.21    4.12  13481 ...80 pwsh
```

你可以用**變數來替換任何一個值**：

```
$var = "13481"

Get-Process -Id $var
```

這個會給你以下結果：

```
NPM(K)  PM(M)  WS(M)  CPU(s)     Id  SI ProcessName
------  -----  -----  ------     --  -- -----------
     0   0.00  86.21    4.12  13481 ...80 pwsh
```

順便一提，我們知道 var 是一個相當通用（generic）的變數名稱。一般來說，我們會選擇使用 processId，但在這個特殊的情況下，我們打算在幾個不同情境中重複使用 $var，所以我們決定保持它的通用性。不要因為這個例子就阻止你在真實的情況中使用更合適的變數名稱。雖然我們一開始就已經將一個字串放進了 $var，但是，只要我們想要的話，可以隨時改變它：

```
PS > $var = 5
PS > $var | get-member
   TypeName: System.Int32
Name        MemberType Definition
----        ---------- ----------
CompareTo   Method     int CompareTo(System.Object value), int CompareT...
```

```
Equals        Method        bool Equals(System.Object obj), bool Equals(int ...
GetHashCode Method          int GetHashCode()
GetType       Method        type GetType()
GetTypeCode Method          System.TypeCode GetTypeCode()
```

在 上 面 的 範 例 中，我 們 把 一 個 整 數 放 進 了 $var，然 後 我 們 將 $var 輸 送 給
Get-Member。你可以看到 shell 識別出 $var 的內容是 System.Int32，也就是一個 32 位
元的整數。

16.3　使用變數：引號的有趣技巧

由於我們正在討論變數，因此這正是介紹一個實用的 PowerShell 功能的好時機。到目
前為止，我們都建議你使用單引號來把字串括起來。這樣做的原因是 PowerShell 會把放
在單引號中的所有內容視為是字面字串（literal string）。

請參考以下的例子：

```
PS > $var = 'What does $var contain?'
PS > $var
What does $var contain?
```

在這裡你可以看到，在單引號內的 $var 被當作字面字串來處理。但在雙引號中，就不
是這樣的情況了。請看以下的技巧：

```
PS > $computername = 'SRV-02'
PS > $phrase = "The computer name is $computername"
PS > $phrase
The computer name is SRV-02
```

在我們的範例中，我們首先將 SRV-02 儲存在變數 $computername 中。接下來，我們將
"The computer name is $computername" 儲存在變數 $phrase 中。在這個過程中，我
們使用了雙引號。PowerShell 會自動識別出雙引號內的錢字符號，並將識別出來的變數
替換為它們的內容。當我們顯示 $phrase 的內容時，$computername 這個變數就會被替
換為 SRV-02。

這個替換的動作，只會在 shell 初次解析該字串時發生。此刻，$phrase 的內容是 "The computer name is SRV-02"，而不包含 "$computername" 字串。我們可以試著變更 $computername 的內容，來看看 $phrase 是否會自動更新：

```
PS > $computername = 'SERVER1'
PS > $phrase
The computer name is SRV-02
```

正如你所看到的，$phrase 變數的內容並沒有改變。

這個雙引號技巧的另一個要點是 PowerShell 跳脫字元（escape character）的使用。這個字元是反引號（`），在美式鍵盤上，它通常位於左上角的某個鍵，一般就在 Esc 鍵的下方，並且往往與波浪號（~）在同一個按鍵上。問題是，在某些字型中，它幾乎無法與單引號區分。因此，實際上，我們通常會將 shell 的字型設定為 Consolas，因為這樣比使用 Lucida Console 或 Raster 字型更容易區分反引號。

讓我們來看看這個跳脫字元做了什麼。它會消除緊隨其後的字元可能所具有的特殊意義，或是在某些情況下，它會為緊隨其後的字元增加特殊的意義。我們有一個關於前者用法的範例：

```
PS > $computername = 'SRV-02'
PS > $phrase = "`$computername contains $computername"
PS > $phrase
$computername contains SRV-02
```

當我們將字串賦值給 $phrase 時，我們使用了兩次 $computername。第一次時，我們在錢字符號前面加上一個反引號。這樣做，消除了錢字符號作為變數標誌的特殊意義，讓它成為了一個字面上的錢字符號。你可以在上面輸出結果中的最後一行，看到 $computername 被儲存在變數中。第二次時，我們沒有使用反引號，所以 $computername 被替換為該變數的內容。現在，讓我們來看看反引號第二種運用方式的範例：

```
PS > $phrase = "`$computername`ncontains`n$computername"
PS > $phrase
$computername
contains
SRV-02
```

仔細觀察，你會注意到我們在 phrase 中使用了兩次 `n，一次是在第一個 $computername 的後面，另一次是在 contains 的後面。在這個例子中，反引號增加了特殊的意義。通常情況下，n 只是一個字母，但在它的前面加上反引號後，它就變成了返回行首及換行符號（a carriage return and line feed，你可以把 n 理解為 new line，即「新的一行」的意思）。

執行 help about_escape 來取得更多資訊，其中包括特殊的跳脫字元的清單。例如，你可以使用跳脫的 t 來插入一個定位符號（tab），或是使用跳脫的 a 來讓你的電腦發出嗶聲（a 可以理解為 alert，即「警報」的意思）。

16.4　在一個變數中存放多個物件

到目前為止，我們處理的變數都只包含一個單獨的物件，且這些物件都是簡單的值。我們都是直接操作這些物件本身，而非它們的屬性或方法。現在，我們來試著把一堆物件放入到單獨的一個變數中。

要做到這件事的一種方法是使用逗號分隔的序列，因為 PowerShell 會把這樣的序列視為物件的集合：

```
PS > $computers = 'SRV-02','SERVER1','localhost'
PS > $computers
SRV-02
SERVER1
Localhost
```

請注意，在這個例子中，我們謹慎地把逗號放在引號外面。如果我們把它們放在裡面，我們會得到一個包含了逗號和三個電腦名稱的單一物件。按照我們的方法，我們就有了三個不同的物件，它們都是 String 類型。正如你所看到的，當我們檢驗變數中的內容時，PowerShell 會把每個物件分別顯示在獨立的一行中。

16.4.1　處理變數中的單一物件

你可以逐一存取變數中的單一元素。要這麼做，請為你想存取的物件指定一個索引序號（index number），並放在「中括號」中。第一個物件始終位於索引序號 0，第二個則位於索引序號 1，依此類推。你也可以使用索引值 -1 來存取最後一個物件，使用 -2 來存取倒數第二個物件等等。以下是一個範例：

```
PS > $computers[0]
SRV-02
PS > $computers[1]
SERVER1
PS > $computers[-1]
localhost
PS > $computers[-2]
SERVER1
```

　　變數本身有一個屬性，讓你能夠看到其中有多少物件：

```
$computers.count
```

　　這會得到以下結果：

```
3
```

　　你也可以存取變數內物件的屬性和方法，就如同它們是變數本身的屬性和方法一樣。起初，當一個變數只包含單一物件時，這顯而易見：

```
PS > $computername.length
6
PS > $computername.toupper()
SRV-02
PS > $computername.tolower()
srv-02
PS > $computername.replace('02','2020')
SRV-2020
PS > $computername
SRV-02
```

　　在這個範例中，我們使用了本章節早些時候建立的 $computername 變數。你可能還記得，這個變數包含了 System.String 類型的物件，而當你在第 16.2 節中將一個字串輸送給 Get-Member 時，應該已經看到這個類型所有屬性和方法的完整清單了。我們使用了 Length 屬性，以及 ToUpper()、ToLower() 和 Replace() 方法。在所有的情況下，我們都必須在方法名稱後面加上小括號，即便 ToUpper() 和 ToLower() 都不必在小括號內放人任何參數。此外，這些方法都不會改變「變數中的內容」，你可以從最後一行看到這一點。反之，每個方法都是以原始字串爲基礎，按照方法自身的功能，重新建立一個新的字串。

　　如果你想變更「變數中的內容」，該怎麼辦？相當容易，你直接給變數賦予一個新的值就可以了：

```
PS > $computers = "SRV-02"
PS > $computers
SRV-02


PS > $computers = "SRV-03"
PS > $computers
SRV-03
```

16.4.2　處理變數中的多個物件

　　當一個變數中含有多個物件時，操作步驟可能會變得更複雜。即使變數內的每個物件都是相同類型，就像我們的 $computers 變數一樣，你是可以針對所有物件呼叫某一個方法，但這可能不是你想要做的。你想要做的可能是指定變數內「你想要的特定物件」，然後在該特定物件上存取一個屬性或執行一個方法：

```
PS > $computers[0].tolower()
SRV-02
PS > $computers[1].replace('SERVER','CLIENT')
CLIENT1
```

　　再次強調，這些方法產生的是新的字串，而非改變「變數內部的字串」。你可以透過檢驗「變數的內容」來驗證這一點：

```
PS > $computers
SRV-02
SERVER1
Localhost
```

如果你想要變更「變數的內容」，該怎麼辦？你可以給其中一個現有的物件賦予一個新的值：

```
PS > $computers[1] = $computers[1].replace('SERVER','CLIENT')
PS > $computers
SRV-02
CLIENT1
Localhost
```

在這個範例中，你可以看到，我們變更了變數中的第二個物件，而不是產生一個新的字串。

16.4.3 其他處理多個物件的方式

我們想要介紹另外兩種方式，用於處理存放在變數中一堆物件的屬性和方法。前面的範例只在變數內的單一物件上執行方法。如果你想要在變數中的每個物件上都執行 ToLower() 方法，並將結果回存到變數中，你可以這麼做：

```
PS > $computers = $computers | ForEach-Object { $_.ToLower() }
PS > $computers
srv-02
client1
localhost
```

這個範例有些複雜，所以讓我們在圖 16.1 中分解說明。我們從 $computers =開始建立管線，這表示管線的輸出結果將被儲存在該變數中。這些輸出結果將覆蓋變數原本的內容。

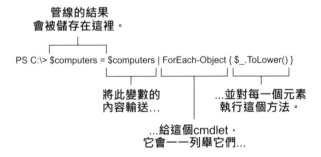

▌圖 16.1　使用 ForEach-Object 對「變數中的每個物件」執行方法

管線是從 `$computers` 被傳送到 `ForEach-Object` 開始。這個 cmdlet 會逐一列舉管線中的每個物件（我們有三個電腦名稱，它們都是字串物件），並對每個物件執行指定的指令碼區塊。在指令碼區塊內，`$_` 預留位置一次只會放入一個輸送進來的物件，我們對每個物件執行 `ToLower()` 方法。由 `ToLower()` 產生的新字串會被放入管線中，並存入 `$computers` 變數。

你可以使用 `Select-Object` 對屬性做類似的操作。這個範例選取了輸送給該 cmdlet 的每個物件的「`Length` 屬性」：

```
$computers | select-object length
```

這樣你會得到

```
Length
------
     6
     7
     9
```

由於這個屬性是數值類型（numeric）的，PowerShell 會把輸出內容靠右對齊。

16.4.4 在 PowerShell 中展開屬性和方法

你可以使用一個內含了多個物件的變數來存取屬性和方法：

```
$processes = Get-Process
$processes.Name
```

底層的運作機制是，在該範例中，PowerShell「發現」你試圖存取一個屬性。它也發現 `$processes` 中的集合沒有 `Name` 屬性，但集合內的每個物件卻有。所以，它隱含地（implicitly）對這些物件進行列舉或展開（unroll），並取得每個 `Name` 屬性。這跟以下的操作是一樣的：

```
Get-Process | ForEach-Object { $_.Name }
```

而這也等同於以下操作：

```
Get-Process | Select-Object -ExpandProperty Name
```

相同的運作原理也適用於方法：

```
$objects = Get-ChildItem ./*.txt -File
$objects.Refresh()
```

16.5 更多使用雙引號的技巧

我們還有另一個你可以在雙引號上使用的酷技巧，它在某種程度上是變數替換的概念延伸。舉個例子，假設你已經把一堆處理程序存入了 $processes 變數。現在你只想把「第一個處理程序的名稱」單獨放進一個字串中：

```
$processes = Get-Process
$firstname = "$processes[0].name"
$firstname
```

這樣的結果是：

```
System.Diagnostics.Process System.Diagnostics.Process
System.Diagnostics.Process System.Diagnostics.Process
System.Diagnostics.Process System.Diagnostics.Process
System.Diagnostics.Process System.Diagnostics.Process
System.Diagnostics.Process System.Diagnostics.Process
System.Diagnostics.Process System.Diagnostics.Process
System.Diagnostics.Process System.Diagnostics.Process
System.Diagnostics.Process System.Diagnostics.Process
System.Diagnostics.Process System.Diagnostics.Process
System.Diagnostics.Process System.Diagnostics.Process
System.Diagnostics.Process System.Diagnostics.Process
System.Diagnostics.Process System.Diagnostics.Process
System.Diagnostics.Process System.Diagnostics.Process
System.Diagnostics.Process System.Diagnostics.Process
System.Diagnostics.Process System.Diagnostics.Process
System.Diagnostics.Process System.Diagnostics.Process
System.Diagnostics.Process System.Diagnostics.Process
System.Diagnostics.Process System.Diagnostics.Process
System.Diagnostics.Process System.Diagnostics.Process[0].name
```

　　呃，出了點問題。範例中，緊接在 $processes 後面的 [按理說不是變數名稱的合法字元，這會使得 PowerShell 嘗試替換掉 $processes。這樣一來，你的字串裡就被塞滿了每個處理程序的類型名稱。至於 [0].name 的部分根本沒被替換掉。解決方法是把這些全部放入一個運算式中：

```
$processes = Get-Process | where-object {$_.Name}
$firstname = "The first name is $($processes[0].name)"
$firstname
```

這樣的結果是

```
The first name is AccountProfileR
```

　　$() 中的所有內容都會被視為「一個正常的 PowerShell 命令」來執行，其結果會被放進字串中，替換掉原本在那裡的任何內容。再次提醒，這僅在雙引號中有效。這種 $() 的結構被稱為子運算式（subexpression）。

　　PowerShell 中還有另一個酷技巧。有時候，你可能會想把更複雜的內容放進一個變數，然後在引號中顯示該變數的內容。在 PowerShell 中，shell 很聰明，即使你指向的是單一屬性或方法，它仍然能夠列舉出集合中的所有物件，前提是集合中的所有物件要是相同的類型。例如，我們將取得一個處理程序的清單，並存入 $processes 變數，然後只在雙引號內插入這些處理程序的名稱：

```
$processes = Get-Process | where-object {$_.Name}
$var = "Process names are $processes.name"
$var
```

這樣的結果是

```
Process names are System.Diagnostics.Process (AccountProfileR)
    System.Diagnostics.Process (accountsd) System.Diagnostics.Process
    (adprivacyd) System.Diagnostics.Process (AdvertisingExte)
    System.Diagnostics.Process (AirPlayUIAgent) System.Diagnostics.Process
    (akd) System.Diagnostics.Process (AMPArtworkAgent)
    System.Diagnostics.Process (AMPDeviceDiscov) System.Diagnostics.Process
    (AMPLibraryAgent) System.Diagnostics.Process (amsaccountsd)
    System.Diagnostics.Process (APFSUserAgent) System.Diagnostics.Process
    (AppleSpell) System.Diagnostics.Process (AppSSOAgent)
    System.Diagnostics.Process (appstoreagent) System.Diagnostics.Process
```

```
(askpermissiond) System.Diagnostics.Process (AssetCacheLocat)
System.Diagnostics.Process (assistantd) System.Diagnostics.Process (atsd)
System.Diagnostics.Process (AudioComponentR) System.Diagnostics.Process
(backgroundtaskm) System.Diagnostics.Process (bird)
```

　　為了節省篇幅，我們截斷了上面的輸出結果，但我們希望你能明白這個概念。當然，這可能並非你真正要的輸出結果，但結合「這個技巧」和我們在這一節前面介紹的「子運算式技巧」，你應該能得到完全符合你需求的結果。

16.6　宣告變數的類型

　　到目前為止，我們都是把物件放入變數中，並交由 PowerShell 判斷我們所使用的物件類型。PowerShell 不會在乎你放入盒子的物件是什麼類型。但你可能會在意。

　　例如，假設你有一個變數，你預期它含有一個數字。你打算用這個數字進行一些算術運算，且你會要求使用者輸入這個數字。讓我們來看一個你可以直接在命令列中輸入的範例：

```
PS > $number = Read-Host "Enter a number"
Enter a number: 100
PS > $number = $number * 10
PS > $number
100100100100100100100100100100
```

> **TRY IT NOW**　我們還沒有向你介紹過 Read-Host，我們打算在下一章介紹它，但如果你跟著這個範例操作，它的運作方式應該很容易理解。

　　天哪，怎麼回事？100 乘以 10 怎麼會是 100100100100100100100100100100 ？這是哪門子新的數學？

　　如果你觀察得夠仔細，你可能已經注意到發生了什麼事。PowerShell 沒有將我們的輸入當作「數字」處理；它將其視為「字串」。PowerShell 沒有將 100 乘以 10，而是將字串「100」複製了 10 次。所以，結果就是字串 100 連續出現了 10 次。真糟糕。

我們可以驗證一下，shell 確實將輸入視爲字串：

```
PS > $number = Read-Host "Enter a number"
Enter a number: 100
PS > $number | Get-Member
   TypeName: System.String
Name            MemberType          Definition
----            ----------          ----------
Clone           Method              System.Object Clone()
CompareTo       Method              int CompareTo(System.Object valu...
Contains        Method              bool Contains(string value)
```

沒錯，把 $number 輸送給 Get-Member 後，確認 shell 把它看作是 System.String，而不是 System.Int32。有幾種方式可以解決這個問題，我們將介紹最簡單的一種。

首先我們要告訴 shell，$number 變數應該含有一個整數，這會促使 shell 嘗試把任何的輸入轉換爲眞實的數字。在下面的範例中，我們在變數第一次使用之前，立即透過在「中括號」內指定想要的資料類型，即 int，來做到這件事：

```
PS > [int]$number = Read-Host "Enter a number" ❶
Enter a number: 100
PS > $number | Get-Member
   TypeName: System.Int32 ❷
Name         MemberType Definition
----         ---------- ----------
CompareTo    Method     int CompareTo(System.Object value), int CompareT...
Equals       Method     bool Equals(System.Object obj), bool Equals(int ...
GetHashCode  Method     int GetHashCode()
GetType      Method     type GetType()
GetTypeCode  Method     System.TypeCode GetTypeCode()
ToString     Method     string ToString(), string ToString(string format...
PS > $number = $number * 10
PS > $number
1000 ❸
```

❶ 強制將變數轉換爲 [int]
❷ 確認該變數爲 Int32
❸ 變數被當作數字處理

在這個範例中，我們使用 `[int]` 來強制讓 `$number` 只能包含整數。在輸入資料後，我們把 `$number` 輸送給 `Get-Member`，確認它確實是一個整數，而不是字串。最終，你可以看到該變數被當作「數字」處理，並進行了乘法運算。

使用這種方式的另一個好處是，如果 shell 無法把輸入的資料轉換為數字，它就會拋出錯誤，因為 `$number` 只能儲存整數：

```
PS > [int]$number = Read-Host "Enter a number"
Enter a number: Hello
MetadataError: Cannot convert value "Hello" to type "System.Int32". Error:
➡ "Input string was not in a correct format."
```

這是一個很好的範例，展示了如何避免日後可能會遇到的問題，因為你可以確定 `$number` 會包含你要的特定資料類型。

可以選擇許多其他的物件類型來替換 `[int]`，下列清單包含了一些你最常使用的類型：

❏ `[int]`：整數

❏ `[single]` 和 `[double]`：單精度（single-precision）和雙精度（double-precision）浮點數（帶小數點的數字）

❏ `[string]`：字串

❏ `[char]`：單一字元（如 `[char]$c = 'X'`）

❏ `[xml]`：一份 XML 文件；你賦予至此的任何字串都會被解析，以確保它包含有效的 XML 標記（如 `[xml]$doc = Get-Content MyXML.xml`）

在更複雜的指令碼中，會遇到一些麻煩的邏輯錯誤，而為變數指定一個物件類型（object type），是預防這些錯誤的絕佳方法。如以下範例所展示的，在你指定了物件類型後，PowerShell 會堅持這個設定，直到你明確地重新指定變數的類型：

```
PS > [int]$x = 5 ❶
PS > $x = 'Hello' ❷
MetadataError: Cannot convert value "Hello" to type "System.Int32".
➡ Error: "Input string was not in a correct format."
PS > [string]$x = 'Hello' ❸
PS > $x | Get-Member
    TypeName: System.String ❹

Name            MemberType      Definition
----            ----------      ----------
```

```
Clone            Method            System.Object Clone()
CompareTo        Method            int CompareTo(System.Object valu...
```

❶ 宣告 $x 為一個整數
❷ 將字串放入 $x 導致錯誤產生
❸ 重新將 $x 指定為字串類型
❹ 確認 $x 的新類型

　　你可以看到，我們一開始是把 $x 宣告為整數類型，並放入一個整數。當我們試圖放入一個字串時，PowerShell 因無法將該特定字串轉換為數字而拋出錯誤。後來，我們又把 $x 重新指定為字串類型，這樣就能放入字串了。我們透過將變數輸送給 Get-Member 並檢查其類型名稱，來確認這個變更。

16.7　用於處理變數的命令

　　此刻，我們已經開始使用變數了，不過我們卻不用明確地宣告這個意圖。那是因為 PowerShell 並沒有要求事先宣告變數，而且你也無法強制對它進行宣告。（有些人可能正在尋找類似 Option Explicit 的功能，但最終會感到失望；PowerShell 是有一個叫做 Set-StrictMode 的功能，但它與前者並不完全相同。）不過，shell 有提供下列用來處理變數的命令：

❏ New-Variable

❏ Set-Variable

❏ Remove-Variable

❏ Get-Variable

❏ Clear-Variable

　　你不需要用到這些命令當中的任何一個，除了 Remove-Variable 可能會用到之外，它可以用來永久刪除一個變數（你也可以在 VARIABLE: 磁碟機中使用 Remove-Item 命令來刪除一個變數）。而其他的每一個命令，你還是可以用它們來建立新變數、讀取變數、設定變數──依照需求搭配我們目前使用過的語法即可。在大部分的情況下，使用這些 cmdlet 其實並沒有特別的好處，因為在指令碼執行之前，你早就被迫要先將變數賦值。而且對於像是 Visual Studio Code 這樣有自動完成的工具來說，可能會造成一些問題。如果你使用的是正規的賦值運算子（normal assignment operator），這些問題就會得到更準確的處理，因為 PowerShell 能夠分析你的指令碼，並預測變數值的資料型態。

如果你決定要使用這些 cmdlet，你需要將變數名稱提供給 cmdlet 的 -name 參數。注意，這裡指的是只有變數名稱，不包括錢字符號。有一個時機點是你有可能會想要使用這些 cmdlet 中的某一個，就是在處理所謂的「作用域外變數」（out-of-scope variable）的時候。胡亂地使用「作用域外變數」是糟糕的做法，我們在本書中不會詳細討論它們（或更多作用域的內容），但是你可以在 shell 中執行 help about_scope 來取得更多資訊。

16.8 變數的最佳實踐

我們在這之前已經講過下列這些實踐的大部分，不過現在是一個快速回顧它們的好時機：

❏ 保持變數名稱簡潔又具有意義。$computername 是一個很好的變數名稱，因為它既明確又簡潔，反觀 $c 就不太理想，因為它所代表的內容並不清楚。但對我們而言，$computer_to_query_for_data 這樣的變數名稱又太過冗長。當然，它具有明確的意義，可是你真的會願意一遍又一遍地輸入它嗎？

❏ 避免在變數名稱中使用空格。我們知道可以這麼做，但這樣的語法看起來不美觀。

❏ 如果一個變數裡只含有單一類型的物件，那麼建議你在第一次使用時就宣告它的類型。這樣做有助於避免讓人困惑的邏輯錯誤。假設你正在使用專業的指令碼開發環境（如 Visual Studio Code），如果你告訴編輯器軟體一個變數含有哪種類型的物件，那麼該軟體就能提供有效的程式碼提示功能（code-hinting features）。

16.9 常見的困惑點

我們發現，新同學最容易困惑的一點是變數名稱。我們希望本章的說明提供了詳細的解釋，但重要的是，請記得錢字符號不屬於變數名稱的一部分。它是對 shell 的一種提示，表示你想要存取變數的內容；錢字符號後面跟著的才是變數的名稱。在識別變數名稱時，shell 有兩個解析規則：

❑ 如果錢字符號後面緊接著的是字母、數字或底線，那麼變數名稱由緊接在錢字符號後面的所有字元組成，直到下一個空格位置爲止（除了空格之外，還有可能是定位符號或換行）。

❑ 如果錢字符號後面緊接著的是左大括號 ﹛，那麼變數名稱由該左大括號之後的所有內容組成，直到但不包含右大括號 ﹜爲止。

16.10　練習題

1 建立一個背景作業，從兩台電腦（如果你只有一台電腦可以用來實驗，可以重複使用 localhost 兩次）取得所有 pwsh 開頭的處理程序。

2 當作業執行完畢後，將「接收到的結果」存入一個變數中。

3 顯示該變數的內容。

4 將該變數的內容匯出成 CLIXML 檔案。

5 取得你本機目前執行的所有服務清單，並將其存入一個變數 $processes 中。

6 將 $processes 替換爲只保留背景智慧型傳送服務（BITS）和列印多工緩衝處理器服務（print spooler service）的內容。

7 顯示 $processes 的內容。

8 將 $processes 的內容匯出成 CSV 檔案。

16.11　練習題參考答案

1 `Invoke-Command {Get-Process pwsh} -computername localhost,$env:computername -asjob`

2 `$results = Receive-Job 4 -Keep`

3 `$results`

4 `$results | Export-CliXml processes.xml`

5 `$processes = get-service`

6 `$processes = get-service -name bits,spooler`

```
7 $processes

8 $processes | export-csv -path c:\services.csv
```

16.12 深入探索

　　請花幾分鐘時間快速回顧本書前幾章的內容。有鑑於變數的主要設計目的是儲存那些你可能會重複使用的內容，你是否能從前幾章的主題中找出變數的運用場景？

　　例如，在第 13 章中，你學到了如何建立與遠端電腦的連線。在那一章中，你基本上是一氣呵成地建立、使用並中斷連線。如果能在建立連線之後，將其儲存在一個變數中，並在幾個命令中使用，這是不是更加實用？這只是變數可以發揮作用的其中一個例子（我們會在第 20 章介紹如何做到這一點）。試試看你是否能找出更多類似的範例。

輸入與輸出

到目前爲止，在本書中，我們主要是依靠 PowerShell 自身的功能來產生表格和清單的輸出結果。當你開始將多個命令組合成更複雜的指令碼時，也許會想要對顯示的結果有更精細的控制。你還可能需要提示使用者輸入些什麼。在本章中，你將學習如何收集這些輸入，以及如何顯示你想要的任何輸出效果。

然而，我們要強調，本章的內容僅適用於與人類的視覺和觸覺進行互動的指令碼。對於自動執行且無需人工干預（unattended）的指令碼而言，這些技巧並不適合，因爲不會有人在場與之互動。

17.1 提示和顯示資訊

PowerShell 顯示和提示資訊的方式，取決於它的執行方式。明白講，PowerShell 是一種建立在底層的核心引擎。

你與之互動的被稱爲「主機應用程式」（host application）。當你在終端應用程式中執行 PowerShell 可執行檔案時，看到的命令列主控台，通常被稱爲「主控台主機」（console host）。另一個常見的主機被稱爲「整合式主機」（integrated host），它以 Visual Studio Code 的 PowerShell 擴充套件所提供的 PowerShell Integrated Console 來呈現。也有其他非 Microsoft 的應用程式能託管 shell 的引擎。簡而言之，你作爲使用者，與「主機應用程式」進行互動，然後它再將你的命令傳遞給引擎。隨後，「主機應用程式」負責顯示引擎所產生的結果。

> **NOTE** 另一個廣為人知的主機是在 Azure Functions 的 PowerShell 執行器之中。Azure Functions 是 Microsoft Azure 提供的無伺服器（serverless）服務，它是一個專業術語，指的是一種能讓你在「雲端」中執行任何 PowerShell 指令碼的服務，而無需管理執行指令碼的底層環境（underlying environment）。這個主機很有趣：因為它是在無人值守（unattended）的情況下執行的，所以這種主機沒有像「主控台主機」或「整合式主機」那樣的互動元素。

　　圖 17.1 展示了引擎與各種主機應用程式之間的關係。實際負責顯示引擎所產生的任何輸出，以及收集傳給引擎的任何輸入的，是圖中的每一種主機應用程式。這意謂著 PowerShell 可以透過不同的方式顯示輸出和處理輸入。

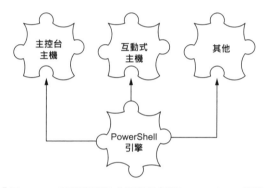

▍圖 17.1　多種應用程式都能夠託管 PowerShell 引擎

　　我們希望能指出這些差異，因為它們有時會讓新手感到困惑。為什麼一個命令在命令列視窗是一種行為，而在像是 Azure Functions 中的行為卻全然不同呢？這是因為主機應用程式決定了你與 shell 互動的方式，而不是 PowerShell 引擎。我們接下來要介紹的命令，在不同的執行環境中，會有些許不同的表現。

17.2　Read-Host

　　PowerShell 的 `Read-Host` cmdlet 的主要功能是顯示文字提示（text prompt），然後從使用者那裡收集文字輸入。你可能會覺得這個命令的語法似曾相識，因為在上一章中，你已經看過我們首次使用它：

```
PS C:\> read-host "Enter a computer name"
Enter a computer name: SERVER-UBUNTU
SERVER-UBUNTU
```

這個範例強調了該 cmdlet 兩個重要的事實：

❑ 文字行的結尾會附加一個冒號。

❑ 使用者輸入的任何內容，都會作爲該命令的結果回傳（嚴格來說，這些內容會被放入
管線中，這部分我們稍後再進一步說明）。

你經常會把「獲得的輸入」存入到一個變數中，如下所示：

```
PS C:\> $computername = read-host "Enter a computer name"
Enter a computer name: SERVER-UBUNTU
```

> **TRY IT NOW**　是時候開始跟著實際操作了。此時，你在 $computername 變數中，應該已有一
> 個有效的電腦名稱。請不要使用 SERVER-UBUNTU 這個名稱，除非它剛好是你所使用的電腦名
> 稱。

17.3　Write-Host

現在，既然你可以收集輸入的資料了，那麼你可能會希望有一種方式來顯示輸出。
Write-Host 這個 cmdlet 便是一種方式。雖然它不一定是最好的方式，但它是你可使用的
工具之一，了解它的運作原理很重要。

如圖 17.2 所示，Write-Host 就像其他的 cmdlet 一樣在管線中執行，但它不會將任何
內容放入管線裡。它實際上做了兩件事情：寫入一筆記錄到「資訊流」（information
stream）中（別擔心，這部分我們稍後會進一步說明！），並且直接寫入到主機應用程式
的畫面上。

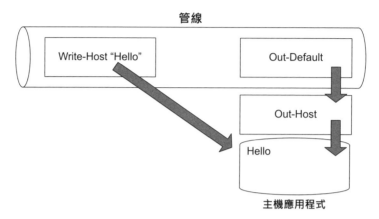

圖 17.2　Write-Host 繞過管線，直接寫入到主機應用程式的顯示介面

現在，因為 `Write-Host` 直接寫入到主機應用程式，所以它能夠利用 `-ForegroundColor` 和 `-BackgroundColor` 這兩個命令列參數來調整前景顏色和背景顏色。你可以執行 `get-help -command write-host` 命令，來查詢所有可用的顏色選項。

> **TRY IT NOW**　請執行 `Get-Help Write-Host`，看看有哪些可用於 `ForegroundColor` 和 `BackgroundColor` 參數的顏色？知道有哪些顏色可用之後，我們就來點樂趣吧。

```
PS C:\> write-host "COLORFUL!" -Foreground yellow -BackgroundColor magenta
COLORFUL!
```

> **TRY IT NOW**　你會想要親自執行這個命令，來親眼看看那些色彩豐富的輸出結果。

> **NOTE**　不是所有能夠託管 PowerShell 的應用程式都支援改變文字顏色，而且也不是所有應用程式都支援一整套完整的顏色。當你試圖在這樣的應用程式中設定顏色時，它們通常會忽略掉那些它們不支援或無法顯示的顏色。這也是我們盡量避免使用特殊顏色的原因之一。

`Write-Host` 命令之所以名聲不佳，是因為在早期版本的 PowerShell 中，它幾乎沒有太大的作用。它只是作為一種機制，用來透過主控台向使用者顯示資訊，而且不會干擾任何的資料流（是的，我們知道，我們一直在討論這些讓人感到煩惱的東西，我們保證，我們會詳細說明這些事物）。但是從 PowerShell 5 開始，`Write-Host` 命令被重新設計了。現在它是 `Write-Information` 命令的包裝器（wrapper），為的是能夠向下相容（backward compatible）。它依舊會將文字輸出到你的螢幕上，但也會將你的文字放入資訊流中，這樣你之後就可以使用。不過，`Write-Host` 仍存在一定的限制，可能不是一個適合所有任務的 cmdlet。

比如說，你永遠不應該使用 `Write-Host` 來手動格式化表格。你可以找到更好的方式來產生輸出結果，例如，使用能夠讓 PowerShell 自行處理格式化的技巧。我們不會在本書中深入探討這些技巧，因為它們多是屬於高難度的指令碼編寫及工具開發的領域。不過，你可以參考 Don Jones 和 Jeffery Hicks 合著的《*Learn PowerShell Scripting in a Month of Lunches*》（Manning 出版，2017 年），來全面了解這些輸出結果的技巧。

`Write-Host` 也不是產生錯誤訊息、警告、除錯訊息等等的最佳方式，再次強調，你可以找到更專門的方法來做這些事情，而我們將在本章中介紹這些方法。你唯一真正需要使用 `Write-Host` 的時候，是你想在螢幕上顯示「色彩豐富的訊息」的時候。

NOTE　我們經常看到有人使用 `Write-Host` 來顯示一些我們稱之為「溫暖又親切」（warm and fuzzy）的訊息，比如說，「Now connecting to SERVER2」（現在正在連線到 SERVER2），或是「Testing for folder」（正在測試資料夾）。我們建議你改用 `Write-Verbose` 來處理訊息。我們會這樣建議的原因是，輸出結果會改傳送到「詳細資訊流」（verbose stream，它可以被隱藏），而不是「資訊流」。

追求卓越

我們會在第 20 章更深入地探討 `Write-Verbose` 和其他 `Write` 類型的 cmdlet。但如果你現在想嘗試使用 `Write-Verbose`，你可能會失望地發現，它並不會產生出任何輸出結果。嗯，至少預設是這樣的。

如果你打算使用 `Write` 類型的 cmdlet，訣竅就是你要先啟用它們。例如，設定 `$VerbosePreference="Continue"` 可以啟用 `Write-Verbose`，而設定 `$VerbosePreference="SilentlyContinue"` 可以隱藏輸出結果。你會發現，`Write-Debug`（`$DebugPreference`）和 `Write-Warning`（`$WarningPreference`）也有類似的「偏好設定」（preference）變數。

第 20 章會介紹更酷的 `Write-Verbose` 使用方式。

> 使用 Write-Host 看似更為簡單，若是你選擇這樣做，也無妨。然而，請記住，使用其他的 cmdlet，像是 Write-Verbose，你才會更加符合 PowerShell 本身的模式，這會帶來更加一致 的使用體驗。

17.4 Write-Output

不同於 Write-Host，Write-Output 可以將物件傳送進管線。因為它不是直接寫入到 顯示器上，因此它無法讓你指定不同的顏色或其他任何設定。事實上，Write-Output（或 它的別名 Write）本質上不是用來顯示輸出結果的。正如我們所說的，它將物件傳送進管 線——最終是管線自己要負責顯示這些物件。圖 17.3 展示了運作的流程。

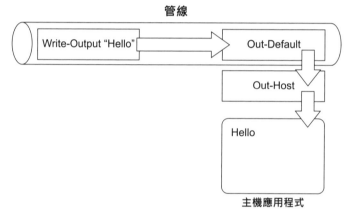

▌圖 17.3　Write-Output 把物件放入管線中，而在某些情況下，這些物件最終會被顯示出來

請參考第 11 章，快速回顧物件如何從管線送到螢幕上。讓我們來看看這個基本流程：

1　Write-Output 將字串物件 Hello 放進管線中。

2　由於管線中沒有其他東西，所以 Hello 便會傳送到管線的最末端，Out-Default 始終 會在那裡等著。

3　Out-Default 接著將物件傳遞到 Out-Host。

4　Out-Host 要求 PowerShell 的格式化系統對該物件進行格式化。由於在這個範例中，它 是一個簡單的字串，因此格式化系統便回傳字串的文字內容。

5 `Out-Host` 將格式化後的結果呈現在螢幕上。

結果與你使用 `Write-Host` 時類似，但物件達成目的的路徑不同。這個路徑（path）很重要，因為管線中可以包含其他內容。例如，請想想下列的命令（歡迎你嘗試看看）：

```
PS C:\> write-output "Hello" | where-object { $_.length -gt 10 }
```

你不會從這個命令中得到任何輸出結果，圖 17.4 說明了原因。`Hello` 被放進管線中。但在它抵達 `Out-Default` 之前，必須經過 `Where-Object` 的篩選，它會篩選掉所有 `Length` 屬性小於或等於 10 的內容，這包括了我們的 `Hello`。我們的 `Hello` 在管線中被丟棄了，由於管線中沒有其他內容可以傳遞給 `Out-Default`，自然也就沒有內容可以傳遞給 `Out-Host`，於是便沒有任何內容可以顯示。將上面的命令與下面的命令進行比較：

```
PS C:\> write-host "Hello" | where-object { $_.length -gt 10 }
Hello
```

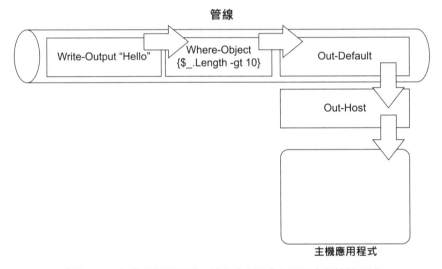

▎圖 17.4　把物件放進管線，就表示它們會在顯示之前被篩選掉

我們所做的只是把 `Write-Output` 替換為 `Write-Host`。這一次，`Hello` 直接顯示在螢幕上，而不是進入管線。由於 `Where-Object` 沒有接收到任何輸入的內容，自然不會產生任何輸出結果，因此 `Out-Default` 和 `Out-Host` 也不會顯示任何內容。但因為 `Hello` 直接被寫入到螢幕上，我們還是能看到它。

Write-Output 可能看起來很新，但實際上你一直都在使用它。它是 shell 的預設 cmdlet。當你指示 shell 去執行一些非命令類的事情時，shell 會在背後把你輸入的內容傳遞給 Write-Output。

17.5　其他的寫入方式

PowerShell 還有一些其他產生輸出結果的方式。這些方式不會像 Write-Output 那樣寫入管線；它們的運作原理更接近 Write-Host。但是，這些方式產生的輸出結果都可以被隱藏（suppressed）。

shell 針對這些替代的輸出方式內建了設定變數（configuration variable）。當設定變數被設為 Continue 時，後續我們所展示出來的命令就確實能夠產生輸出結果。當設定變數被設為 SilentlyContinue 時，相關的輸出命令便不會產生任何內容。表 17.1 列出了這些 cmdlet 的清單。

▌表 17.1　替代的輸出 cmdlet

Cmdlet	用途	設定變數
Write-Warning	顯示警告文字，預設為黃色，並在開頭顯示 WARNING: 標籤	$WarningPreference (Continue by default)
Write-Verbose	顯示額外的資訊文字，預設為黃色，並在開頭顯示 VERBOSE: 標籤	$VerbosePreference (SilentlyContinue by default)
Write-Debug	顯示偵錯文字，預設為黃色，並在開頭顯示 DEBUG: 標籤	$DebugPreference (SilentlyContinue by default)
Write-Error	產生錯誤訊息	$ErrorActionPreference (Continue by default)
Write-Information	顯示資訊文字，並允許結構化資料寫入資訊流	$InformationPreference (SilentlyContinue by default)

> **NOTE**　Write-Host 在底層使用 Write-Information，這表示 Write-Host 的訊息除了被傳送到主機應用程式之外，還會被傳送進資訊流。這讓我們能夠多加利用 Write-Host，包括透過 $InformationPreference 控制其行為，以及利用一些 PowerShell 流（stream）進行其他操作。

Write-Error 的運作方式略有不同，因爲它是把錯誤訊息寫入到 PowerShell 的錯誤流（error stream）中。PowerShell 還有一個 Write-Progress cmdlet，它可以顯示進度條（progress bar），但它的運作機制完全不同。你可以隨時閱讀它的說明文件來獲得更多資訊和範例；本書不會介紹它。

要使用這些 cmdlet 中的任何一個，首先要確保其相關的設定變數已被設爲 Continue。（如果設定爲 SilentlyContinue，這也是其中幾個 cmdlet 的預設設定，你將完全看不到任何輸出結果。）然後，你可以使用該 cmdlet 輸出一個訊息。

> **NOTE**　一些 PowerShell 主機應用程式可能會在「不同的地方」顯示這些 cmdlet 的輸出結果。例如，在 Azure Functions 中，偵錯文字會被寫入到 Application Insights（一個 Azure 日誌報告服務）的日誌中，而不是終端機視窗，因為在無伺服器環境中，你不會注視著一個終端機；PowerShell 指令碼是在雲端的某個地方執行的。因此，這麼做的目的是為了讓你更容易對指令碼進行偵錯，並讓你在某個地方看到輸出結果。

17.6　練習題

> **NOTE**　針對這些練習題，你需要一台裝有你偏好的作業系統的電腦，並且安裝了 PowerShell v7 以上的版本。

要使用 Write-Host 和 Write-Output 可能會有點難度。嘗試看看你能完成多少這樣的任務，如果真的有困難，就查看本章最後的參考答案也無妨。

1 使用 Write-Output 顯示 100 乘以 10 的結果。

2 使用 Write-Host 顯示 100 乘以 10 的結果。

3 提示使用者輸入一個名字，然後用黃色文字顯示該名字。

4 提示使用者輸入一個名字，然後只有當該名字的長度超過五個字元時才顯示它。請用單獨一個 PowerShell 運算式來完成這一切，且不使用**變數**。

這就是練習題的全部內容。考慮到這些 cmdlet 都相當簡單易懂，我們希望你能花更多時間自己去試驗它們。請務必這麼做，我們會在第 17.8 節提供一些建議和想法。

17.7 練習題參考答案

1 `write-output (100*10)`

或者只輸入這個運算式：`100*10`

2 以下任何一種方法都是有效的：

```
$a= 100*10
Write-Host $a
Write-Host "The value of 100*10 is $a"
Write-Host (100*10)
```

3 `$name = Read-Host "Enter a name"`
`Write-host $name -ForegroundColor Yellow`

4 `Read-Host "Enter a name" | where {$_.length -gt 5}`

17.8 深入探索

請投入一些時間熟悉本章介紹的所有 cmdlet。確保你能顯示詳細資訊的輸出結果，並能接收輸入。從這裡開始，你會經常使用本章介紹的命令，所以你應該好好閱讀它們的說明文件，甚至記下一些快速語法的提示，以便日後可以參考。

工作階段：
更輕鬆的遠端控制

在第 13 章中，我們向你介紹了 PowerShell 的遠端功能。在那一章中，你使用了兩個主要的 cmdlet，即 Invoke-Command 和 Enter-PSSession，來分別進行一對多和一對一的遠端控制。這兩個 cmdlet 的運作方式都是建立一個新的遠端連線，執行你所指定的任務，然後關閉該連線。

雖然這種方式沒有什麼問題，但要不斷地指定電腦名稱、認證資訊、不同的埠號等，可能會令人感到厭煩。在本章中，你將看到一種更簡單、可重複利用的遠端操作方法。你也會學到第三種使用遠端操作的方式，即「隱含遠端操作」（implicit remoting），它讓你能夠從「遠端電腦」匯入「模組」到你的工作階段中，來加入代理命令（proxy command）。

無論何時，當你需要使用 Invoke-Command 或 Enter-PSSession 連線到遠端電腦時，你至少得指定該電腦的名稱（或者，如果你是在多台電腦上執行，那就是多個名稱）。根據你所處的環境，你可能還得指定不同的認證資訊，這表示需要被提示輸入密碼。此外，根據你所在的組織對遠端操作的設定，你還可能需要指定不同的埠號或驗證機制。

雖然這些設定都不難，但不斷地重複同樣的過程可能會相當枯燥。幸好，我們知道有一個更好的方法，那就是：可重複使用的工作階段（reusable session）。

> **NOTE** 本章中的範例，只有在你有另一台電腦可以連線，且已啟用 PS 遠端操作功能時，才有辦法完成。更多的資訊，請參考第 13 章。

18.1 建立並使用可重複使用的工作階段

工作階段（session）是指你的 PowerShell 和遠端 PowerShell 之間的長期連線。當工作階段處於啟動狀態時，你的電腦和遠端電腦都會分配一小部分記憶體和處理器時間來維持這一個連線。不過，在連線中所需要的網路流量很少。PowerShell 會保留你開啟的工作階段清單，你可以使用這些工作階段來呼叫命令，或是進入一個遠端的 shell。

要建立一個新的工作階段，請使用 New-PSSession 這個 cmdlet。指定電腦名稱或主機名稱（或多個名稱），必要時，還需要指定不同的使用者名稱、埠號、驗證機制等。此外，我們也不要忘記，我們還可以透過指定 -hostname 參數，改用 SSH 來代替 WinRM。無論採取哪種方式，結果都會產生一個工作階段物件（session object），該物件會被存放在 PowerShell 的記憶體裡：

```
PS C:\> new-pssession -computername srv02,dc17,print99
```

```
PS C:\> new-pssession -hostname LinuxWeb01,srv03
```

要取得這些工作階段，請執行 Get-PSSession：

```
PS C:\> get-pssession
```

> **TIP** 就如同第 13 章所述，當我們使用 -computername 參數時，我們使用的是 WinRM (HTTP/HTTPS) 協定。而當我們使用 -hostname 參數時，我們選擇使用 SSH 作為我們的通訊協定。

雖然這樣做是可行的，不過，我們更傾向於建立工作階段後，立即將它們儲存在變數中，這樣日後可以方便使用這些工作階段。例如，Julie 有好幾台網頁伺服器，她習慣性使用 Invoke-Command 重複地進行伺服器的設定。為了簡化這個過程，她把這些工作階段儲存在一個特定的變數中：

```
PS C:\> $iis_servers = new-pssession -computername web01,web02,web03
    ➥ -credential WebAdmin
PS C:\> $web_servers = new-pssession -hostname web04,web05,web06
    ➥ -username WebAdmin
```

　　切記，這些工作階段會佔用資源。當你關閉 shell 時，它們會自動關閉，但如果你目前不需要使用它們，即使你還打算繼續使用 shell 來執行其他任務，最好還是手動關閉這些工作階段，以免佔用本機或遠端機器的資源。

　　要關閉一個工作階段，請使用 Remove-PSSession 這個 cmdlet。例如，假設你只想要關閉 IIS 的工作階段，請使用下列命令：

```
PS C:\> $iis_servers | remove-pssession
```

　　或者，你想要關閉所有的工作階段，就要使用以下這個命令：

```
PS C:\> get-pssession | remove-pssession
```

　　夠簡單了吧。

　　不過，當你啓動一些工作階段並開始執行後，你接下來打算如何使用它們呢？在後續幾個小節中，我們假設你已經建立了一個名爲 $sessions 的變數，其中含有至少兩個工作階段。在這裡，我們會使用 localhost 和 SRV02（你應該指定你自己的電腦名稱）。使用 localhost 並不算作弊：PowerShell 實際上會與「自己的另一個副本」建立眞實的遠端工作階段。請記住，現在提到的這些，只有在你已經對「所有連線的電腦」啓用遠端操作功能時，才有辦法運作，所以如果你尚未啓用遠端操作功能，請重新回顧第 13 章。

TRY IT NOW　請跟著操作並執行這些命令，務必使用有效的電腦名稱。如果你只有一台電腦，就同時使用它的名稱和 localhost。理想情況是你還有一台執行 macOS 或 Linux 的機器，方便你跟著一起操作。

追求卓越

有一種很酷的語法，可以讓你只用單一命令，就一次建立好幾個工作階段，並將每個工作階段指定給一個單獨的變數（這跟我們之前「把它們合併到同一個變數中」的做法不同）：

$s_server1,$s_server2 = new-pssession -computer SRV02,dc01

這種語法是把 SRV02 的工作階段放進 $s_server1，而 DC01 的工作階段則放進 $s_server2，這樣做可以讓這些工作階段更容易被單獨使用。

但要注意：我們發現，有時候工作階段並不會完全按照「你指定的順序」建立，所以最後有可能在 $s_server1 裡面的是 DC01，而不是 SRV02。你可以將變數的內容顯示出來，看看連線到的是哪一台電腦。

以下是我們啓動並執行工作階段的方法：

```
PS C:\> $session01 = New-PSSession -computername SRV02,localhost

PS C:\> $session02 = New-PSSession -hostname linux01,linux02 -keyfilepath
    ➡ {path to key file}
```

記住，我們已經在這些電腦上啓用了遠端操作功能，而所有的 Windows 機器都在相同的網域內。再次提醒，如果你想要複習如何啓用遠端操作功能，請回顧第 13 章。

18.2 結合工作階段物件使用 Enter-PSSession

好，現在你已經理解使用工作階段的所有原因，那麼讓我們來看看如何確實地運用它們。正如我們希望你能從第 13 章中回想起的，Enter-PSSession 這個 cmdlet 是用來開啓與「單一遠端電腦」一對一互動 shell 的命令。你可以不用在 cmdlet 中指定電腦名稱或主機名稱，而是改指定一個單獨的工作階段物件。由於我們的 $session01 和 $session02 變數中含有不止一個工作階段物件，所以我們需要使用索引（index）來明確指定其中一個（這是你在第 16 章中剛學到的技巧）：

```
PS C:\> enter-pssession -session $session01[0]
[SRV02]: PS C:\Users\Administrator\Documents>
```

你可以看到我們的提示字元發生了變化，顯示我們目前正在操作一台遠端電腦。使用 Exit-PSSession 可以把我們帶回到本機的提示字元，但工作階段會保持開啓，以供後續使用：

```
[SRV02]: PS C:\Users\Administrator\Documents> exit-pssession
PS C:\>
```

如果你有多個工作階段，卻忘記了某個特定工作階段的索引序號，該怎麼辦？你可以把工作階段變數（session variable）輸送給 Get-Member，然後檢視工作階段物件的屬性。例如，當我們輸送 $session02 給 Get-Member 時，我們會得到以下的輸出結果：

```
PS C:\> $session01 | gm
    TypeName: System.Management.Automation.Runspaces.PSSession
```

```
Name                    MemberType     Definition
----                    ----------     ----------
Equals                  Method         bool Equals(System.Object obj)
GetHashCode             Method         int GetHashCode()
GetType                 Method         type GetType()
ToString                Method         string ToString()
ApplicationPrivateData  Property       psprimitivedictionary App...
Availability            Property       System.Management.Automat...
ComputerName            Property       string ComputerName {get;}
ComputerType            Property       System.Management.Automat...
ConfigurationName       Property       string ConfigurationName {get;}
ContainerId             Property       string ContainerId {get;}
Id                      Property       int Id {get;}
InstanceId              Property       guid InstanceId {get;}
Name                    Property       string Name {get;set;}
Runspace                Property       runspace Runspace {get;}
Transport               Property       string Transport {get;}
VMId                    Property       System.Nullable[guid] VMId {get;}
VMName                  Property       string VMName {get;}
DisconnectedOn          ScriptProperty System.Object DisconnectedOn...
ExpiresOn               ScriptProperty System.Object ExpiresOn {get...
IdleTimeout             ScriptProperty System.Object IdleTimeout {get=$t...
State                   ScriptProperty System.Object State {get=$this...
```

在上面的輸出結果中，你可以看到工作階段物件有一個 ComputerName 屬性，這表示你可以根據這個屬性來篩選工作階段：

```
PS C:\> enter-pssession -session ($sessions | where { $_.computername -eq
➡ 'SRV02' })
[SRV02]: PS C:\Users\Administrator\Documents>
```

然而，這個語法有點不便。如果你要從一個變數中使用某個特定的工作階段，卻又記不清楚哪個索引序號對應哪個，那麼不使用這個變數可能會更簡單。

即使你把工作階段物件儲存在變數當中，它們依然被保留在 PowerShell 已開啟的工作階段主要清單中。你可以透過 Get-PSSession 來存取它們：

```
PS C:\> enter-pssession -session (get-pssession -computer SRV02)
```

　　`Get-PSSession` 取得「名稱爲 SRV02 的電腦」所對應的工作階段，並將其傳遞給 `Enter-PSSession` 的 -session 參數。

　　當我們第一次理解這項技巧時，我們感到印象深刻，但這也促使我們更深入地研究它。我們打開 `Enter-PSSession` 完整的說明文件，並更仔細地閱讀關於 -session 參數的資訊。以下是我們看到的內容：

```
-Session <System.Management.Automation.Runspaces.PSSession>
        Specifies a PowerShell session ( PSSession ) to use for the
    interactive session. This parameter takes a
        session object. You can also use the Name , InstanceID , or ID
    parameters to specify a PSSession .

        Enter a variable that contains a session object or a command that
    creates or gets a session object, such as a
        `New-PSSession` or `Get-PSSession` command. You can also pipe a
    session object to `Enter-PSSession`. You can
        submit only one PSSession by using this parameter. If you enter a
    variable that contains more than one
        PSSession , the command fails.

        When you use `Exit-PSSession` or the EXIT keyword, the interactive
    session ends, but the PSSession that you
        created remains open and available for use.
```

　　如果你回顧第 9 章，你會發現說明文件結尾的地方，關於管線輸入的資訊很有趣。它告訴我們 -session 參數可以從管線接收一個 PSSession 物件。我們知道 `Get-PSSession` 會產生 PSSession 物件，因此以下的語法應該是可行的：

```
PS C:\> Get-PSSession -ComputerName SRV02 | Enter-PSSession
[SRV02]: PS C:\Users\Administrator\Documents>
```

　　而這也的確是可行的。我們認爲，即便是把所有工作階段都儲存在一個變數中，這依然是取得「單一工作階段」一種更優雅的方式。

> **TIP** 把工作階段儲存在一個變數中，出於便利是沒有問題的。但要記住，PowerShell 已經儲存了所有開啟中的工作階段清單。將它們放入一個變數中，只有當你想一次參考多個工作階段時才實用，就像你將在下一節看到的那樣。

18.3　結合工作階段物件使用 Invoke-Command

工作階段在使用 `Invoke-Command` 時展現了它的實用性，你可能記得這是用來平行向多台遠端電腦發送命令的（或一整份指令碼）。把我們的工作階段儲存在 `$session01` 變數中，我們可以輕鬆地用以下命令定位出所有工作階段：

```
PS C:\> invoke-command -command { Get-Process } -session $session01
```

`Invoke-Command` 的 `-session` 參數也可以接受用小括號括起來的命令，就像我們在前幾章對電腦名稱所做的那樣。例如，下面的範例會向「所有列出名稱的電腦」所連線到的工作階段發送一個命令：

```
PS C:\> invoke-command -command { get-process bits } -session (get-pssession
➡ -computername server1,server2,server3)
```

你可能會期待 `Invoke-Command` 能夠像 `Enter-PSSession` 那樣從管線中接收工作階段物件。但是，仔細讀過 `Invoke-Command` 完整的說明文件，你會發現它無法進行那種特定的管線操作。真可惜，但是上面使用小括號將運算式括起來的範例，提供了相同的功能，而且語法也不會太難。

18.4　隱含遠端操作：匯入工作階段

對我們而言，「隱含遠端操作」（implicit remoting）是命令列介面，甚至是任何作業系統有史以來「最酷」且「最實用」的功能之一——搞不好還是其中的頂尖。然而，在 PowerShell 中，記錄它的文件卻很少。確實，那些必要的命令都有很好的說明文件，但它們如何結合在一起創造出不可思議的能力，卻沒有被詳細闡述。幸好，我們在這方面可以為你提供幫助。

讓我們來回顧一下這個情境：你已經知道 Microsoft 在 Windows Server 和其他產品上內建了越來越多的模組，但有時候，出於某些原因，你可能無法將這些模組安裝在你的本機電腦上。隨 Windows Server 2008 R2 首次發行的 `Active-Directory` 模組是個絕佳的範例：它只存在「網域控制器」和安裝了遠端伺服器管理工具（RSAT）的「伺服器/客戶端」上。讓我們用一個單獨的範例來看看整個過程：

```
PS C:\> $session = new-pssession -comp SRV02 ❶
```

```
PS C:\> invoke-command -command { import-module activedirectory } ❷
    session $session
PS C:\> import-pssession -session $session -module activedirectory -prefix rem ❸


ModuleType Name                           ExportedCommands ❹
---------- ----                           ----------------
Script     tmp_2b9451dc-b973-495d... {Set-ADOrganizationalUnit, Get-ADD...
```

❶ 建立一個連線
❷ 載入一個遠端模組
❸ 匯入遠端命令
❹ 檢視暫存的本機模組

以下是這個範例中發生的事情：

1 我們首先與「一台安裝了 Active Directory 模組的遠端電腦」建立一個工作階段。

2 我們指示遠端電腦匯入它本機的 Active Directory 模組。這只是一個範例；我們可以選擇載入任何模組。由於工作階段還處於開啓的狀態，所以該模組在遠端電腦上會保持載入的狀態。

3 然後，我們指示我們的電腦從那個遠端工作階段匯入命令。我們只想要 Active Directory 模組中的命令，並且當它們被匯入時，我們希望在每個命令的名詞前面加上 rem 的前綴。這樣就可以更容易追蹤這些遠端命令。這也意謂著這些命令不會與我們 shell 中「已載入的同名命令」發生衝突。

4 PowerShell 在我們的電腦上建立了一個暫存的模組，用來代表遠端命令。這些命令並不是直接複製過來的，而是 PowerShell 爲它們建立了捷徑（shortcut），這些捷徑指向遠端機器。

現在，我們可以執行 Active Directory 模組的命令了，甚至可以查詢說明文件。不過，我們不是執行 New-ADUser，而是改執行 New-remADUser，因爲我們在命令的名詞前面加上了 rem 前綴。這些命令會保持可用的狀態，直到我們關閉 shell 或結束與遠端電腦的工作階段爲止。當我們開啓一個新的 shell 時，必須重新執行這個流程，才能重新取得對遠端命令的使用權限。

當我們執行這些命令時，它們不會在我們本機的機器上執行，而是隱含地被轉送到遠端電腦上。遠端電腦會爲我們執行這些命令，並將結果傳送回我們的電腦。

我們可以預見一個未來，在那裡，我們再也不需要在我們的電腦上安裝管理工具。這將避免掉多少麻煩！可是如今，你所需的工具必須能在「電腦的作業系統」上執行，也必須能與「你嘗試管理的任何遠端伺服器」溝通——而要讓這些所有的工具都完美對接起來，幾乎是不可能的。將來，你不再需要這麼做。你會使用「隱含遠端操作」。伺服器將透過 Windows PowerShell 以另一種服務的形式提供它們的管理功能。

現在要來說壞消息：透過「隱含遠端操作」傳送到你電腦的結果，都是被反序列化的，這表示物件的屬性都被複製進一個 XML 檔案中，以便在網路上傳輸。以這種方式接收到的物件並不包含任何「方法」。在大多數的情況下，這並不會有什麼問題，但有些模組和管理單元（snap-in）所產生的物件，就是需要你用「更程式化的手法」（a more programmatic way）來處理的，而這些物件不適用於「隱含遠端操作」。我們只能希望你不會遇到太多這種有限制的物件，因爲過度依賴「方法」違反了一些 PowerShell 的設計原則。如果你眞的遇到這樣的物件，你將無法透過「隱含遠端操作」來使用它們。

18.5　使用已斷線的工作階段

PowerShell v3 對遠端操作功能進行了兩項改善。第一，工作階段變得更加穩定，也就是說，它們能夠承受短暫的網路故障和其他暫時性的中斷。即使你沒有明確地使用工作階段物件，也一樣可以獲得這個好處。即便你使用了 Enter-PSSession 和它的 -ComputerName 參數，嚴格上來講，你在底層依然是利用了一個工作階段，因此可以獲得更加穩固的連線。

在 v3 中加入的另一個新功能，則是你必須以明確的方式使用的：即「連線中斷的工作階段」（disconnected session）。假設你正坐在 COMPUTER1 前面，並以 Admin1（一名網域管理群組的成員）的身分登入，接著你建立了一個到 COMPUTER2 的新連線：

```
PS C:\> New-PSSession -ComputerName COMPUTER2
Id Name              ComputerName  State
-- ----------------- ------------- -----
4  Session4          COMPUTER2     Opened
```

然後你就能中斷與那個工作階段的連線。你仍然是坐在 COMPUTER1 前面進行操作，它會切斷兩台電腦之間的連線，但是會讓 COMPUTER2 上的 PowerShell 副本持續運作。請注意，你是透過指定「工作階段的 ID 號碼」來完成這件事情的，該號碼在你最初建立工作階段時就有顯示出來了：

```
PS C:\> Disconnect-PSSession -Id 4
Id Name              ComputerName  State
-- ----------------- ------------- -----
4  Session4          COMPUTER2     Disconnected
```

顯然，這是你需要去考慮的事情 —— 你在 COMPUTER2 上留下了一個執行中的 PowerShell 副本。因此，指定「適當的閒置逾時時間」等相關設定，就變得很重要。在早期版本的 PowerShell 中，當你中斷工作階段的連線後，該工作階段就會結束，因此無需進行清除。但從 v3 開始，你的環境中可能會充斥著「執行中的工作階段」，這就意謂著你需要承擔更多責任。

但接下來是最酷的部分：我們會以同一名網域管理員 Admin1 的身分登入另一台電腦 COMPUTER3，並取得在 COMPUTER2 上執行中的工作階段清單：

```
PS C:\> Get-PSSession -computerName COMPUTER2
Id Name              ComputerName  State
-- ----------------- ------------- -----
4  Session4          COMPUTER2     Disconnected
```

很酷，對吧？如果你用不同的使用者身分登入，是無法看到這個工作階段的，就算身分是另一名管理員也是一樣；你只能看到自己在 COMPUTER2 上建立的工作階段。現在，你看到它了，你可以跟它重新連線。這讓你能夠重新連線到一個無論你之前是刻意或不小心中斷連線的工作階段，而且，你還能夠從你離開工作階段的地方繼續操作：

```
PS C:\> Get-PSSession -computerName COMPUTER2 | Connect-PSSession
Id Name              ComputerName  State
-- ----------------- ------------- -----
4  Session4          COMPUTER2     Open
```

讓我們花點時間來討論一下如何管理這些工作階段。在 PowerShell 的 WSMan 磁碟機中，你會找到一些設定，這些設定可以幫助你控制那些斷線的工作階段。你還可以透過群組原則（Group Policy）來集中管理這些大部分的設定。要注意的關鍵設定包括下列幾項：

❑ **在 WSMan:\localhost\Shell 中：**

○ `IdleTimeout`：設定一個工作階段可以處於閒置狀態多長時間，然後就會自動關閉。預設值大約是 2,000 小時（以秒表示），大約相當於 84 天。

○ `MaxConcurrentUsers`：設定可以同時開啟工作階段的使用者數量。

○ `MaxShellRunTime`：設定一個工作階段可以保持開啟的最長時間。預設值實際上是無限制的。值得注意的是，如果 shell 處於閒置的狀態，而不是在執行命令，那麼 `IdleTimeout` 會覆蓋這個設定。

○ `MaxShellsPerUser`：設定單一使用者同時可以開啟的工作階段數量上限。將此數值乘以 `MaxConcurrentUsers`，可以估算出電腦上所有使用者最大的工作階段數量上限。

❑ **在 WSMan:\localhost\Service 中：**

○ `MaxConnections`：設定整個遠端基礎架構的傳入連線上限。即便你允許每位使用者有更多的 shell 數量或更高的使用者上限，`MaxConnections` 依然是傳入連線（incoming connection）的絕對上限。

作為系統管理員，你顯然比一般使用者有更大的責任。持續追蹤工作階段是你的責任，尤其是當你需要中斷並重新連線工作階段的時候。合理的逾時設定有助於確保 shell 工作階段不會長時間處於閒置狀態。

18.6　練習題

> **NOTE**　針對這些練習題，你需要一台安裝了 PowerShell v7 以上版本的 Windows Server 2016、macOS 或 Linux 機器。如果你只能使用客戶端電腦（裝有 Windows 10 以上版本），那麼你將無法完成第 6 到第 9 道練習題。

完成這些練習題，你需要兩台電腦：一台作為遠端操作的來源，另一台作為遠端操作的目標。如果你只有一台電腦，可以使用它的電腦名稱來進行遠端操作。這樣你應該能獲得類似的體驗：

1 關閉 shell 中所有開啓的工作階段。

2 建立一個到遠端電腦的工作階段。將工作階段儲存到一個名爲 $session 的變數中。

3 使用 $session 變數建立與遠端電腦的一對一遠端 shell 工作階段。顯示處理程序清單，
   然後離開工作階段。

4 使用 $session 變數結合 Invoke-Command，顯示遠端電腦的時區。

5 如果你操作的是 Windows 客戶端，請使用 Get-PSSession 和 Invoke-Command 列出遠
   端電腦最近 20 個安全性事件記錄。

6 如果你操作的是 macOS 或 Linux 客戶端，請計算 /var 目錄中的項目數量。第 7 到第
   10 道練習題只能在「Windows 機器」上進行。

7 使用 Invoke-Command 和你的 $session 變數，在遠端電腦上載入 ServerManager 模
   組。

8 從遠端電腦匯入 ServerManager 模組的命令到你的電腦上。對匯入的命令名詞加上
   rem 前綴。

9 執行匯入的 Get-WindowsFeature 命令。

10 關閉儲存在你的 $session 變數中的工作階段。

18.7 練習題參考答案

1 get-pssession | Remove-PSSession

2 $session=new-pssession -computername localhost

3 enter-pssession $session
   Get-Process
   Exit

4 invoke-command -ScriptBlock { get-timezone } -Session $session

5 Invoke-Command -ScriptBlock {get-eventlog -LogName System
   -Newest 20} -Session (Get-PSSession)
   Get-ChildItem -Path /var | Measure-Object | select count

```
6  Invoke-Command -ScriptBlock {Import-Module ServerManager}
   -Session $session

7  Import-PSSession -Session $session -Prefix rem
   -Module ServerManager

8  Get-RemWindowsFeature

9  Remove-PSSession -Session $session
```

18.8 深入探索

　　快速檢視一下你的系統環境：你有哪些能支援 PowerShell 的產品？ Exchange 伺服器？ SharePoint 伺服器？ VMware vSphere ？ System Center 虛擬機器管理員？這些以及其他相同類型的產品都內含了 PowerShell 模組，其中許多模組都可以透過 PowerShell 遠端功能進行遠端操作。

你認爲這是
指令碼編寫嗎?

到目前爲止,你都可以使用 PowerShell 的命令列介面,來完成本書中的所有內容。你不需要編寫任何指令碼。這對我們來說是件大事,因爲我們看到很多系統管理員一開始就對編寫指令碼感到卻步,他們(合理地)認爲「編寫指令碼」這件事就是「程式設計」,並且(理所當然地)覺得「學習它」所花的時間甚至超過了它的價值。然而,我們希望你已經見識到,即使不轉型成爲程式設計師,你也能在 PowerShell 中完成許多事情。但是此刻你可能也開始覺得,不斷地重複輸入相同的命令,是相當枯燥乏味的。你的感覺是對的,所以在本章中,我們將深入探討 PowerShell 的指令碼編寫(scripting),但我們不會要你寫程式。相反地,我們會把重點放在指令碼的作用,把它視爲一種避免「不必要的重複輸入」的方式。

19.1 不是程式設計,更像是批次檔案

絕大多數的系統管理員,在某個時刻,或多或少都建立過命令列批次檔案(這些檔案通常是 .bat、.cmd 或 .sh 的副檔名)。這些不過是簡單的文字檔案(你可以使用像是 vi 這樣的文字編輯器進行編輯),內含了一個按照特定順序執行的命令清單。技術上來說,你會稱這些命令爲一份指令碼(script),它們就像是好萊塢電影的劇本(script)一樣,準確地指示表演者(performer,又譯執行者,即你的電腦)該如何行動和說話,以及這些行動和說話的順序。不過,批次檔案(batch file)看起來與程式設計不盡相同,部分原因是因爲 cmd.exe shell 的語言有限,不允許非常複雜的指令碼。

PowerShell 指令碼的運作方式與 Bash 或 sh 指令碼類似。只需列出你想要執行的命令，shell 將按照所指定的順序去執行這些命令。你可以從主控台視窗複製命令，然後貼到文字編輯器內，藉此建立一份指令碼。我們希望你使用 VS Code 的 PowerShell 擴充套件，或是你偏好的第三方編輯器來撰寫指令碼，這樣你會更得心應手。

事實上，VS Code 讓「指令碼編寫」這件事情，體驗起來與「使用互動式的 shell」幾乎沒有區別。使用 VS Code 時，你只需輸入你希望執行的一個或多個命令，然後點擊「工具列中的 Run（執行）按鈕」來執行這些命令。點擊 Save（儲存），你就能夠建立一份指令碼檔案，而且完全不需要複製和貼上任何東西。

> **HEADS UP** 這裡提醒一下，本章的範例主要是集中在 Windows 系統上。

19.2 讓命令可以重複執行

PowerShell 指令碼的核心理念，首要也是最重要的是，讓「重複執行特定命令」變得更加容易，避免每次都要手動重新輸入。既然如此，我們需要構思出一個你會想要反覆執行的命令，並在本章中以此作為範例。我們想讓它具有一定的複雜度，所以我們會從 CIM 中的某些項目開始，再加入篩選、排序和其他操作。

在這個階段，我們將改用 VS Code，而不是一般的主控台視窗，因為 VS Code 有助於我們更輕鬆地把「命令」轉變成「指令碼」。坦白說，使用 VS Code 輸入複雜的命令也比較方便，因為它的編輯器是全螢幕的，而不是主控台主機中的單行輸入。以下是我們的命令：

```
Get-CimInstance -class Win32_LogicalDisk -computername localhost `
-filter "drivetype=3" | Sort-Object -property DeviceID |
Format-Table -property DeviceID,
@{label='FreeSpace(MB)';expression={$_.FreeSpace / 1MB -as [int]}},
@{label='Size(GB)';expression={$_.Size / 1GB -as [int]}},
@{label='%Free';expression={$_.FreeSpace / $_.Size * 100 -as [int]}}
```

> **TIP** 請記得，你可以用 name 來代替 label，而且兩者都可以縮寫成單一字母，即 n 或 l。但是，小寫的 L 很容易與數字 1 混淆，因此需要特別小心！

```
C: > Scripts > ⋛ test.ps1
  1   Get-CimInstance -ClassName Win32_LogicalDisk -ComputerName localhost -Filter "DriveType=3" |
  2       Sort-Object -Property DeviceID
  3       Format-Table -Property DeviceID ,
  4       @{Label='FreeSpace(MB)';Expression={$_.FreeSpace /1MB -as [int]}},
  5       @{Label='Size(GB)';Expression={$_.Size /1GB -as [int]}},
  6       @{Label='%Free';Expression={$_.FreeSpace / $_.Size * 100 -as [int]}}
  7   |
```

接續成為一條
管線命令

```
PROBLEMS   OUTPUT   DEBUG CONSOLE   TERMINAL

PS C:\Scripts> Get-CimInstance -ClassName Win32_LogicalDisk -ComputerName localhost -Filter "DriveType=3" |
    Sort-Object -Property DeviceID |
    Format-Table -Property DeviceID ,
    @{Label='FreeSpace(MB)';Expression={$_.FreeSpace /1MB -as [int]}},
    @{Label='Size(GB)';Expression={$_.Size /1GB -as [int]}},
    @{Label='%Free';Expression={$_.FreeSpace / $_.Size * 100 -as [int]}}

DeviceID FreeSpace(MB) Size(GB) %Free
-------- ------------- -------- -----
C:              17091      237     7
```

▌圖 19.1　在 VS Code 中使用雙窗格版面配置（two-pane layout）來輸入並執行命令

　　圖 19.1 展示了我們如何把這些內容輸入到 VS Code 中。請注意，我們使用版面配置選項最右側的工具列按鈕，來選擇「雙窗格版面配置」。另外也要注意，我們格式化了我們的命令，使每一行的結尾都是以「管線符號」或「逗號」作為結束。這樣一來，我們就迫使 shell 將這幾行視為是一個單行命令。你可以在主控台主機中進行相同的操作，但在 VS Code 進行這種格式化特別實用，因為它大大提升了命令的可讀性。同時也請注意，我們使用完整的 cmdlet 名稱和參數名稱，並且明確指定每個參數名稱，而不是使用位置參數。這一切都將使我們的指令碼更加清晰易懂，不管是對別人還是對未來可能忘記了最初意圖的自己。

　　我們透過點擊 Run 這個工具列圖示（你也可以按 F5 鍵）來執行命令，以進行測試，結果顯示它運作得非常完美。在 VS Code 中有一個實用的技巧：你可以選取命令的某一部分，然後按 F8 鍵來只執行「被選取的部分」。由於我們已經將命令格式化成每一行是一個獨立的命令，所以這讓我們能夠方便地逐步測試我們的命令。我們可以選取並單獨執行第一行。如果我們對第一行的輸出結果感到滿意，就可以選取第一行和第二行，並執行它們。如果這些執行結果都符合我們的預期，那麼就可以執行整個命令。

　　到了這個階段，我們可以儲存這個命令，而我們現在可以開始稱它是一份指令碼了。我們將它儲存為 Get-DiskInventory.ps1。我們傾向於使用 cmdlet 的「動詞 - 名詞」風格來命名指令碼。可以看得出來，這個指令碼的外觀和功能越來越像一個 cmdlet，因此使用 cmdlet 風格的名稱是合適的。

19.3 參數化命令

當你思考重複執行相同命令時，你可能會意識到命令中的某些部分不時需要進行變更。例如，假設你想把 Get-DiskInventory.ps1 提供給同事使用，但他們缺乏使用 PowerShell 的經驗。這原本是一個複雜又不好輸入的命令，若能打包成一個更容易執行的指令碼，他們可能會很感激。但是，按照目前的寫法，這個指令碼只適用於本機電腦。你當然可以想像，有些同事會想要從一台或多台遠端電腦取得磁碟機空間的使用情況。

一種方案是讓他們打開指令碼，並修改 -computername 參數的值。但他們有可能不樂意這麼做，而且存在一定的風險，可能會不小心改動到其他內容，徹底破壞了指令碼的功能。更好的做法是提供一個正式的方式，讓他們可以輸入其他電腦名稱（或多個名稱）。現階段，你需要確定在執行命令時有哪些元素可能需要變更，並用變數來取代這些元素。

我們現在給電腦名稱變數設定一個靜態值，這樣我們依然可以測試指令碼。以下是我們修改後的指令碼：

清單 19.1：含有參數化命令的 Get-DiskInventory.ps1（僅限 Windows）

```
$computername = 'localhost' ❶
Get-CimInstance -class Win32_LogicalDisk ` ❷
-computername $computername ` ❸
-filter "drivetype=3" |
Sort-Object -property DeviceID |
Format-Table -property DeviceID,
    @{label='FreeSpace(MB)';expression={$_.FreeSpace / 1MB -as [int]}},
    @{label='Size(GB)';expression={$_.Size / 1GB -as [int]}},
    @{label='%Free';expression={$_.FreeSpace / $_.Size * 100 -as [int]}}
```

❶ 設定一個新變數
❷ 使用反引號來換行
❸ 使用變數

我們在這裡做了三件事，其中兩件是有實際發揮功能的，而另一件則純粹爲了美觀：

❏ 我們新增了一個變數，$computername，並把它的值設定爲 localhost。我們注意到，大多數接收電腦名稱的 PowerShell 命令，都使用 -computername 作爲參數名稱，我們想要遵循這樣的慣例，這是我們選用這個變數名稱的原因。

❏ 我們將 -computername 參數的值換成了我們的變數。現在，這個指令碼執行起來應該與之前完全一樣（我們已進行測試，確保它確實如此），這是因爲我們將 localhost 賦值給 $computername 變數。

❏ 我們在 -computername 參數及其值後面加了一個「反引號」。這樣做是爲了「跳脫」或「消除」行末換行符號的特殊含義。這告訴 PowerShell 下一行實際上仍是同一個命令的一部分。當一行是以「管線符號」或「逗號」結尾時，則不需要這麼做，但爲了讓程式碼能夠符合本書的版面限制，我們需要在「管線符號」之前換行。這種方法只有在「反引號」是行尾的最後一個字元時才會有作用！

清單 19.2：含有參數化命令的 Get-FilePath.ps1（適用於跨平台）

```
$filePath = '/usr/bin/' ❶
get-childitem -path $filepath | get-filehash | ❷
Sort-Object hash | Select-Object -first 10
```

❶ 設定一個新變數
❷ 在管線符號後換行並使用變數

我們在這裡做了三件事，其中兩件是有實際發揮功能的，而另一件則純粹爲了美觀：

❏ 我們新增了一個變數，即 $filepath，並把它的值設定爲 /usr/bin。我們注意到，Get-ChildItem 命令接受一個路徑參數，名爲 -path，我們想要遵循這樣的慣例，這是我們選用這個變數名稱的原因。

❏ 我們將 -path 參數的值換成了我們的變數。現在，這個指令碼執行起來應該與之前完全一樣（我們已進行測試，確保它確實如此），這是因爲我們將 path 參數保留爲空值，它會在目前所在的工作目錄中執行。

❏ 如果你需要將命令拆分成多行，最好的方法是在「管線符號」後面加上換行。PowerShell 會知道，如果「管線符號」旁邊沒有其他內容，那麼下一行程式碼會作爲前一行的延續。當你有一個非常長的管線時，這會特別有幫助。

```
Get-Process | Sort-Object ❶

Get-Process | ❷
Sort-Object

Get-Process ` ❸
 | Sort-Object        Starting the line with a pipeline symbol
```

❶ 展示我們原先的命令
❷ 在管線符號處拆分命令
❸ 使用反引號拆分命令

> **TIP** 完成修改之後，請執行你的指令碼，以驗證它仍然正常運作。我們在做完任何類型的修改之後，都要這樣做，以確認我們沒有不小心帶來任何錯別字或其他錯誤。

19.4 建立參數化的指令碼

現在，我們已經確認了指令碼中可能會不時變更的元素，我們需要提供一種方式，讓其他人能夠爲這些元素設定新的值。我們要將那個寫死的 $computername 變數轉變成一個輸入參數。在 PowerShell 中，這是很容易做到的。

清單 19.3：含有輸入參數的 Get-DiskInventory.ps1

```
param (
  $computername = 'localhost' ❶
)
Get-CimInstance -class Win32_LogicalDisk -computername $computername `
 -filter "drivetype=3" |
 Sort-Object -property DeviceID |
 Format-Table -property DeviceID,
    @{label='FreeSpace(MB)';expression={$_.FreeSpace / 1MB -as [int]}},
    @{label='Size(GB';expression={$_.Size / 1GB -as [int]}},
    @{label='%Free';expression={$_.FreeSpace / $_.Size * 100 -as [int]}}
```

❶ 使用 param 區塊

　　我們所做的，只是在變數宣告的周圍加上了一個 `Param()` 區塊。這將 `$computername` 定義為一個參數，並設定 `localhost` 為預設值，以便在執行指令碼時「沒有特別指定電腦名稱的情況下」使用。雖然不一定要設定預設值，但當我們能想到一個合理的預設值時，我們就會傾向這麼做。

　　以這種方式宣告的所有參數都是具名（named）且具位置性（positional）的，這表示我們現在可以使用以下任何一種方式，在命令列中執行該指令碼：

```
PS C:\> .\Get-DiskInventory.ps1 SRV-02
PS C:\> .\Get-DiskInventory.ps1 -computername SRV02
PS C:\> .\Get-DiskInventory.ps1 -comp SRV02
```

　　在第一種方式中，我們以位置性的方式使用參數，提供了一個值，但沒有參數名稱。在第二種和第三種方式中，我們指定了參數名稱，但在第三種方式中，我們按照 PowerShell 常規的參數名稱縮寫規則，對該參數名稱進行了縮寫。請注意，在這三種方式中，我們都必須指定指令碼的路徑（即 `.\`，代表目前所在的資料夾），因為 shell 不會自動在目前所在的目錄尋找指令碼。

　　你可以根據需求，透過逗號來分隔任意數量的參數。舉個例子，假設我們也想要把篩選條件參數化。目前，這個命令只會取得類型 3 的邏輯磁碟，即固定式磁碟（fixed disk）。我們可以把這個部分轉變為一個參數，如下列清單所示。

清單 19.4：含有額外參數的 Get-DiskInventory.ps1

```
param (
  $computername = 'localhost',
  $drivetype = 3 ❶
)
Get-CimInstance -class Win32_LogicalDisk -computername $computername `
 -filter "drivetype=$drivetype"  | ❷
 Sort-Object -property DeviceID |
 Format-Table -property DeviceID,
    @{label='FreeSpace(MB)';expression={$_.FreeSpace / 1MB -as [int]}},
    @{label='Size(GB';expression={$_.Size / 1GB -as [int]}},
    @{label='%Free';expression={$_.FreeSpace / $_.Size * 100 -as [int]}}
```

❶ 指定一個額外的參數
❷ 使用參數

請注意，我們利用了 PowerShell 在雙引號內將「變數」替換為「變數值」的功能（這個技巧你在第 16 章有學到）。我們可以使用先前的三種方式來執行這份指令碼，如果要使用參數的預設值，也可以省略任何一個參數。以下是一些變化方式：

```
PS C:\> .\Get-DiskInventory.ps1 SRV1 3
PS C:\> .\Get-DiskInventory.ps1 -comp SRV1 -drive 3
PS C:\> .\Get-DiskInventory.ps1 SRV1
PS C:\> .\Get-DiskInventory.ps1 -drive 3
```

在第一個方式中，我們按照它們在 Param() 區塊內宣告的順序，依據位置指定了兩個參數。在第二個方式中，我們對兩個參數都使用了縮寫形式的名稱。第三個方式更是完全省略了 -drivetype，只使用預設值 3。在最後一個方式中，我們省略了 -computername，使用預設值 localhost。

19.5 為你的指令碼撰寫說明

只有真正壞心的人，才會建立一個實用的指令碼，卻不告訴別人如何使用它。幸好，PowerShell 要在指令碼裡面加入說明是很簡單的，只需使用註解（comment）即可。你當然可以在指令碼中加入常見的程式設計風格註解，但如果你使用完整的 cmdlet 和參數名稱，有時指令碼的行為就更一目了然。不過，透過使用一種特別的註解語法，你也可以提供模擬 PowerShell 官方說明文件的說明內容。下列清單展示了我們在指令碼中所加入的內容。

清單 19.5：為 Get-DiskInventory.ps1 加上說明

```
<#
.SYNOPSIS
Get-DiskInventory retrieves logical disk information from one or
more computers.
.DESCRIPTION
Get-DiskInventory uses CIM to retrieve the Win32_LogicalDisk
instances from one or more computers. It displays each disk's
drive letter, free space, total size, and percentage of free
space.
.PARAMETER computername
The computer name, or names, to query. Default: Localhost.
```

```
.PARAMETER drivetype
The drive type to query. See Win32_LogicalDisk documentation
for values. 3 is a fixed disk, and is the default.
.EXAMPLE
Get-DiskInventory -computername SRV02 -drivetype 3
#>
param (
  $computername = 'localhost',
  $drivetype = 3
)
Get-CimInstance -class Win32_LogicalDisk -computername $computername `
 -filter "drivetype=$drivetype" |
 Sort-Object -property DeviceID |
 Format-Table -property DeviceID,
     @{label='FreeSpace(MB)';expression={$_.FreeSpace / 1MB -as [int]}},
     @{label='Size(GB';expression={$_.Size / 1GB -as [int]}},
     @{label='%Free';expression={$_.FreeSpace / $_.Size * 100 -as [int]}}
```

PowerShell 會忽略 # 符號後面的所有內容，這表示 # 符號用來標示「這一行是註解」。考慮到我們的註解會有很多行，並且希望避免每一行都要以一個單獨的 # 符號作為開頭，我們可以改用 <# #> 區塊註解語法（block comment syntax）。

現在，我們可以切換回一般的主控台主機，並透過執行 help .\Get-DiskInventory.ps1 來取得說明（再次提醒，由於這是指令碼，不是內建的 cmdlet，所以你需要指定路徑）。圖 19.2 顯示了輸出結果，證明 PowerShell 讀取了這些註解，並產生了一個標準的說明畫面。

我們甚至還可以執行 help .\Get-DiskInventory -full 來取得完整的說明資訊，包括我們範例中的參數資訊。

這些特別的註解被稱為「註解式說明」（comment-based help）。除了 .DESCRIPTION、.SYNOPSIS 及其他的幾個關鍵字之外，其實還有很多種關鍵字。請在 PowerShell 內執行 help about_comment_based_help，來查看完整的關鍵字清單。

```
PS C:\Scripts> get-help .\Get-DiskInventory.ps1

NAME
    C:\Scripts\Get-DiskInventory.ps1

SYNOPSIS
    Get-DiskInventory retrieves logical disk information from one or
    more computers.

SYNTAX
    C:\Scripts\Get-DiskInventory.ps1 [[-computername] <Object>] [[-drivetype] <Object>] [<CommonParameters>]

DESCRIPTION
    Get-DiskInventory uses CIM to retrieve the Win32_LogicalDisk
    instances from one or more computers. It displays each disk's
    drive letter, free space, total size, and percentage of free
    space.

RELATED LINKS

REMARKS
    To see the examples, type: "Get-Help C:\Scripts\Get-DiskInventory.ps1 -Examples"
    For more information, type: "Get-Help C:\Scripts\Get-DiskInventory.ps1 -Detailed"
    For technical information, type: "Get-Help C:\Scripts\Get-DiskInventory.ps1 -Full"
```

▌圖 19.2　使用一般的 help 命令查看說明

19.6　一份指令碼，一條管線

我們一般會跟大家說，指令碼中的任何內容執行起來，就像是你手動在 shell 中輸入一樣，或是像你把指令碼複製到剪貼簿，再貼到 shell 中一樣。然而，這並不完全正確。來看看一個簡單的指令碼吧：

```
Get-Process
Get-UpTime
```

只有兩個命令。但如果你手動把這些命令輸入到 shell 中，每輸入一個就按下 Enter 鍵，會發生什麼事？

> **TRY IT NOW**　請在自己的系統上執行這些命令來查看結果。這些命令會產生相當長的輸出結果，所以並不適合放在本書裡，甚至也不適合放在截圖中。

當你單獨執行這些命令時，你實際上是為每一個命令建立一條新的管線。在每條管線結束的地方，PowerShell 會檢查有哪些內容需要進行格式化，並建立你肯定看過的表格。

這裡的重點是「每個命令都在獨立的管線中執行」。圖 19.3 說明了這一點：兩個完全獨立的命令、兩條單獨的管線、兩個格式化的程序，以及兩套不同外觀的結果。

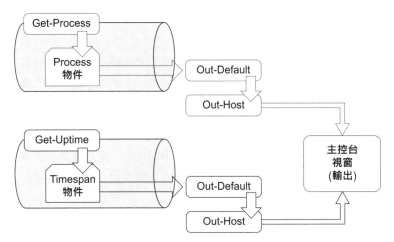

▋圖 19.3　兩個命令、兩條管線，以及在單一主控台視窗中的兩套輸出結果

你可能會覺得，我們花這麼多時間，來解釋一些看起來很明顯的事情，似乎有點瘋狂，但是這其實很重要。以下是你單獨執行那兩個命令時會發生的事情：

1　你執行 Get-Process。

2　這個命令把 Process 物件放入管線。

3　管線在 Out-Default 結束，它接收了這些物件。

4　Out-Default 把物件傳遞給 Out-Host，Out-Host 呼叫「格式化系統」產生文字輸出結果（這是你在第 11 章學過的）。

5　文字輸出結果顯示在螢幕上。

6　你執行 Get-UpTime。

7　這個命令把 TimeSpan 物件放入管線。

8　管線在 Out-Default 結束，它接收了這些物件。

9　Out-Default 把物件傳遞給 Out-Host，Out-Host 呼叫「格式化系統」產生文字輸出結果。

10　文字輸出結果顯示在螢幕上。

　　所以，你現在會看到螢幕上顯示了兩個命令的結果。我們想讓你把這兩個命令放進一個指令碼檔案中。將它命名爲 Test.ps1 或其他簡單的名稱。但在你執行指令碼之前，請先把那兩個命令複製到剪貼簿中。在你的編輯器中，你可以選取那兩行文字，並按下 Ctrl + C，就能把它們複製到剪貼簿中。

　　把這些命令放進剪貼簿後，請前往 PowerShell 主控台主機並按下 Ctrl + V。這樣可以把剪貼簿中的命令貼到 shell 中。它們應該會以完全相同的方式執行，因爲換行符號也被貼上了。再次強調，你是在兩個獨立的管線中執行兩個不同的命令。

　　現在，回到你的編輯器並執行該指令碼。結果有所不同，對吧？爲什麼會這樣呢？在 PowerShell 中，每個命令都是在一條單獨的管線中執行的，指令碼也不例外。在指令碼中，任何會產生輸出結果進入管線的命令，都會寫入同一條管線中，也就是指令碼本身執行時所在的那一條管線。請看圖 19.4。

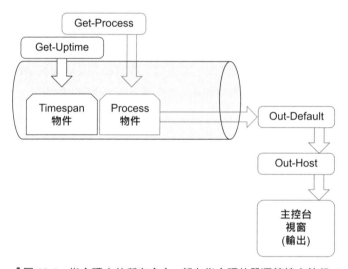

▌圖 19.4　指令碼中的所有命令，都在指令碼的單獨管線中執行

讓我們試著說明發生了什麼事：

1 指令碼執行 `Get-Process`。

2 這個命令把 `Process` 物件放入管線。

3 指令碼執行 `Get-UpTime`。

4 這個命令把 `TimeSpan` 物件放入管線。

5 管線在 `Out-Default` 結束，它接收了這兩種類型的物件。

6 `Out-Default` 把物件傳遞給 `Out-Host`，`Out-Host` 呼叫「格式化系統」產生文字輸出結果。

7 因為 `Process` 物件是第一個，所以 shell 的格式化系統選擇了適合「處理程序」的格式。這就是為什麼它們看起來很正常。但接著 shell 遇到了 `TimeSpan` 物件。此刻，它無法產生一個全新的表格，所以最終產生了一個清單。

8 文字輸出結果顯示在螢幕上。

之所以會有不同的輸出結果，是因為指令碼將「兩種不同類型的物件」都寫入同一條管線中。「把命令放入指令碼」與「手動執行它們」，這兩者之間重要的區別在於：在指令碼中，你只有一條管線可以使用。一般來講，你的指令碼應該盡量只產生單一類型的物件，這樣 PowerShell 才能產生合理的文字輸出結果。

19.7　快速了解作用域

我們接下來要討論的最後一個主題是作用域（scope）。作用域是 PowerShell 某些元素類型的一種容器（container）形式，主要包括別名、變數和函式。

shell 本身是最上層的作用域，被稱為「全域作用域」（global scope）。當你執行一個指令碼時，會為該指令碼建立一個新的作用域，稱為「指令碼作用域」（script scope）。指令碼作用域是全域作用域的分支，或稱為「子作用域」（child）。而函式也同樣擁有屬於它們自己的「私有作用域」（private scope），這個我們會在本書接下來的內容中介紹。

圖 19.5 展示了這些作用域的關係，其中全域作用域包含了子作用域，這些子作用域又包含了它們自己的子作用域，依此類推。

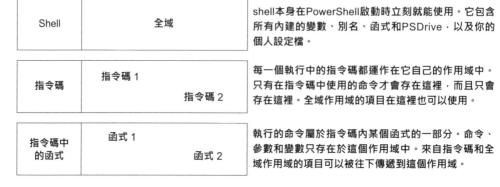

| Shell | 全域 | shell本身在PowerShell啟動時立刻就能使用。它包含所有內建的變數、別名、函式和PSDrive，以及你的個人設定檔。 |

| 指令碼 | 指令碼 1
指令碼 2 | 每一個執行中的指令碼都運作在它自己的作用域中。只有在指令碼中使用的命令才會存在這裡，而且只會存在這裡。全域作用域的項目在這裡也可以使用。 |

| 指令碼中的函式 | 函式 1
函式 2 | 執行的命令屬於指令碼內某個函式的一部分。命令、參數和變數只存在於這個作用域中。來自指令碼和全域作用域的項目可以被往下傳遞到這個作用域。 |

▌圖 19.5　全域作用域、指令碼和函式（私有）作用域

　　一個作用域的持續時間，只限於執行該作用域內容所需的時間。全域作用域只在 PowerShell 執行時存在，指令碼作用域只在該指令碼執行時存在，依此類推。當某事物停止運作時，相對應的作用域就會消失，並將其中的所有內容一併帶走。PowerShell 對於別名、變數和函式等作用域內的元素，有其特定的規則，這些規則有時候會令人感到困惑，但最重要的規則是：當你嘗試存取某個作用域內的元素時，PowerShell 會檢查該元素是否存在於目前的作用域中。如果不存在的話，PowerShell 會檢查它是否存在於目前作用域的父作用域（parent）中。它會繼續沿著關係樹（relationship tree）向上搜尋，一直到全域作用域為止。

> **TIP** 為了取得正確的結果，嚴格並精準地遵循這些步驟是非常重要的。

　　讓我們來實際觀察一下這是怎麼運作的。請遵循以下步驟：

1　關閉所有已開啟的 PowerShell 或 PowerShell 編輯視窗，好讓你可以從頭開始。

2　開啟一個新的 PowerShell 視窗和一個新的 VS Code 視窗。

3　在 VS Code 中，建立一個含有一行程式碼的指令碼：`Write $x`。

4　把該指令碼儲存在 C:\Scope.ps1 的檔案路徑。

5　在一般的 PowerShell 視窗中，執行 C:\Scope.ps1 這個指令碼。你應該不會看到任何輸出結果。當這個指令碼執行時，會為自己建立一個新的作用域。由於在這個作用域裡 `$x` 變數不存在，因此 PowerShell 會前往父作用域（即全域作用域）去尋找，檢查 `$x` 是

否在那裡。因爲全域作用域也沒有 $x，所以 PowerShell 判斷 $x 是空值，並把這個空值（也就是什麼都沒有）當成輸出結果。

6 在一般的 PowerShell 視窗中，執行 $x ＝ 4。然後再次執行 C:\Scope.ps1。這一次，你應該會看到輸出結果爲 4。雖然在指令碼作用域中，仍未定義變數 $x，但 PowerShell 在全域作用域中找到了它，所以指令碼就使用了這個值。

7 在 VS Code 中，在指令碼最上方（在現存的 Write 命令前面）加入 $x ＝ 10，並儲存這份指令碼。

8 在一般的 PowerShell 視窗中，再次執行 C:\Scope.ps1。這一次，你會看到輸出結果爲 10。這是因爲 $x 在指令碼作用域中被定義了，且 shell 不需要在全域作用域中尋找。現在，在 shell 中執行 $x。你會看到 4，這證明了「指令碼作用域內的 $x 值」不會影響「全域作用域內的 $x 值」。

這裡有一個很重要的觀念，就是當一個作用域定義了一個變數、別名或函式時，它將無法存取任何在其「父作用域」中相同名稱的變數、別名或函式。PowerShell 會一直使用在「現行作用域」下定義的元素。舉個例子，如果你在指令碼中加入了 New-Alias Dir Get-Service，那麼在該指令碼中，別名 Dir 將執行 Get-Service，而不是常見的 Get-ChildItem。（事實上，shell 可能不會讓你這樣做，因爲它會保護內建別名不被重新定義。）透過在「指令碼作用域」中定義別名，可以避免 shell 轉向「父作用域」中，去尋找平常預設的 Dir。當然，指令碼對 Dir 的重新定義，只在指令碼執行期間有效，而在「全域作用域」中定義的預設 Dir 還是不受影響。

這些作用域的觀念很容易讓你感到困惑。要避免困惑的最好方式，就是不要依賴「現行作用域」之外的其他作用域中的元素。所以，在嘗試存取指令碼中的變數之前，請確認你已經在同一個作用域裡面對該變數賦值。在 Param() 區塊中設定參數就是一種做法，同時還有許多其他方式，可以把值和物件賦予給一個變數。

19.8　練習題

> **NOTE**　針對這些練習題，你需要準備一台作業系統是 Windows 10 或 Server 2019 並且安裝了 PowerShell v7 以上版本的電腦。

下面的命令是提供給你加入到指令碼中的。首先，你應該先識別出任何需要被參數化的元素，例如「電腦名稱」。你完成後的指令碼應該要定義好這些參數，而你也應該在指令碼中建立「註解式說明」。請執行你的指令碼來進行測試，並使用 Help 命令來確認「你的註解式說明」是否正常運作。別忘了閱讀本章提及的說明文件，從中獲取更多資訊。要提供給你的命令，如下所示：

```
Get-CimInstance -classname Win32_LogicalDisk -filter "drivetype=3" |
Where { ($_.FreeSpace / $_.Size) -lt .1 } |
Select -Property DeviceID,FreeSpace,Size
```

給你一個提示：至少有兩項資訊需要被參數化。這個命令的目的是列出所有「可用磁碟空間」低於指定數值的磁碟機。很明顯地，你不一定只想要針對 localhost（在我們的範例中，我們使用了在 PowerShell 中等同於 %computername% 的元素），而且你可能也不想用 10%（也就是 .1）作為你可用空間的閾值。雖然你還可以選擇將磁碟機類型（這裡是 3）參數化，但在練習題中，請將它的值寫死為 3。

19.9 練習題參考答案

```
<#
.Synopsis
Get drives based on percentage free space
.Description
This command will get all local drives that have less than the specified
➥ percentage of free space available.
.Parameter Computername
The name of the computer to check. The default is localhost.
.Parameter MinimumPercentFree
The minimum percent free diskspace. This is the threshold. The default value
➥ is 10. Enter a number between 1 and 100.
.Example
PS C:\> Get-DiskSize -minimum 20
Find all disks on the local computer with less than 20% free space.
.Example
PS C:\> Get-DiskSize -Computername SRV02 -minimum 25
Find all local disks on SRV02 with less than 25% free space.
#>
```

```
Param (
    $Computername = 'localhost',
    $MinimumPercentFree = 10
)
#Convert minimum percent free
$minpercent = $MinimumPercentFree / 100
Get-CimInstance -classname Win32_LogicalDisk -computername $computername `
    -filter "drivetype=3" |
Where { $_.FreeSpace / $_.Size -lt $minpercent } |
Select -Property DeviceID, FreeSpace, Size
```

改善你的參數化指令碼

20

在前一章中，我們介紹了一個相當酷的參數化指令碼給你。參數化指令碼（parameterized script）的理念在於其他人可以執行這個指令碼，而無需關心或修改它的內容。指令碼使用者透過一個專門設計的介面（即參數）來輸入資訊，這是他們唯一可以改變的部分。在本章中，我們將更深入地探討這個主題。

> **HEADS UP** 　這裡提醒一下，本章中的範例主要是集中在 Windows 系統上。

20.1 起始點

為了確保我們對內容的理解是一致的，讓我們約定以清單 20.1 作為共同的起始點。這個指令碼包含了註解式說明、兩個輸入參數，以及一個使用這些參數的命令。與前一章相比，我們做了一個小改變：我們把輸出結果更改為選定的物件，而不是我們在第 19.4 節中使用的格式化表格。

清單 20.1：起始點：Get-DiskInventory.ps1

```
<#
.SYNOPSIS
Get-DiskInventory retrieves logical disk information from one or
more computers.
```

```
.DESCRIPTION
Get-DiskInventory uses CIM to retrieve the Win32_LogicalDisk
instances from one or more computers. It displays each disk's
drive letter, free space, total size, and percentage of free
space.
.PARAMETER computername
The computer name, or names, to query. Default: Localhost.
.PARAMETER drivetype
The drive type to query. See Win32_LogicalDisk documentation
for values. 3 is a fixed disk, and is the default.
.EXAMPLE
Get-DiskInventory -ComputerName SRV02 -drivetype 3
#>
param (
  $computername = 'localhost',
  $drivetype = 3
)
Get-CimInstance -class Win32_LogicalDisk -ComputerName $computername `
 -filter "drivetype=$drivetype"  |
 Sort-Object -property DeviceID |
 Select-Object -property DeviceID, ❶
    @{label='FreeSpace(MB)';expression={$_.FreeSpace / 1MB -as [int]}},
    @{label='Size(GB)';expression={$_.Size / 1GB -as [int]}},
    @{label='%Free';expression={$_.FreeSpace / $_.Size * 100 -as [int]}}
```

❶ 請注意，這裡使用了 Select-Object，而不是第 19 章中使用的 Format-Table。

我們為什麼要選擇使用 Select-Object，而不是 Format-Table？我們通常認為，撰寫一個產生預先格式化輸出結果的指令碼，不是一個好的做法。畢竟，如果有人需要把這些資料儲存到 CSV 檔案中，而指令碼輸出的是格式化表格，那麼這個人就沒辦法了。經過這次修改，我們可以用這樣的方式執行我們的指令碼，來產生一個格式化的表格：

```
PS C:\> .\Get-DiskInventory | Format-Table
```

或者，我們也可以用這種方式執行它，來產生所需的 CSV 檔案：

```
PS C:\> .\Get-DiskInventory | Export-CSV disks.csv
```

重點是，輸出物件（正是 Select-Object 所做的工作），相對於只是進行格式化顯示，從長遠來看，可以讓我們的指令碼使用起來更加靈活。

20.2　讓 PowerShell 處理困難的工作

我們要來啓用一些 PowerShell 的神奇功能，只要在我們的指令碼中加入一行程式碼即可。這在技術層面上把我們的指令碼轉變成了進階指令碼（advanced script），啓用了許多實用的 PowerShell 功能。下面的清單展示了這次的修改。

清單 20.2：將 Get-DiskInventory.ps1 轉變為進階指令碼

```
<#
.SYNOPSIS
Get-DiskInventory retrieves logical disk information from one or
more computers.
.DESCRIPTION
Get-DiskInventory uses WMI to retrieve the Win32_LogicalDisk
instances from one or more computers. It displays each disk's
drive letter, free space, total size, and percentage of free
space.
.PARAMETER computername
The computer name, or names, to query. Default: Localhost.
.PARAMETER drivetype
The drive type to query. See Win32_LogicalDisk documentation
for values. 3 is a fixed disk, and is the default.
.EXAMPLE
Get-DiskInventory -ComputerName SRV02 -drivetype 3
#>
[CmdletBinding()] ❶
param (
  $computername = 'localhost',
  $drivetype = 3
)
Get-CimInstance -class Win32_LogicalDisk -ComputerName $computername `
 -filter "drivetype=$drivetype"  |
 Sort-Object -property DeviceID |
 Select-Object -property DeviceID,
    @{name='FreeSpace(MB)';expression={$_.FreeSpace / 1MB -as [int]}},
    @{name='Size(GB)';expression={$_.Size / 1GB -as [int]}},
    @{name='%Free';expression={$_.FreeSpace / $_.Size * 100 -as [int]}}
```

❶ [CmdletBinding()] 必須放在註解式說明之後的第一行；PowerShell 會知道在這裡尋找它。

正如前面所提到的，`[CmdletBinding()]` 這個指示詞必須放在指令碼中註解式說明之後的第一行，這一點很重要。PowerShell 只會在這個位置尋找它。經過這一次的修改，指令碼仍會正常運作，同時我們啓用了幾項我們接下來要介紹的實用功能。

20.3 讓參數成爲強制性的

從這裡開始，我們可以說我們已經完成了，但這樣就不有趣了，不是嗎？我們的指令碼以它現有的形式存在，是因爲它爲 -ComputerName 參數設定了一個預設值，但我們不確定是否眞的需要這個預設值。我們寧可讓指令碼提示這個值，而不是依賴一個寫死的預設值（a hardcoded default）。幸好，PowerShell 讓這件事情變得簡單，同樣地，只需新增一行程式碼就能做到，如下列清單所示。

清單 20.3：爲 Get-DiskInventory.ps1 增加一個強制性參數

```
<#
.SYNOPSIS
Get-DiskInventory retrieves logical disk information from one or
more computers.
.DESCRIPTION
Get-DiskInventory uses WMI to retrieve the Win32_LogicalDisk
instances from one or more computers. It displays each disk's
drive letter, free space, total size, and percentage of free
space.
.PARAMETER computername
The computer name, or names, to query. Default: Localhost.
.PARAMETER drivetype
The drive type to query. See Win32_LogicalDisk documentation
for values. 3 is a fixed disk, and is the default.
.EXAMPLE
Get-DiskInventory -ComputerName SRV02 -drivetype 3
#>
[CmdletBinding()]
param (
  [Parameter(Mandatory=$True)]
  [string]$computername, ❶
  [int]$drivetype = 3
)
```

```
Get-CimInstance -class Win32_LogicalDisk -ComputerName $computername `
 -filter "drivetype=$drivetype"  |
 Sort-Object -property DeviceID |
 Select-Object -property DeviceID,
     @{name='FreeSpace(MB)';expression={$_.FreeSpace / 1MB -as [int]}},
     @{name='Size(GB)';expression={$_.Size / 1GB -as [int]}},
     @{name='%Free';expression={$_.FreeSpace / $_.Size * 100 -as [int]}}
```

❶ 當指令碼執行者未提供電腦名稱時，[Parameter(Mandatory=$True)] 這個裝飾器會讓
　PowerShell 提示他們輸入電腦名稱。

追求卓越

當有人執行你的指令碼，但沒有提供必要參數時，PowerShell 會提示他們輸入。有兩種方式可
以讓 PowerShell 為使用者提供更有意義的提示。

首先，選擇一個好的參數名稱。相較於要求使用者輸入不清不楚的 comp，不如提示他們提供
computerName，比較前後兩個參數名稱，選擇後者會更有幫助，因此，請盡量選用既能精準
描述又與其他 PowerShell 命令風格一致的參數名稱。

你還可以加入一個輔助說明的訊息：

```
[Parameter(Mandatory=$True,HelpMessage="Enter a computer name to query")
```

有些 PowerShell 主機會把該輔助說明的訊息當成提示的一部分顯示出來，這對使用者來說更
加明確，但不是每個主機應用程式都會利用這個標記（attribute，又譯屬性），因此在測試過
程中，如果有時看不到它，也無需太過擔心。即使如此，當我們撰寫意圖供他人使用的指令碼
時，我們還是傾向於加入輔助說明的訊息。這並無不妥。但出於篇幅考量，我們會在本章的範
例中省略 HelpMessage。

只需要一個裝飾器（decorator），即 [Parameter(Mandatory=$True)]，就能讓
PowerShell 在指令碼使用者未提供電腦名稱時進行提示。為了進一步幫助 PowerShell，
我們已經為兩個參數各設定了一種資料類型：-ComputerName 設為 [string]，-drivetype
則設為 [int]（表示 integer，即「整數」）。

把這些類型的標記（attribute）加到參數上，可能會造成困惑，所以讓我們來更仔細地
分析 Param() 區塊內的語法。請看一下圖 20.1。

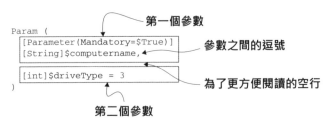

圖 20.1　解析 Param() 區塊的語法

以下是需要注意的重點：

☐ 所有的參數都被放在 `Param()` 區塊的括號內。

☐ 單一參數可以包含多個裝飾器，這些裝飾器可以串連成一行，也可以像圖 20.1 中顯示的那樣拆分成多行。我們認為「多行」更容易閱讀，但最重要的是它們都要放在一起。在這裡，`Mandatory` 標記只有 `-ComputerName` 有作用；它對 `-drivetype` 則沒有任何作用。

☐ 每個參數名稱後面都跟著一個逗號，除了最後一個參數名稱之外。

☐ 為了提高可讀性，我們建議在每個參數之間加入一個空行。我們認為這有助於在視覺上更好地分離它們，使 `Param()` 區塊看起來不那麼混亂。

☐ 我們把每個參數都定義為像 `$computername` 和 `$drivetype` 這樣的變數，然而，執行這個指令碼的人會把它們當作「一般的 PowerShell 命令列參數」一樣來使用它們，如 `-ComputerName` 和 `-drivetype`。

> **TRY IT NOW**　請在自己的系統上執行這些命令來查看結果。這些命令會產生相當長的輸出結果，所以並不適合放在本書裡，甚至也不適合放在截圖中。

20.4　增加參數的別名

當你想到電腦名稱時，你第一時間想到的詞彙是 computername 嗎？可能不是。不過，我們選擇使用 `-ComputerName` 作為我們的參數名稱，這是因為它與其他 PowerShell 命令的命名風格一致。看看 `Get-Service`、`Get-CimInstance`、`Get-Process` 等命令，你會發現它們都有一個 `-ComputerName` 參數。因為這個原因，我們決定採用這個參數名稱。

　　不過，如果你更習慣於使用像是 -host 這樣的名稱，你可以把它加入作爲該參數的替代名稱，也就是別名。這只是另一種形式的裝飾器，如下面的清單所示。但請避免使用 -hostname，因爲在 PowerShell 遠端操作中，它通常指的是 SSH 連線。

清單 20.4：爲 Get-DiskInventory.ps1 增加一個參數的別名

```
<#
.SYNOPSIS
Get-DiskInventory retrieves logical disk information from one or
more computers.
.DESCRIPTION
Get-DiskInventory uses WMI to retrieve the Win32_LogicalDisk
instances from one or more computers. It displays each disk's
drive letter, free space, total size, and percentage of free
space.
.PARAMETER computername
The computer name, or names, to query. Default: Localhost.
.PARAMETER drivetype
The drive type to query. See Win32_LogicalDisk documentation
for values. 3 is a fixed disk, and is the default.
.EXAMPLE
Get-DiskInventory -ComputerName SRV02 -drivetype 3
#>
[CmdletBinding()]
param (
  [Parameter(Mandatory=$True)]
  [Alias('host')] ❶
  [string]$computername,
  [int]$drivetype = 3
)
Get-CimInstance -class Win32_LogicalDisk -ComputerName $computername `
 -filter "drivetype=$drivetype"  |
 Sort-Object -property DeviceID |
 Select-Object -property DeviceID,
     @{name='FreeSpace(MB)';expression={$_.FreeSpace / 1MB -as [int]}},
     @{name='Size(GB)';expression={$_.Size / 1GB -as [int]}},
     @{name='%Free';expression={$_.FreeSpace / $_.Size * 100 -as [int]}}
```

❶ 這個新增的項目是 -ComputerName 參數的一部分；它對 -drivetype 沒有任何影響。

經過了這個小變動後，我們現在可以這樣執行：

```
PS C:\> .\Get-DiskInventory -host SRV02
```

> **NOTE** 請記住，你只需要輸入足夠的參數名稱，讓 PowerShell 能夠辨識你指的是哪一個參數。在這個例子中，輸入 -host 已經足以讓 PowerShell 識別出 -hostname。當然，我們也可以輸入完整的參數名稱。

再次強調，這個新增的項目是 -ComputerName 參數的一部分；它對 -drivetype 沒有任何影響。現在，-ComputerName 參數的定義佔用了三行文字，雖然我們也可以選擇把所有的內容串連成一行：

```
[Parameter(Mandatory=$True)][Alias('hostname')][string]$computername,
```

但我們認為把這些內容擠在一行，會讓閱讀變得較為困難。

20.5 驗證輸入的參數

我們來對 -drivetype 參數進行一些調整。根據 MSDN 中 Win32_LogicalDisk 這個 WMI 類別的說明文件（搜尋類別名稱，你會在搜尋結果頂端找到相關文件），磁碟類型 3 是本機硬碟（local hard disk）。而類型 2 是可移除式磁碟機（removable disk），這類型的磁碟機應該也會有容量大小和可用空間的測量數據。磁碟類型 1、4、5 和 6 我們不太關心（現在還有人使用類型 6 的 RAM 磁碟嗎？），而有些類型的磁碟機，在某些情況下可能沒有可用空間的數據（如類型 5 的光碟就是如此）。因此，我們想要避免在執行指令碼時使用到這些磁碟類型。下面的清單展示了我們需要進行的一些修改。

清單 20.5：為 Get-DiskInventory.ps1 增加參數驗證（parameter validation）

```
<#
.SYNOPSIS
Get-DiskInventory retrieves logical disk information from one or
more computers.
.DESCRIPTION
Get-DiskInventory uses WMI to retrieve the Win32_LogicalDisk
instances from one or more computers. It displays each disk's
drive letter, free space, total size, and percentage of free
```

```
space.
.PARAMETER computername
The computer name, or names, to query. Default: Localhost.
.PARAMETER drivetype
The drive type to query. See Win32_LogicalDisk documentation
for values. 3 is a fixed disk, and is the default.
.EXAMPLE
Get-DiskInventory -ComputerName SRV02 -drivetype 3
#>
[CmdletBinding()]
param (
  [Parameter(Mandatory=$True)]
  [Alias('hostname')]
  [string]$computername,
  [ValidateSet(2,3)] ❶
  [int]$drivetype = 3
)
Get-CimInstance -class Win32_LogicalDisk -ComputerName $computername `
 -filter "drivetype=$drivetype"  |
 Sort-Object -property DeviceID |
 Select-Object -property DeviceID,
     @{name='FreeSpace(MB)';expression={$_.FreeSpace / 1MB -as [int]}},
     @{name='Size(GB)';expression={$_.Size / 1GB -as [int]}},
     @{name='%Free';expression={$_.FreeSpace / $_.Size * 100 -as [int]}}
```

❶ 我們在指令碼中加入了 [ValidateSet(2,3)]，來指示 PowerShell 只接受兩個值，即 2 和 3，作為我們 -drivetype 參數的有效選項，而且預設值是 3。

　你可以對參數加入多種不同的驗證方式，而當情況允許時，你甚至可以在同一個參數上加入多重驗證。執行 help about_functions_advanced_parameters 就可以取得這些驗證方式的完整清單。在現階段，我們將繼續使用 ValidateSet()。

> **TRY IT NOW**　儲存這份指令碼並再次執行它。嘗試指定 -drivetype 5 作為參數，看看 PowerShell 會如何處理。

20.6 透過詳細輸出增加親和性和友好度

在第 17 章中，我們談到了我們更傾向於使用 `Write-Verbose` 而不是 `Write-Host`，來產生逐步執行進度的資訊，這是某些人會喜歡看到他們的指令碼產生的資訊。現在，我們要來展示一個真實的例子。在下面的清單中，我們增加了一些詳細的輸出訊息。

清單 20.6：為 Get-DiskInventory.ps1 加入詳細的輸出

```
<#
.SYNOPSIS
Get-DiskInventory retrieves logical disk information from one or
more computers.
.DESCRIPTION
Get-DiskInventory uses WMI to retrieve the Win32_LogicalDisk
instances from one or more computers. It displays each disk's
drive letter, free space, total size, and percentage of free
space.
.PARAMETER computername
The computer name, or names, to query. Default: Localhost.
.PARAMETER drivetype
The drive type to query. See Win32_LogicalDisk documentation
for values. 3 is a fixed disk, and is the default.
.EXAMPLE
Get-DiskInventory -ComputerName SRV02 -drivetype 3
#>
[CmdletBinding()]
param (
  [Parameter(Mandatory=$True)]
  [Alias('hostname')]
  [string]$computername,
  [ValidateSet(2,3)]
  [int]$drivetype = 3
)
Write-Verbose "Connecting to $computername" ❶
Write-Verbose "Looking for drive type $drivetype" ❶
Get-CimInstance -class Win32_LogicalDisk -ComputerName $computername `
 -filter "drivetype=$drivetype"  |
 Sort-Object -property DeviceID |
```

```
Select-Object -property DeviceID,
    @{name='FreeSpace(MB)';expression={$_.FreeSpace / 1MB -as [int]}},
    @{name='Size(GB)';expression={$_.Size / 1GB -as [int]}},
    @{name='%Free';expression={$_.FreeSpace / $_.Size * 100 -as [int]}}
Write-Verbose "Finished running command" ❶
```

❶ 加入三個詳細的輸出訊息

　　現在，請嘗試以兩種不同的方式執行這份指令碼。第一次嘗試應該不會顯示任何詳細的輸出訊息：

```
PS C:\> .\Get-DiskInventory -ComputerName localhost
```

　　現在進行第二次嘗試，這次我們希望能夠顯示詳細的輸出訊息：

```
PS C:\> .\Get-DiskInventory -ComputerName localhost -verbose
```

> **TRY IT NOW**　當你親自動手操作時，就會發現它更酷。請按照我們所展示的方式執行指令碼，並親自感受其不同之處。

　　這有多酷？當你想要詳細的輸出訊息時（在程式碼清單 20.6 所展示的），你可以輕鬆取得，而且你不需要特別設定 -Verbose 參數！只要加入 [Cmdlet-Binding()]，這項功能便隨之而來，不需要任何代價。其中一個特別屬害的部分是它還會「自動」觸發指令碼中所有命令的詳細輸出！這表示說，任何你使用的、被設計為產生詳細輸出訊息的命令，都會「自動神奇地」執行。這個技巧讓開啟或關閉詳細的輸出訊息變得容易，比使用 Write-Host 更有彈性。同時，你也不需要去調整 $VerbosePreference 變數，就能讓輸出結果顯示在螢幕上。

　　此外，請注意在詳細的輸出中，我們如何利用 PowerShell 的雙引號技巧：我們把變數（$computername）放入雙引號之中，這樣輸出結果就能包含該變數的內容，進而讓我們清楚地知道 PowerShell 的運作狀況。

20.7　練習題

　　這些練習題需要你回想一下在第 19 章所學的知識，因為你即將要處理下面的命令，對其進行參數化，並將其轉換成指令碼──就像你在第 19 章的練習題中所做的那樣。但這一次，我們還希望你把 -ComputerName 參數設爲強制性的，並賦予它一個 host 的別名。還有，你的指令碼需要在執行這個命令之前及之後，顯示詳細的輸出訊息。別忘了，你必須對電腦名稱進行參數化（不過在這個例子中，這也是你唯一必須要做的參數化）。

　　在你開始進行任何修改之前，請先確定能夠按原來的方式執行這個命令，以確保它在你的系統上能正常運作：

```
Get-CimInstance win32_networkadapter -ComputerName localhost |
 where { $_.PhysicalAdapter } |
 select MACAddress,AdapterType,DeviceID,Name,Speed
```

　　重申一遍，以下是你必須完成的任務清單：

❑ 在修改命令之前，請先確定該命令能夠按原來的方式執行。

❑ 把電腦名稱轉換爲一個參數。

❑ 把電腦名稱參數設定爲強制性的。

❑ 爲電腦名稱參數增加一個別名，即 host。

❑ 加入註解式說明，並至少提供一個如何使用指令碼的範例。

❑ 在已修改的命令前後，加入詳細的輸出訊息。

❑ 將指令碼儲存爲 Get-PhysicalAdapters.ps1。

20.8　練習題參考答案

```
<#
.Synopsis
Get physical network adapters
.Description
Display all physical adapters from the Win32_NetworkAdapter class.
.Parameter Computername
The name of the computer to check.
.Example
```

```
PS C:\> c:\scripts\Get-PhysicalAdapters -computer SERVER01
#>
[cmdletbinding()]
Param (
[Parameter(Mandatory=$True,HelpMessage="Enter a computername to query")]
[alias('host')]
[string]$Computername
)
Write-Verbose "Getting physical network adapters from $computername"
Get-CimInstance -class win32_networkadapter -computername $computername |
 where { $_.PhysicalAdapter } |
 select MACAddress,AdapterType,DeviceID,Name,Speed
Write-Verbose "Script finished."
```

追求卓越

運用你目前為止學到的知識，修改我們在第19章建立的指令碼，即 Get-FilePath.ps1（清單 19.2，第303頁），然後：

▶ 將其轉換為進階函式（advanced function）。

▶ 增加強制性參數（mandatory parameter）。

▶ 加入詳細的輸出訊息。

▶ 調整格式，讓轉換成 CSV 檔案更加方便。

## 21

使用正規表示式
來解析文字檔

正規表示式（regular expression）是那些令人尷尬的主題之一。經常有學生請我們解釋它們，但在談話進行到一半時，他們才意識到根本不需要使用正規表示式。正規表示式，有時也稱為 regex，在文字解析（text parsing）方面非常實用，這在 UNIX 和 Linux 作業系統裡是常有的需求。而在 PowerShell 中，你進行文字解析的頻率通常較低，需要用到 regex 的情況也相對較少。話雖如此，我們清楚地知道，在 PowerShell 中，有時你需要解析像日誌檔案（log file）這樣的文字內容。這正是本章介紹正規表示式的方式：作為解析文字檔的工具。

不要誤會我們的意思：你能用正規表示式做到的事情遠不止這些，而我們會在本章的最後介紹一些例子。但為了讓你在事先有一個合理的期待，我們要明確地告訴你，本書不會全面或詳細地介紹正規表示式。正規表示式可以無比複雜。它們本身就是一門完整的技術。我們會引導你入門，並嘗試以一種能夠立即應用於多種正式環境的方式來進行，而如果你有需要，我們還會提供進一步研究的指引。

本章的目標是用一個簡單的方式，向你介紹正規表示式的語法，並說明如何在 PowerShell 中運用正規表示式。如果你想自行學習更複雜的表示式，我們非常歡迎，你會學到如何在 shell 中使用這些表示式。

21.1 正規表示式的目的

正規表示式是使用一種特定的語言來編寫的，其目的是爲了定義一個文字模式（text pattern）。例如，一個 IPv4 位址，是由一到三個數字、一個英文句號、再一到三個數字、一個英文句號等所組成的。正規表示式能夠定義這樣的模式，但它也可能會接受類似 211.193.299.299 這樣的無效位址。這就是「辨識文字模式」與「驗證資料有效性」的區別。

正規表示式最大的用途之一（也是本章的主題），就是在大型的文字檔中（如日誌檔案）檢測特定的文字模式。舉例來說，你可能會寫一個正規表示式，在網頁伺服器日誌檔案中，搜尋象徵「HTTP 500 錯誤」的特定文字，或是在 SMTP 伺服器日誌檔案中，搜尋「電子郵件地址」。除了檢測文字模式之外，你可能還會使用正規表示式來截取相符的文字，讓你能從日誌檔案中截取出那些電子郵件地址。

21.2 正規表示式語法入門

最簡單的正規表示式就是你想要完全相符的一串文字。例如，Car，嚴格來說就是一個正規表示式，在 PowerShell 中它會比對到 CAR、car、Car、CaR 等；PowerShell 預設的比對方式是不區分大小寫的。

然而，在正規表示式中，某些字元是具有特殊意義的，它們讓你能夠檢測出可變的文字模式，以下是一些範例：

1 \w 用來比對「文字字元」（word character），包括字母、數字、底線，但不包括標點符號和空格。例如：\won 會比對到 Don、Ron 和 ton，其中 \w 可以代表任何一個字母、數字或底線。

2 \W 用來比對與 \w 相反的字元（這剛好是 PowerShell 區分大小寫的其中一個例子），意謂著它會比對空格和標點符號——換句話說，就是「非文字字元」（nonword character）。

3 \d 用來比對 0 到 9 之間的所有數字。

4 \D 用來比對非數字字元。

5 \s 用來比對所有形式的空格字元，包括定位符號（tab）、空格符號（space）、換行符號（carriage return）。

6 \S 用來比對所有非空格字元。

7 .（英文句號）表示任何單一字元。

8 [abcde] 用來比對中括號中的所有字元。例如：c[aeiou]r 會比對出 car 和 cur，但是不會比對出 caun 或 coir。

9 [a-z] 用來比對中括號中「字元範圍內」的所有字元。你可以用逗號分隔的方式指定多個範圍，例如：[a-f,m-z]。

10 [^abcde] 用來比對一個或多個不在中括號中的所有字元，例如：d[^aeiou] 會比對出 dns，但不會比對出 don。

11 ? 放在其他文字或特定字元的後面，用來比對出該字元精確地出現一次。例如：ca?r 會比對出 car，但不會比對出 coir。此外，它還可以比對出 cr，因爲 ? 也用來比對前置字元（preceding character）出現 0 次。

12 * 用來比對前置字元出現任何次數。例如：ca*r 會比對出 cair 和 car。同時，它也能比對出 cr，因爲 * 也用來比對前置字元出現 0 次。

13 + 用來比較前置字元至少出現一次。你會經常看到它與小括號一起使用，小括號用來建立某個子表示式（subexpression）。例如：(ca)+r 會比對出 cacacacar，因爲它重複比對出了 ca 這個子表示式。

14 \ （反斜線）是正規表示式的跳脫字元（escape character）。在「正規表示式語法中有特殊含義的字元」前面加上反斜線，可以將該字元轉義爲「單純的文字」。例如：\. 會比對出一個眞正的英文句號，而不是讓英文句號像一般那樣代表任何單一字元。要比對一個反斜線的話，則使用另一個反斜線來跳脫它：\\。

15 {2} 用來比對前置字元出現指定次數的情況。例如：\d{1} 會精確比對出一個數字，{2,} 會比對出至少兩個，{1,3} 會比對出至少一個，但最多三個。

16 ^ 用來比對字串的開頭。例如 .c.⌴ 會比對出 car 和 pteranocar，但是 ^c.r 只會比對出 car，而不會比對出 pteranocar，因爲 ^ 限定比對必須發生在字串的開頭。這與先前在「中括號」中使用 ^ 來表示否定比對（negative match）的情況不同。

17 $ 用來比對字串的結尾。例如：.icks 會比對出 hicks 和 sticks（在這個例子中，嚴格來講是比對出 ticks），同時，它也會比對出 Dickson，但是 .icks$ 並不會比對出 Dickson，因爲 $ 表示這個字串在 s 之後就不會再有任何內容了。

　　大概就這樣——你已經快速地看過一遍基本的正規表示式語法啦。如前所述，還有更多的語法可以探索，但這些內容已經足夠完成一些基本的工作了。接下來，讓我們來看看一些正規表示式的例子：

❏ `\d{1,3}\.\d{1,3}\.\d{1,3}\.\d{1,3}` 能夠比對一個 IPv4 位址，雖然它會接受不合法的資料，如 `432.567.875.000`，但它也同時接受像是 `192.169.15.12` 這樣的合法資料。

❏ `\\\\\w+(\\\w+)+` 能夠比對通用命名慣例（Universal Naming Convention，UNC）的路徑。這個正規表示式中，所有的反斜線閱讀起來相當困難，這也是為什麼在正式任務中使用之前，測試和微調你的正規表示式非常重要。

❏ `\w{1}\.\w+@company\.com` 能夠比對一種特定形式的電子郵件地址：名字的首字母、一個英文句號、姓氏，然後是 `@company.com`。例如：`s.smith@company.com` 就是一個有效的比對。但是接下來這個你得格外小心。例如：`Samuel.smith@company.com.org` 也會是一個有效的比對。正規表示式允許「在相符部分的前後」有額外的文字。在這種情況下，這就是 `^` 和 `$` 定位符號出場發揮作用的時候了。

NOTE　在 PowerShell 中執行 `help about_regular_expressions`，就會找到更多關於正規表示式基本語法的詳細資訊。在本章的最後，我們還提供了一些其他資源給你參考，方便你進一步探索。

21.3 搭配 -Match 使用正規表示式

　　PowerShell 內建了一個比較運算子（comparison operator），即 `-Match`，以及它區分大小寫的版本，即 `-CMatch`，這些都能搭配正規表示式一起使用。以下是一些範例：

```
PS C:\> "car" -match "c[aeiou]r"
True
PS C:\> "caaar" -match "c[aeiou]r"
False
PS C:\> "caaar" -match "c[aeiou]+r"
True
PS C:\> "cjinr" -match "c[aeiou]+r"
False
```

```
PS C:\> "cear" -match "c[aeiou]r"
False
```

　　雖然 -Match 有多種用途，但我們主要會用它來測試正規表示式，確保它們運作正常。正如你所看到的，左邊的運算元（left-hand operand）是你想要測試的字串，而右邊的運算元（right-hand operand）則是正規表示式。如果有比對相符，它會輸出 True；如果沒有，則輸出 False。

> **TRY IT NOW**　現在正是暫停閱讀並開始動手使用 -Match 運算子的好時機。試著操作我們剛剛談論到的幾個範例，並確認你在 shell 中能夠熟練地使用 -Match 運算子。

21.4　搭配 Select-String 使用正規表示式

　　現在我們來到了本章最關鍵的內容。我們會用一些網頁伺服器的日誌檔案作為範例，因為它們正是正規表示式專門用來處理的純文字檔類型。如果我們能夠以更接近物件導向的方式在 PowerShell 中讀取這些日誌，那是最理想的，但遺憾的是我們做不到。所以只能用正規表示式。

　　首先，讓我們先掃描日誌檔案來尋找任何 40x 的錯誤。這些錯誤大多是找不到檔案（File Not Found）或類似的錯誤，我們希望產生一份錯誤檔案的報告，提供給我們組織內的網頁開發人員參考。日誌檔案中，一行對應一個 HTTP 請求記錄，而且每一行都由「以空格隔開的欄位」組成。其中有一些檔案的檔名包含了 401 等數字（如 error401.html），我們不想讓這些檔案出現在搜尋結果裡。所以，我們使用了像 \s40[0-9]\s 這樣的正規表示式，因為它指定比對「40x 錯誤碼」兩側的空格。這樣應該可以搜尋到狀態碼從 400 到 409 的所有錯誤。以下是我們使用的命令：

```
PS C:\logfiles> get-childitem -filter *.log -recurse |
 select-string -pattern "\s40[0-9]\s" |
 format-table Filename,LineNumber,Line -wrap
```

　　請注意，我們把目錄切換到 C:\LogFiles 來執行這個命令。我們先指示 PowerShell 遞迴搜尋所有子目錄，取得所有與 *.log 檔名模式相符的檔案。這樣可以確保所有的日誌檔案都被包含在輸出結果中。然後，我們使用 Select-String 命令，並將我們的正規表示式作爲 pattern 的參數值傳入。這個命令的輸出結果是一個 `MatchInfo` 物件；我們使用 `Format-Table` 來建立一個顯示結果，內容包括了檔案名稱、行號和比對相符的該行文字內容。這個顯示結果可以輕易地被轉輸出成一個檔案，並交付給我們的網頁開發人員。

NOTE 　你可能已經注意到，我們使用的是 `Format-Table`。我們這樣做有兩個原因。第一個原因是我們想讓螢幕上的文字能自動換行，第二個原因是我們只想讓螢幕看起來更加整潔，而且我們沒有輸出任何其他的資訊。

下一步，我們想掃描檔案，來尋找所有從「以 Gecko 爲核心的網頁瀏覽器」發出的存取記錄。開發人員告訴我們，有些客戶在使用這些瀏覽器瀏覽網站時遇到了問題，他們想知道具體是「哪些檔案」被請求了。他們認爲問題可能是集中在 Windows NT 10.0 上執行的瀏覽器，這意謂著我們需要尋找看起來像下面這樣的使用者代理字串（user-agent string）：

```
(Windows+NT+10.0;+WOW64;+rv:11.0)+Gecko
```

開發人員強調，有關 64 位元的細節並不重要，所以他們不希望日誌搜尋結果僅限於 `WOW64` 的使用者代理字串。於是我們設計了一個這樣的正規表示式：`10\.0;[\w\W]+\+Gecko`。讓我們來分析它吧：

❑ `10\.0;`：這表示 10.0。請注意，我們跳脫了英文句點，讓它成爲了一個字面字元（literal character），而不是一般代表單一字元的萬用字元。

❑ `[\w\W]+`：這表示一個或多個文字字元或非文字字元（換句話說，就是任何字元）。

❑ `\+Gecko`：這表示一個字面上的 +，後面接著 Gecko。

以下的命令，會從日誌檔案中找到比對相符的文字行，以及輸出結果的開頭幾行：

```
PS C:\logfiles> get-childitem -filter *.log -recurse |
Select-string -pattern "10\.0;[\w\W]+\+Gecko"
W3SVC1\u_ex120420.log:14:2012-04-20 21:45:04 10.211.55.30 GET
    /MyApp1/Testpage.asp - 80 - 10.211.55.29
    Mozilla/5.0+(Windows+NT+10.0;+WOW64;+rv:11.0)+Gecko/20100101+Firefox/11.
    0 200 0 0 1125
W3SVC1\u_ex120420.log:15:2012-04-20 21:45:04 10.211.55.30 GET /TestPage.asp -
    80 - 10.211.55.29
    Mozilla/5.0+(Windows+NT+10.0;+WOW64;+rv:11.0)+Gecko/20100101+Firefox/11.
    0 200 0 0 1 109
```

這一次，我們讓輸出結果保持在預設格式，而沒有把輸出結果傳送給用於格式化的
cmdlet。

作為最後一個範例，讓我們把目光從 IIS 日誌檔案轉向 Windows 安全日誌。事件記錄
的項目含有一個 Message 屬性，內有詳細的事件資訊。不幸的是，這些資訊的格式是為
了方便人類閱讀而設計的，並不是為了方便電腦解析。我們想要尋找事件識別碼 4624
的所有事件記錄，這個識別碼代表「帳號登入」的事件（這個事件識別碼，在不同的
Windows 版本裡可能會有所不同；我們的範例來自 Windows Server 2008 R2）。然而，我
們只想要查看關於登入帳號「以 WIN 開頭」的相關事件，這與我們網域內的電腦使用者
帳號有關，而且這類帳號名稱的結尾是從 TM20$ 到 TM40$，符合這些條件的，才是我
們關注的特定帳號。針對這個需求，一個可能的正規表示式是 WIN[\W\w]+TM[234][0-
9]\$。請注意，我們需要跳脫最後的那個錢字符號，以防止它被誤解為字串結束的定位
符號。我們還需要包含 [\W\w]（文字字元與非文字字元），因為我們的帳號名稱中可能
會有連接號，這不會與 \w 文字字元相符。以下是我們的命令：

```
PS C:\> get-eventlog -LogName security | where { $_.eventid -eq 4624 } |
select -ExpandProperty message | select-string -pattern
"WIN[\W\w]+TM[234][0-9]\$"
```

首先，我們使用 Where-Object，只保留事件識別碼 4624 的事件。接著，我們將
「Message 屬性的內容」展開成文字字串，並把它輸送給 Select-String。請注意，這
樣做將輸出比對相符的訊息內容；如果我們的目的是要輸出整個比對相符的事件，就得
使用不同的處理方式：

```
PS C:\> get-eventlog -LogName security | where { $_.eventid -eq 4624 -and
➥ $_.message -match "WIN[\W\w]+TM[234][0-9]\$" }
```

在這裡，我們不是直接輸出「Message 屬性的內容」，而是只尋找 Message 屬性中，其
文字內容與「我們的正規表示式」相符的記錄，然後輸出整個事件物件。這完全取決於
你想要輸出的內容。

21.5 練習題

> **NOTE** 針對這些練習題，你需要一台安裝了 PowerShell v7 以上版本的電腦。

毫無疑問，正規表示式確實讓人感到暈頭轉向，所以不建議你一開始就建立複雜的正規表示式，可先從簡單的開始。以下是一些簡單練習，幫助你逐步進入狀態。請使用正規表示式和運算子完成以下任務：

1 在你的 Windows 或 /usr 目錄裡面，找出名稱中包含兩位數字的所有檔案。

2 找出所有已載入到你電腦中「來自 Microsoft」的模組，並顯示其名稱、版本號、作者和公司名稱。（提示：可以把 `Get-module` 的輸出結果輸送到 `Get-Member`，來找出屬性名稱。）

3 在 Windows 更新日誌中，你只想要顯示代理程式（agent）開始安裝檔案的那些記錄。你可能需要用 Notepad 打開日誌檔案，來找出你需要選取的字串。你可能還要執行 `Get-WindowsUpdateLog`，相關的日誌檔案會被存放在你的電腦桌面上。

在 Linux 上，請尋找你的歷史日誌，並顯示你安裝套件的那些記錄。

4 使用 `Get-DNSClientCache` **cmdlet**，顯示 `Data` 屬性是 IPv4 位址的所有清單項目。

5 如果你正在使用 Linux（或 Windows）的機器，請找出 HOSTS 檔案中包含 IPV4 位址的那些內容。

21.6 練習題參考答案

1
```
Get-ChildItem c:\windows | where {$_.name -match "\d{2}"}
Get-ChildItem /usr | where {$_.name -match "\d{2}"}
```

2
```
get-module | where {$_.companyname -match "^Microsoft"} |
Select Name,Version,Author,Company
```

3
```
get-content C:\Windows\WindowsUpdate.log |
Select-string "[\w+\W+]Installing Update"
Get-content ./apt/history.log | select-string "[\w+\W+]Installing"
```

4 你可以使用一個「以 1 到 3 個數字開頭，加上一個字面英文句號」的模式，像這樣：

```
get-dnsclientcache | where { $_.data -match "^\d{1,3}\."}
```

或者你也可以比對完整的 IPv4 位址字串：

```
get-dnsclientcache | where
{ $_.data -match "^\d{1,3}\.\d{1,3}\.\d{1,3}\.\d{1,3}"}
```

5 `gc /etc/hosts | where {$_ -match "^\d{1,3}\.\d{1,3}\.\d{1,3}\.\d{1,3}"}`

21.7　深入探索

你會發現，在 PowerShell 的其他地方也有正規表示式的應用，而其中許多與本書中沒有提到的 shell 元素有關。以下有一些例子：

❏ `Switch` 指令碼結構包含了一個參數，該參數能夠將「某個值」與「一個或多個正規表示式」進行比對。

❏ 進階指令碼和函式（指令碼型 cmdlet）可以利用「以正規表示式為基礎的輸入驗證工具」，來協助避免無效的參數值。

❏ `-Match` 運算子（我們在本章中有稍微介紹過）用於檢測「字串」是否與「正規表示式」相符，而且（我們之前沒有提到的是）它會把「比對相符的字串」截取進「一個自動產生的 `$matches` 集合」裡。

PowerShell 使用業界標準的正規表示式語法，如果你有興趣深入學習的話，我們推薦閱讀 Jeffrey E. F. Friedl 的《*Mastering Regular Expressions*》（O'Reilly 出版，2006 年）。市面上還有很多關於正規表示式的書籍，其中有一些是專門針對 Windows 及 .NET 的（因此也適用於 PowerShell），有些則著重於針對特定的情境建構正規表示式等等。瀏覽你喜愛的線上書店，看看是否有任何書籍適合你的學習需求。

我們也會使用免費的線上正規表示式資源庫，即 http://RegExLib.com，它有許多用於各種目的的正規表示式範例（電話號碼、電子郵件地址、IP 位址，應有盡有）。我們還常常使用 http://RegExTester.com，這個網站讓你可以互動地測試正規表示式，並按照你的需要精確地調整正規表示式。

使用別人的指令碼
22

雖然我們希望你能夠從零開始建立自己的 PowerShell 命令和指令碼，我們同時也意識到，你會很大程度上依賴網際網路來尋找範例。無論你是要重新利用來自某人部落格中的範例，或是修改你在線上指令碼資源庫（online script repository）找到的指令碼，能夠重用（reuse）別人的 PowerShell 指令碼也算是一項重要的核心技能。在本章中，我們將帶領你了解「我們用來理解別人的指令碼，並讓它為自己所用」的過程。

> **THANKS** 特別感謝 Brett Miller，他為我們提供了本章使用的指令碼。我們特意向他索取一份不太完美的指令碼，該指令碼不怎麼完全遵循我們一般期望看到的最佳實踐。在某些情況下，我們刻意降低了這份指令碼的品質，目的是為了讓本章更貼近真實世界的情況。我們衷心感謝他對這次學習活動的重要貢獻！

請注意，我們特別選用這些指令碼，是因為它們使用了我們還沒有向你講解過的進階 PowerShell 功能。同樣地，我們認為這很貼近現實情況：你可能會碰到一些陌生的東西，而這次學習活動的其中一個部分，就是要學會如何迅速理解指令碼的運作方式，即便你對指令碼所用的每項技巧尚未完全熟練。

22.1 指令碼

這是我們許多學生都經歷過的真實情境。當他們遇到問題時，他們會上網搜尋，找到一個可以符合他們需求的指令碼。理解其背後所發生的事情是非常重要的。下面的清單展示了一份名為 Get-AdExistence.ps1 的完整指令碼。這份指令碼設計用來搭配 Microsoft 的 AD cmdlet 一起使用。請注意，它僅適用於 Windows 系統的電腦。如果你無法使用裝有 Active Directory 的 Windows 機器，你仍然可以跟著我們一起學習，因為我們會逐步詳細地解析這個指令碼。

清單 22.1：Get-AdExistence.Ps1

```
<#
.Synopsis
   Checks if computer account exists for computer names provided
.DESCRIPTION
   Checks if computer account exists for computer names provided
.EXAMPLE
   Get-ADExistence $computers
.EXAMPLE
   Get-ADExistence "computer1","computer2"
#>
function Get-ADExistence {
    [CmdletBinding()]
    Param(
        # single or array of machine names
        [Parameter(Mandatory = $true,
            ValueFromPipeline = $true,
            ValueFromPipelineByPropertyName = $true,
            HelpMessage = "Enter one or multiple computer names")]
        [String[]]$Computers
    )
    Begin {}
    Process {
        foreach ($computer in $computers) {
            try {
                $comp = get-adcomputer $computer -ErrorAction stop
                $properties = @{computername = $computer
                    Enabled              = $comp.enabled
```

```
                    InAD                    = 'Yes'
                }
            }
            catch {
                $properties = @{computername = $computer
                    Enabled                 = 'Fat Chance'
                    InAD                    = 'No'
                }
            }
            finally {
                $obj = New-Object -TypeName psobject -Property $properties
                Write-Output $obj
            }
        } #End foreach
    } #End Process
    End {}
} #End Function
```

22.1.1　參數區塊

首先要介紹的是參數區塊（parameter block），這是在第 19 章中你已經學會建立的：

```
Param(
        # single or array of machine names
        [Parameter(Mandatory=$true,
                ValueFromPipeline=$true,
        [String[]]$Computers
    )
```

這個參數區塊看起來有些不同，它定義了一個能夠接受陣列的 -Computers 參數，而且這個參數是強制性的。這是合理的。當你執行這段指令碼時，你需要提供這個資訊。而接下來的幾行則更加神秘：

```
Begin{}
Process
```

我們還沒有講解過流程區塊（process block），但現在你只需要知道，這是指令碼的核心內容所在。在《*Learn PowerShell Scripting in a Month of Lunches*》（Manning 出版，2017 年）一書中，我們對此有更詳盡的說明。

22.1.2 流程區塊

我們還沒有介紹過 Try Catch，但不用擔心，我們很快就會講到這部分的內容。目前你只需要知道，你將會去 Try 某件事，如果不成功，則會 CATCH 它拋出的錯誤。接下來，我們會看到兩個變數，$comp 和 $properties。

```
foreach ($computer in $computers) {
        try {
            $comp = get-adcomputer $computer
            $properties = @{computername = $computer
                            Enabled = $comp.enabled
                            InAD = 'Yes'}
        }
        catch {
            $properties = @{computername = $computer
                            Enabled = 'Fat Chance'
                            InAD = 'No'}
        }
```

$Comp 正在執行一個 Active Directory 命令，來檢查電腦是否存在，如果存在的話，它會把 AD 的資訊儲存在 $comp 變數。$Properties 是我們建立的一個雜湊表（hash table），用來儲存一些我們需要的資訊，包括 ComputerName、Enabled，以及它是否存在於 AD 之中。

指令碼的其餘部分會把我們建立的雜湊表轉換成一個 PS 自訂物件，然後使用 Write-Output 將其輸出在螢幕上。

```
finally {
        $obj = New-Object -TypeName psobject -Property $properties
        Write-Output $obj
    }
```

> **追求卓越**
>
> 如果要把這個輸出結果寫入到一個文字檔或 CSV 檔，我們需要做哪些修改？

22.2　逐行檢驗

上一節所描述的流程，是一種對指令碼的逐行分析（line-by-line analysis），而這也是我們建議各位遵循的方式。在你進行逐行分析時，請執行以下步驟：

❏ 識別變數，試著推測它們會包含的內容，並寫在一張紙上。因為變數經常會被傳遞到命令的參數中，所以擁有一份方便的參考，記錄你對每個變數的預測內容，將有助於你預判每個命令會做什麼。

❏ 當你遇到新的命令時，請參閱它們的說明文件，並努力理解它們的功能。針對以 Get- 開頭的命令，請嘗試執行它們，將指令碼中「任何傳入變數的值」賦予給命令的「參數」，來觀察產生的輸出結果。

❏ 遇到不熟悉的元素時，如 if 或是 [environment]，可以考慮在虛擬機器中執行一小段程式碼片段，來觀察這些程式碼片段會做什麼（使用 VM 有助於保護你的正式環境）。同時，在說明文件中搜尋這些關鍵字（使用萬用字元），來進一步了解更多資訊。

最重要的是，不要忽略任何一行。不要認為：「好吧，我不知道這是做什麼的，那我就繼續往下看吧」。停下腳步，去理解每一行程式碼的功能，或者你認為它做了什麼。這會幫助你弄懂需要如何調整指令碼，來滿足你的特定需求。

22.3　練習題

清單 22.2 展示了一份完整的指令碼。看看你是否能理解它的功能以及如何使用它。你能預測這可能會造成哪些錯誤嗎？為了能在你的環境中使用它，你可能需要做些什麼？

請注意，這個指令碼應該可以直接執行（你可能需要以系統管理員的身分執行它，才能存取安全日誌），但如果它在你的系統上無法執行，你能找出問題所在嗎？請記住，可能你對指令碼中大部分的命令已有所了解，而對於你沒有見過的命令，PowerShell 的說明文件會提供幫助。這些說明文件中的範例包含了指令碼中展示的每一種技巧。

清單 22.2：Get-LastOn.ps1

```
function get-LastOn {
    <#
    .DESCRIPTION
    Tell me the most recent event log entries for logon or logoff.
```

```
    .BUGS

    Blank 'computer' column
    .EXAMPLE
    get-LastOn -computername server1 | Sort-Object time -Descending |
    Sort-Object id -unique | format-table -AutoSize -Wrap
    ID              Domain          Computer Time
    --              ------          -------- ----
    LOCAL SERVICE   NT AUTHORITY             4/3/2020 11:16:39 AM
    NETWORK SERVICE NT AUTHORITY             4/3/2020 11:16:39 AM
    SYSTEM          NT AUTHORITY             4/3/2020 11:16:02 AM
    Sorting -unique will ensure only one line per user ID, the most recent.
    Needs more testing
    .EXAMPLE
    PS C:\Users\administrator> get-LastOn -computername server1 -newest 10000
     -maxIDs 10000 | Sort-Object time -Descending |
     Sort-Object id -unique | format-table -AutoSize -Wrap
    ID              Domain          Computer Time
    --              ------          -------- ----
    Administrator   USS                      4/11/2020 10:44:57 PM
    ANONYMOUS LOGON NT AUTHORITY             4/3/2020 8:19:07 AM
    LOCAL SERVICE   NT AUTHORITY             10/19/2019 10:17:22 AM
    NETWORK SERVICE NT AUTHORITY             4/4/2020 8:24:09 AM
    student         WIN7                     4/11/2020 4:16:55 PM
    SYSTEM          NT AUTHORITY             10/18/2019 7:53:56 PM
    USSDC$          USS                      4/11/2020 9:38:05 AM
    WIN7$           USS                      10/19/2019 3:25:30 AM
    PS C:\Users\administrator>
    .EXAMPLE
    get-LastOn -newest 1000 -maxIDs 20
    Only examines the last 1000 lines of the event log
    .EXAMPLE
    get-LastOn -computername server1| Sort-Object time -Descending |
    Sort-Object id -unique | format-table -AutoSize -Wrap
    #>
    param (
        [string]$ComputerName = 'localhost',
        [int]$MaxEvents = 5000,
        [int]$maxIDs = 5,
        [int]$logonEventNum = 4624,
```

```
        [int]$logoffEventNum = 4647
    )
    $eventsAndIDs = Get-WinEvent -LogName security -MaxEvents $MaxEvents
    ➡ -ComputerName $ComputerName |
    Where-Object { $_.id -eq $logonEventNum -or `
    $_.id -eq $logoffEventNum } |
    Select-Object -Last $maxIDs -Property TimeCreated, MachineName, Message
    foreach ($event in $eventsAndIDs) {
        $id = ($event |
            parseEventLogMessage |
            where-Object { $_.fieldName -eq "Account Name" }  |
            Select-Object -last 1).fieldValue
        $domain = ($event |
            parseEventLogMessage |
            where-Object { $_.fieldName -eq "Account Domain" }  |
            Select-Object -last 1).fieldValue
        $props = @{'Time' = $event.TimeCreated;
            'Computer'    = $ComputerName;
            'ID'          = $id
            'Domain'      = $domain
        }
        $output_obj = New-Object -TypeName PSObject -Property $props
        write-output $output_obj
    }
}
function parseEventLogMessage() {
    [CmdletBinding()]
    param (
        [parameter(ValueFromPipeline = $True, Mandatory = $True)]
        [string]$Message
    )
    $eachLineArray = $Message -split "`n"
    foreach ($oneLine in $eachLineArray) {
        write-verbose "line:_$oneLine_"
        $fieldName, $fieldValue = $oneLine -split ":", 2
        try {
            $fieldName = $fieldName.trim()
            $fieldValue = $fieldValue.trim()
        }
        catch {
```

```
            $fieldName = ""
        }
        if ($fieldName -ne "" -and $fieldValue -ne "" ) {
            $props = @{'fieldName' = "$fieldName";
                'fieldValue'        = $fieldValue
            }
            $output_obj = New-Object -TypeName PSObject -Property $props
            Write-Output $output_obj
        }
    }
}
Get-LastOn
```

22.4 練習題參考答案

　　這個指令碼檔案似乎定義了兩個函式，這些函式在被呼叫之前不會有任何動作。在指令碼的最後有一個命令，即 Get-LastOn，它與其中一個函式同名，所以我們可以推論這個命令就是函式有被執行的部分。查看該函式，可以發現它含有許多預設參數，這也解釋了為何不需要呼叫其他的命令來提供參數給它。註解型的說明文件也解釋了這個函式的功能。這個函式的第一個部分是使用 Get-WinEvent：

```
$eventsAndIDs = Get-WinEvent -LogName security -MaxEvents $MaxEvents |
  Where-Object { $_.id -eq $logonEventNum -or $_.id -eq $logoffEventNum } |
  Select-Object -Last $maxIDs -Property TimeCreated, MachineName, Message
```

　　如果這是一個新的 cmdlet，我們會參閱說明文件和範例。這個運算式似乎是要回傳被限制了最大數量的事件，最大數量的值由使用者來定義。在查看 Get-WinEvent 的說明文件之後，我們發現，-MaxEvents 參數會按照新到舊的順序，回傳被設定了最大數量的事件。所以，我們的 $MaxEvents 變數才會來自於一個參數，其預設值為 5000。接著，這些事件記錄會使用 Where-Object 進行篩選，找出兩個事件記錄值（event log value，事件識別碼為 4624 和 4647），而這些同樣來自於參數。

　　接著，看起來像是在 foreach 迴圈中對每個事件記錄進行了一些操作。這裡有一個潛在的陷阱：在 foreach 迴圈中，看起來有其他變數被設定了。第一個變數取得事件物件並把它輸送給一個名為 parseEventmessage 的東西。這看起來不像是一個 cmdlet 的名稱，不過，我們確實在其中一個函式看到了它。跳轉到該函式，我們發現它接受一個訊息作為參數，並將訊息分割成一個陣列。我們可能需要研究一下 -Split 運算子。

陣列中的每一行都由另一個 foreach 迴圈進行處理。看起來訊息行再次被分割，並且有一個 try/catch 區塊來處理錯誤。同樣地，我們可能需要閱讀相關文件來了解其運作方式。最後，有一個 if 陳述式，它看起來是當分割出來的字串不為「空」時，就會建立一個名為 $props 的變數，為雜湊表或關聯陣列（associative array）的形式。如果函式的作者有加入一些註解，那麼這個函式會更容易解讀。無論如何，這個解析函式最後是以呼叫 New-Object 作為結束，這是另一個需要進一步了解的 cmdlet。

最終，這個函式的輸出結果會傳遞給呼叫它的函式。看起來相同的流程再一次地被用來取得 $domain。

哦，看，又出現了另一個雜湊表和 New-Object，但現在我們應該明白這個函式在做什麼了。這是這個函式的最終輸出結果，也是整個指令碼的最終輸出結果。

<h1 style="text-align: right;">加入邏輯與迴圈</h1>

_23_

　　迴圈（looping，亦即逐一處理一個清單中的物件），是所有程式語言的基本概念，PowerShell 也不例外。有時候，你會需要重複執行某一段程式碼許多次，而 PowerShell 已備妥相應功能，能很好地處理這類需求。

23.1 Foreach 和 Foreach-Object

　　本節可能會讓人覺得有點困惑，因為 `Foreach` 和 `Foreach-Object` 之間是有所不同的。請參考圖 23.1，來看看 `Foreach` 運作方式的視覺化呈現。

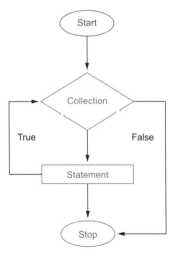

▌圖 23.1　Foreach 運作方式的圖解

23.1.1 Foreach

Foreach 命令可能是最常見的迴圈形式。Foreach 讓你能在一個項目集合中，逐一處理（iterate through）一組連續的值，例如：一個陣列。Foreach 命令的語法是

```
Foreach (p
temporary variable IN collection object)
{Do Something}
```

流程區塊（被 {} 括起來的部分）會根據集合中物件的數量，進行相應次數的執行。讓我們來看看以下的命令，並逐步解析它：

```
PS C:\Scripts> $array = 1..10
PS C:\Scripts> foreach ($a in $array) {Write-output $a}
```

首先，我們建立了一個名為 $array 的變數，其中包含了一個 1 到 10 的數字陣列。然後，我們建立了一個臨時變數（$a），並把「我們目前正在處理的集合項目」賦值給它。這個變數只在指令碼區塊內有效，並且會隨著我們逐一處理陣列中的元素而變化。

最後，大括號 { } 括起來的指令碼區塊會把 $a 輸出到螢幕上（圖 23.2）。

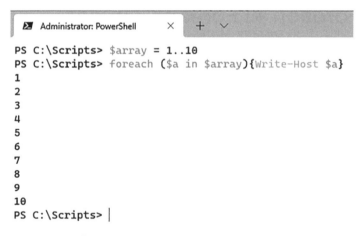

▌圖 23.2　使用 foreach 輸出陣列的內容

23.1.2 Foreach-Object

Foreach-Object 這個 cmdlet 會對輸入的集合物件中的每一個項目，執行在指令碼區塊中所定義的操作。大多數的情況下，Foreach-Object 是透過管線來呼叫的。

> **TIP**　如果你要逐一處理多個物件，就使用 Foreach；如果你是在管線中使用，則選擇 Foreach-Object。

讓我們來看看 Get-ChildItem | ForEach-Object {$_.name} 這個命令。我們先執行了 Get-ChildItem 命令，然後把物件傳送進管線，接著流向 Foreach-Object 這個 cmdlet。

接下來，針對從 Get-ChildItem 接收到的每一個項目，執行命令 $_.name（圖 23.3）。如果你還記得之前讀過的，$_ 代表管線中目前的物件。透過 $_.Name，我們取出了物件的 name 屬性，並將其顯示在螢幕上。

```
PS /mnt/c/Users/James> Get-ChildItem | Foreach-Object {$_.Name}
3D Objects
AppData
Application Data
Contacts
Cookies
Creative Cloud Files
Documents
Downloads
Favorites
```

▌圖 23.3　展示了如何搭配管線使用 foreach-object

無論是 Foreach 還是 Foreach-Object cmdlet，這些命令都是依序執行的，也就是說，它會先取得 item[0]，執行你指定的命令，然後接下來是 item[1]，依此類推，直到輸入的集合空了為止。這通常不會有什麼問題，但如果你在流程區塊中有許多命令，或者輸入的集合非常龐大，這時你就可以想像，逐一執行這些命令會如何影響指令碼的執行時間。

我們希望，在你開始深入本章之前，你已經使用了說明功能，來查看 Foreach-Object 所有可用的參數。

> **TRY IT NOW**　請執行 `get-help Foreach-Object` 並檢視結果。

追求卓越

`%` 也是 `ForEach-Object` 命令的別名。之前提到的命令可以被重新寫成

```
Get-ChildItem | %{$_.name}
```

這樣寫會得到相同的結果。但我們要記住，最好是一直使用完整的 cmdlet 名稱。

23.1.3 Foreach-Object -Parallel

正如我們先前提到的，`Foreach-Object` 命令的主要缺點是它按順序執行。爲此，社群推出了一些模組，來爲 `Foreach-Object` 命令加入平行的功能。隨著 PowerShell 7（預覽版 3）的推出，一個新的 `-Parallel` 參數被加入到 `Foreach-Object` 命令當中。命令不再按順序執行，我們現在可以同時對「大部分或所有的輸入物件」執行相同的命令。例如，假設你正在 Active Directory 中建立 1,000 個新的使用者。你可以執行以下命令

```
import-csv c:\scripts\newusers.csv |
ForEach-Object {New-aduser -Name $_.Name }
```

這樣會依序執行 `New-Aduser` 命令 1,000 次。或者，你可以加上 `Parallel` 參數來執行命令：

```
import-csv c:\scripts\newusers.csv |
ForEach-Object -Parallel {New-aduser -Name $_.Name }
```

下面這個命令把一個數字陣列（1 到 5）輸送到傳統的 `Foreach-Object` 命令，將輸出結果顯示到螢幕上，並等待 2 秒（圖 23.4）。

```
1..5 | ForEach-Object {Write-Output $_; start-sleep -Seconds 2}
```

```
PS C:\Scripts> 1..5 | ForEach-Object {Write-Output $_;Start-Sleep -Seconds 2}
1
2
3
4
5
PS C:\Scripts> |
```

▋圖 23.4 把一個陣列輸送到 Foreach-Object，然後執行第二個命令

透過使用 measure-command cmdlet，我們可以看出這個過程需要 10 秒鐘才能完成。

```
PS C:\Scripts> measure-command {1..5 | ForEach-Object {Write-Output "$_";
➡ start-sleep -Seconds 2}}
```

```
Days               : 0
Hours              : 0
Minutes            : 0
Seconds            : 10
Milliseconds       : 47
Ticks              : 100471368
TotalDays          : 0.000116286305555556
TotalHours         : 0.00279087133333333
TotalMinutes       : 0.16745228
TotalSeconds       : 10.0471368
TotalMilliseconds  : 10047.1368
```

加入 -parallel 參數後，我們就能同時對「陣列中的所有數字」執行命令區塊中的命令。

```
1..5 | ForEach-Object -parallel {Write-Output "$_"; start-sleep -Seconds 2}
```

透過使用 parallel 參數，我們將執行時間從 10 秒縮短到 2 秒。

```
PS C:\Scripts> measure-command {1..5 | ForEach-Object -parallel {Write-Output
➡ "$_"; start-sleep -Seconds 2}}
```

```
Days               : 0
Hours              : 0
Minutes            : 0
Seconds            : 2
Milliseconds       : 70
Ticks              : 20702383
```

```
TotalDays          : 2.39610914351852E-05
TotalHours         : 0.000575066194444444
TotalMinutes       : 0.0345039716666667
TotalSeconds       : 2.0702383
TotalMilliseconds  : 2070.2383
```

　　因爲每個指令碼區塊都是同時執行的，所以無法保證結果回傳的順序。此外，還有一個「節流限制」，也就是「一次可以平行執行的指令碼區塊」的最大數量，這是我們必須讓你知道的，預設的最大數量是 5。在我們的範例中，我們輸入的集合只有 5 個項目，所以全部 5 個指令碼區塊是同時執行的。然而，如果我們把範例中的項目從 5 個改爲 10 個，我們會發現，執行時間從 2 秒增加到 4 秒。不過，我們可以透過 -throttlelimit 參數來增加節流限制的上限。

```
1..10 | ForEach-Object -parallel {Write-Output "$_"; start-sleep -Seconds 2}
➡ -ThrottleLimit 10
```

> **TRY IT NOW**　把陣列的項目數量增加爲 10 個，然後使用 measure-command 這個 cmdlet 來查看所需的執行時間。

　　不過，parallel 功能也有其侷限性。爲了能同時執行每個指令碼區塊，系統會建立一個新的執行空間（runspace）。如果你執行的指令碼區塊非常耗資源，這可能會導致效能明顯降低。

23.2　While

　　如果你之前有做過任何類型的指令碼編寫或程式設計，那麼 while 迴圈這個概念對你來說應該不陌生。while 迴圈是一個迭代迴圈（iterative loop），它會一直執行，直到滿足終止條件爲止。就像我們剛剛討論過的 Foreach 迴圈一樣，while 迴圈也包含一個指令碼區塊，你可以在其中加入想要執行的命令（圖 23.5）。基本語法如下：While（條件）{命令}。

❑ 條件：一個布林值（$True 或 $False）陳述式。當條件爲 True 時，迴圈就會執行，當條件變爲 False 時，迴圈就會終止。例如：While ($n -ne 10)。

❑ 命令：當條件爲 True 時，你想要執行的簡單或複雜的命令。

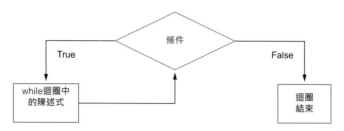

▌圖 23.5　這張圖展示了 while 迴圈的運作方式

這裡有一個簡單的範例：

```
$n=1
While ($n -le 10){Write-Output $n; $n++}
```

我們還可以在條件陳述式中加入邏輯運算子（logic operator），如 -and 和 -or：

```
While ($date.day -ne 25 -and $date.month -ne 12)
{Write-Host "Its not Christmas Yet"}
```

> **TIP**　如果你執行上述命令，除非碰巧在 12 月 25 日執行，否則它將持續一直執行，形成無窮迴圈。使用 Ctrl + C 鍵可以中止執行。

23.3　Do While

正如我們先前提到的，while 迴圈只有在條件為 true 時才會執行。但如果你希望不論條件是否為 true，迴圈都要至少執行一次？那麼這就是 Do While 迴圈的用途所在了。

使用 Do {命令} While (條件) 時，你可以看到「指令碼區塊」和「條件區塊」的順序是相反的。這樣做，我們就能至少執行「指令碼區塊」一次，之後再評估條件，來決定是否重複迴圈：

```
$date = get-date

do {
    Write-Output "Checking if the month is December"
    $date = $date.AddMonths(1)
} while ($date.Month -ne 12 )
```

23.4 練習題

1 找一個含有許多項目的目錄。使用 `Foreach` 迴圈來計算每個檔案名稱中的字元數量。
再做一次相同的操作，但這次使用 `-parallel` 參數。

2 啟動記事本處理程序（或你偏好的文字編輯器），然後編寫一個 `do while` 迴圈，讓迴圈直到該處理程序被終止之前，持續地顯示以下文字：`$process is open`。

23.5 練習題參考答案

1
```
$items = Get-ChildItem SOMEWHERE YOU |CHOSE
foreach ($i in $items){Write-Output "The character length of $i is
➡ "($i).Length}
```

2
```
start-process notepad
$Process = "notepad"
do {
    Write-Host "$process is open"
} while ((get-process).name -contains "notepad")
```

處理錯誤

在本章中,我們將集中討論如何捕捉、處理、記錄,以及其他的方式,來處理 PowerShell 可能會遇到的錯誤。

> **NOTE** PowerShell.org 提供了一本免費的電子書,叫做《*The Big Book of PowerShell Error Handling*》,讀者可以在 https://devopscollective.org/ebooks/ 取得它,它從更專業的技術角度切入並探討這個主題。我們建議你在完成以教學指導為主的這一章後,去閱讀本書。

在開始之前,我們需要先熟悉兩個變數。第一個是 $Error 這個自動變數 (automation variable)。它包含了一個陣列,裡面內含你目前工作階段中出現的錯誤物件 (error object),其中最新的錯誤物件會顯示在 $Error[0]。在預設的情況下,所有的錯誤都會被放入這個變數中。透過將通用參數 ErrorAction 設定為 Ignore,你可以改變這個行為。要了解更多關於自動變數的資訊,你可以執行 get-help about_automatic_variables。

第二個你可以使用的內建變數是通用參數變數 ErrorVariable。它是一個你可以將錯誤傳送給它的物件,讓你在後續有需要的時候能夠使用它們 (例如,用於把錯誤寫入日誌檔案):

```
New-PsSession -ComputerName SRV01 -ErrorVariable a
```

ErrorVariable 只會保留最近的錯誤，除非你在它前面加上一個 +（加號）：

```
New-PsSession -ComputerName SRV01 -ErrorVariable +a
```

> **NOTE** 在這裡，我們沒有在錯誤變數前面使用 $，因為不需要。

24.1 了解錯誤與例外狀況

PowerShell 定義了兩種主要的不良情況：錯誤（error）和例外狀況（exception）。因為大多數的 PowerShell 命令都是設計用來同時處理多項任務的，且通常單一任務的問題並不代表需要中斷其他所有任務，所以 PowerShell 會傾向選擇「繼續執行」。因此，當命令中出現問題時，PowerShell 會產生一個錯誤，然後繼續執行（圖 24.1）。舉個例子：

```
Get-Service -Name BITS,Nobody,WinRM
```

```
PS C:\Scripts> get-service -Name Bits,Nobody,Winrm
Get-Service: Cannot find any service with service name 'Nobody'.

Status   Name            DisplayName
------   ----            -----------
Running  Bits            Background Intelligent Transfer Servi…
Running  Winrm           Windows Remote Management (WS-Managem…

PS C:\Scripts> |
```

▌圖 24.1 執行 Get-Service 查詢一個不存在的服務

Nobody 這個服務並不存在，所以 PowerShell 會對那「第二個項目」產生一個錯誤。但預設情況下，PowerShell 會繼續執行，並處理清單中的「第三個項目」。當 PowerShell 處於這種「繼續執行」的模式時，你無法用程式碼對問題情況做出回應。如果你想對問題進行處理，你必須調整 PowerShell 對這類「非終止性錯誤」（nonterminating error）的預設回應方式。

在全域的範圍內，PowerShell 定義了一個名為 $ErrorActionPreference 的變數，它用於指示 PowerShell 在遇到「非終止性錯誤」時應該做些什麼，也就是說，當遇到問題

時，這個變數會指示 PowerShell 如何處理，但是 PowerShell 仍會繼續執行。這個變數的
預設值是 Continue。以下是可用的選項：

❑ Break：當發生錯誤或引發例外狀況時，進入偵錯工具。

❑ Continue（預設）：顯示錯誤訊息並繼續執行。

❑ Ignore：隱藏錯誤訊息並繼續執行命令。Ignore 主要是針對單一命令使用，不適合被
儲存作爲一個偏好選項。Ignore 不是 $ErrorActionPreference 變數的有效選項。

❑ Inquire：顯示錯誤訊息並詢問你是否想要繼續。

❑ SilentlyContinue：沒有效果。錯誤訊息不會顯示，且繼續執行，不會中斷。

❑ Stop：顯示錯誤訊息並停止執行。除了產生錯誤之外，Stop 選項還會在錯誤流（error
stream）中產生一個 ActionPreferenceStopException 物件。

❑ Suspend：自動暫停工作流程作業來進一步調查。調查後，工作流程可繼續執行。
Suspend 選項主要是針對單一命令使用，不適合被儲存作爲一個偏好選項。Suspend
不是 $ErrorActionPreference 變數的有效選項。

你 通 常 會 希 望 根 據 單 一 命 令 來 指 定 行 爲，而 不 是 全 域 性 地 修 改
$ErrorActionPreference。你可以透過使用 -ErrorAction 通用參數來做到這一點，這
個參數存在於每個 PowerShell 命令上，即使是你自己編寫的並包含了 [CmdletBinding()]
的命令，也是如此。例如，嘗試執行以下命令，並注意它們不同的行爲：

```
Get-Service -Name Foo,BITS,Nobody,WinRM -ErrorAction Continue
Get-Service -Name BITS,Nobody,WinRM -ErrorAction SilentlyContinue
Get-Service -Name BITS,Nobody,WinRM -ErrorAction Inquire
Get-Service -Name BITS,Nobody,WinRM -ErrorAction Ignore
Get-Service -Name BITS,Nobody,WinRM -ErrorAction Stop
```

你要記住的一點是，除非 PowerShell 眞的產生了一個例外狀況，否則你無法在程式碼
中處理這些例外狀況。而大多數的命令是不會產生例外狀況的，除非搭配 Stop 錯誤處理
動作（error action）來執行。人家常犯的一個最大錯誤，就是在需要處理問題的命令上，
忘記加入 -EA Stop（-EA 是 -ErrorAction 的縮寫）。

24.2　不當的處理方式

我們常常看到有人會採取兩種本質上不良的做法。這些做法未必不好，但通常是不良的，因此我們想提醒你要注意。

第一種是在一個指令碼或函式的最上方，全域性地設定偏好變數：

```
$ErrorActionPreference='SilentlyContinue'
```

在早期 VBScript 的那個時代，大家常用 On Error Resume Next，這基本上就是說「我不想知道我的程式碼是否有任何錯誤」。大家這樣做，是要企圖隱藏他們認為無關緊要的潛在錯誤。例如，嘗試刪除一個不存在的檔案會造成錯誤——但你可能不在乎，因為無論如何任務都已經達成了，對吧？但是，為了隱藏這種不想要的錯誤，你應該要在 Remove-Item 命令上使用 -EA SilentlyContinue，而非在整個指令碼中全域性地隱藏（globally suppress）所有的錯誤。

另一種不良做法不太明顯，而且可能出現在相同情況下。假設你在執行 Remove-Item 時加上 -EA SilentlyContinue，然後嘗試刪除一個實際存在、但你沒有權限刪除的檔案。錯誤將被你隱藏掉，然後你會想不通為什麼檔案還在。

在你開始要隱藏錯誤之前，請務必深思熟慮。沒有什麼比花幾個小時對一份指令碼除錯還令人惱怒，尤其是你還把「原本會告訴你問題所在的錯誤訊息」給隱藏掉的時候。我們實在無法告訴你這種情況在論壇的問題中出現的頻率有多高。

24.3　處理例外狀況的兩大理由

在你的程式碼中處理例外狀況，有兩大主要的理由。（請注意，我們使用的是它們的正式名稱，即「例外狀況」，這是為了區分它們與我們之前提到的無法處理的「錯誤」。）

第一個原因是你打算在你看得到的視線之外，執行你的工具。它可能是一個排程的任務，或者，你可能正在編寫給遠端客戶使用的工具。無論是哪種情況，你都想確保有充足的證據來處理任何發生的問題，以便協助你進行除錯。在這種情境下，你可能會在指令碼的最上方全域性地將 $ErrorActionPreference 設為 Stop，並把整個指令碼包在錯誤處理的結構當中。如此一來，任何錯誤，甚至是未預期的錯誤，都可以被捕捉並記錄下來，以供後續診斷使用。雖然這是一個可行的情境，但它不是我們在本書中要專注的重點。

　　我們將關注第二個理由──你正在執行一個命令，在這個過程中，你可能預見了「某種特定問題」的出現，而你想要積極地處理這個問題。這可能是「連線到一台電腦時失敗」、「登入某個系統時失敗」，或是其他類似的情況。我們來詳細探討一下。

24.4　處理例外狀況

　　假設你正在編寫一個連線到遠端機器的指令碼。你預料 New-PSSession 命令可能會遇到問題：電腦可能是離線的狀態或根本不存在，或者電腦可能不支援你選擇的通訊協定。你想要捕捉到這些情況，並根據你執行時的參數，將「無法連線的電腦名稱」記錄到文字檔中，或是使用另一種協定再試一次。你會先從「可能導致問題的命令」著手，確保它在遇到問題時能夠產生一個「終止性例外狀況」（terminating exception）。請把以下這個：

```
$computer = 'Srv01'
Write-Verbose "Connecting to $computer"
$session = New-PSSession -ComputerName $computer
```

　　更改為這個：

```
$computer = 'Srv01'
Write-Verbose "Connecting to $computer"
$session = New-PSSession -ComputerName $computer -ErrorAction Stop
```

　　但如果我們想要在多台電腦上執行這個命令呢？我們有兩個選項。第一個選項是把多個電腦名稱放入 $computer 變數中。這個變數本來就可以接受一個字串陣列（an array of strings）。

```
$computer = 'Srv01','DC01','Web02'
Write-Verbose "Connecting to $computer"
$session = New-PSSession -ComputerName $computer -ErrorAction Stop
```

　　在這裡，你需要做出一些個人判斷。如果發生錯誤，你是想讓你的指令碼繼續執行並將錯誤記錄下來供後續使用，還是想讓你的指令碼立即停止執行？這在很大程度上取決於你要達成的目標是什麼。假設你嘗試要連線到五台遠端電腦並執行命令，那麼如果命令只有在其中四台上成功執行，而你記錄到「第五台電腦無法連線」的錯誤，這種情況對你來說，是可以接受的嗎？或者，你需要這個命令要嘛在所有五台電腦上都執行，要嘛一台都不執行？

你在這裡有兩個選項。第一個選項是把命令包在一個 foreach 迴圈中。這樣一來，每次執行命令時都會設定 ErrorAction。如果其中有一次失敗了，其他的工作階段仍會建立。不過，這樣做忽略了一個事實，那就是 New-PSSession 的 computername 參數可以接受「一個物件陣列」作為輸入：

```
foreach ($computer in $computername) {
        Write-Verbose "Connecting to $computer"
    $session = New-PSSession -ComputerName $Computer -ErrorAction Stop
        }
```

第二個選項是指示 PowerShell 繼續執行，並把錯誤記錄到 ErrorVariable 這個通用參數中（別忘了，可以對原有的變數資料加上 +（加號））：

```
$computer = 'Srv01','DC01','Web02'
$session = New-PSSession -ComputerName $Computer -ErrorVariable a
```

請確認你理解這個設計原則的重要性！正如我們之前提到的，如果可能的話，我們並不希望隱藏有價值的錯誤。

TRY IT NOW 請利用目前為止在本章及之前章節中學到的知識，取得 spooler 服務和 print 服務的狀態，並確保把你遇到的錯誤記錄下來。

只是把錯誤處理動作變更為 Stop 是不夠的。你還需要把程式碼包在 Try/Catch 結構中。如果在 Try 區塊中發生例外狀況，那麼 Try 區塊中的所有後續程式碼將被跳過，而 Catch 區塊將會執行：

```
try { blahfoo }
catch { Write-Warning "Warning: An error occurred." }
```

這裡發生的事情是這樣的：在 Catch 區塊內，你有機會發出一個警告訊息，以便使用者能了解情況。使用者可以在執行命令時加上 -Warning-Action SilentlyContinue 來隱藏這些警告。這裡有一些複雜的邏輯，請多閱讀幾次，確保你理解它！

24.5　處理非命令的例外狀況

假設你正在執行某些東西（如一個 .NET Framework 的方法），而它沒有 -ErrorAction 參數，該怎麼辦？在大多數情況下，你可以直接在 Try 區塊中執行它，因為如果出錯時，這些方法大多會拋出可捕捉的「終止性例外狀況」。「非終止性例外狀況」是函式和 cmdlet 等 PowerShell 命令特有的。

但仍有一些情況，你可能需要這樣做：

```
Try {
    $ErrorActionPreference = "Stop"
    # run something that doesn't have -ErrorAction
    $ErrorActionPreference = "Continue"
} Catch {
    # ...
}
```

這是你處理錯誤的最後手段。基本上，你是在暫時更改 $ErrorActionPreference，只作用在你想要捕捉例外狀況的那個命令（或其他東西）的執行期間。根據我們的經驗，這種情況並不常見，但我們覺得還是有必要提一下。

24.6　進一步了解例外狀況的處理

在一個 Try 區塊後面，可以有多個 Catch 區塊，每個 Catch 對應處理一種特定類型的例外狀況。舉例來說，如果檔案刪除失敗，你可以對「找不到檔案」（File Not Found）或「存取被拒」（Access Denied）的情況做出不同的反應。要做到這一點，你需要知道每一個你想要單獨處理的例外狀況，它們在 .NET Framework 的型別名稱（type name）。在《The Big Book of PowerShell Error Handling》這本書中，提供了一份常見的例外狀況清單，以及如何找出這些例外狀況的建議方法（例如，自行在一個實驗中產生錯誤，然後找出例外狀況的型別名稱）。大致上的語法看起來像這樣：

```
Try {
    # something here generates an exception
} Catch [Exception.Type.One] {
    # deal with that exception here
} Catch [Exception.Type.Two] {
```

```
    # deal with the other exception here
} Catch {
    # deal with anything else here
} Finally {
    # run something else
}
```

這個範例還展示了非強制性的 `Finally` 區塊，不論有沒有例外狀況發生，它都會在 `Try` 或 `Catch` 之後執行。

已過時的例外狀況處理方式

當你上網探索時，可能會碰到 PowerShell 中的 `Trap` 結構。這可以追溯到 v1 版本，那時 PowerShell 團隊坦承他們沒有足夠的時間讓 `Try`/`Catch` 正常運作，而 `Trap` 是他們當時能夠想出的最佳短期解決方案。`Trap` 已經過時了（deprecated），這表示它被保留在產品中是為了向下相容（backward compatibility），但你不應該在新編寫的程式碼中使用它。因此，我們不會在這裡討論它。雖然它在全域性的、「我想要捕捉並記錄任何可能的錯誤」的情況下，有一定的用處，但 `Try`/`Catch` 被認為是一種更結構化、更專業的例外狀況處理方式，而且我們建議你要堅持一直使用它。

24.7　練習題

利用你迄今為止學到的知識，請完成以下任務：

☐ 建立一個函式，用來取得遠端機器的運作時間。請確保你使用的是 PowerShell 7 內建的命令，而不是 .NET 的方法。

☐ 確保這個函式能夠接受輸入「多台電腦」。

☐ 納入我們在本章討論過的錯誤處理方式，像是 `Try`/`Catch` 和錯誤處理動作。

追求卓越

請利用你目前學到的、有關遠端操作的知識，讓你的函式能夠在不同的作業系統下正常運作。這裡有一個提示，有三個內建的變數可能會很有幫助，如下所示：

```
$IsMacOS
$IsLinux
$IsWindows
```

以下是一些需要留意的關鍵事項：

❑ $Error 包含了工作階段中的所有錯誤訊息。

❑ ErrorVariable 也能用來儲存錯誤（請記得，可以在它後面加上 +（加號）。

❑ Try/Catch 是你的好幫手，但只適用於「非終止性錯誤」。

24.8　練習題參考答案

```
Function Get-PCUpTime {
    param (
        [string[]]$ComputerName = 'localhost'
    )
    try {
        foreach ($computer in $computerName) {
            If ($computer -eq "localhost") {
                Get-Uptime
            }
            Else { Invoke-command -ComputerName $computer -ScriptBlock
            ➡ { Get-Uptime } -ErrorAction Stop}
        }
    }
    catch {
        Write-Error "Cannot connect To $computer"
    }
}
```

偵錯技巧

在上一章中，我們討論了如何處理不良的情況（錯誤和例外狀況），尤其是那些你預料到的不良情況。然而，隨著你的指令碼變得越來越複雜，還會發生另一種類型的不良情況。這些情況，我們稍微提到過，它們被稱為缺陷（bug）。這些可能是熬夜編寫指令碼，或是早上缺乏咖啡所引起的副作用。換句話說，它們是我們作為人類自然會產生的副作用。我們都會犯錯，本章將集中討論一些技巧，協助你在指令碼中找出並解決這些缺陷。

> **NOTE** 我們將詳細介紹 Visual Studio Code 的 PowerShell 擴充套件所提供的一些功能，如果你需要重新熟悉設定的流程，請務必回到第 2 章，並按照那一章的步驟操作。

25.1 輸出所有資訊

我們不會太過深入探討 Azure Pipelines 的概念，清單 25.1 中的指令碼會取得關於已發布成品（published artifact）的細節，並將它們下載到 Temp 磁碟機。如果你之前從來沒有聽過成品（artifact）這個詞彙，基本上它指的是已經發布到某個地方的檔案，並提供讓其他工具可以下載。此外，你會在指令碼中注意到一些環境變數（以 $env: 開頭的）。這是因為這個指令碼是為了在 Azure Pipelines 中執行而設計的，這些成品就存在於該環境中。

讓我們從第 17 章中一個相當熟悉的主題開始，在那裡，我們討論了不同的輸出流（output stream）。這些不同的「流」是你工具箱中的工具，有助於了解你的程式碼會在「何時」以及「如何」執行。仔細地擺放「以 Write- 開頭的陳述式」，可以幫助你輕鬆地在指令碼中找到缺陷，並迅速恢復正常。我們不會深入討論這個主題，因為第 17 章已專門討論過輸入與輸出了，但在清單 25.1 這個範例中，還是有展示「像 Write-Debug 這樣的命令」是如何發揮作用的。

清單 25.1：專為「學習目的」而修改的一段 VS Code 發布指令碼（publishing script）

```
$BUILDS_API_URL =
➥ "$env:SYSTEM_COLLECTIONURI$env:SYSTEM_TEAMPROJECT/_apis/build/builds/
➥ $env:BUILD_BUILDID"

function Get-PipelineArtifact {
    param($Name)
    try {
        Write-Debug "Getting pipeline artifact for: $Name"
        $res = Invoke-RestMethod "$BUILDS_API_URL)artifacts?api-version=6.0"
        ➥ -Headers @{
            Authorization = "Bearer $env:SYSTEM_ACCESSTOKEN"
        } -MaximumRetryCount 5 -RetryIntervalSec 1

        if (!$res) {
            Write-Debug 'We did not receive a response from the Azure
            ➥ Pipelines builds API.'
            return
        }

        $res.value | Where-Object { $_.name -Like $Name }
    }
    catch {
        Write-Warning $_
    }
}

# Determine which stages we care about
$stages = @(
    if ($env:VSCODE_BUILD_STAGE_WINDOWS -eq 'True') { 'Windows' }
```

```
    if ($env:VSCODE_BUILD_STAGE_LINUX -eq 'True') { 'Linux' }
    if ($env:VSCODE_BUILD_STAGE_OSX -eq 'True') { 'macOS' }
)
Write-Debug "Running on the following stages: $stages"

Write-Host 'Starting...' -ForegroundColor Green
$stages | ForEach-Object {
    $artifacts = Get-PipelineArtifact -Name "vscode-$_"

    foreach ($artifact in $artifacts) {
        $artifactName = $artifact.name
        $artifactUrl = $artifact.resource.downloadUrl
        Write-Debug "Downloading artifact from $artifactUrl to
     Temp:/$artifactName.zip"
        Invoke-RestMethod $artifactUrl -OutFile "Temp:/$artifactName.zip"
        ➥ -Headers @{
            Authorization = "Bearer $env:SYSTEM_ACCESSTOKEN"
        } -MaximumRetryCount 5 -RetryIntervalSec 1  | Out-Null

        Expand-Archive -Path "Temp:/$artifactName.zip" -DestinationPath
        ➥ 'Temp:/' | Out-Null
    }
}
Write-Host 'Done!' -ForegroundColor Green
```

現在，假設你執行了這個指令碼，但它沒有按照你預期的方式運作。偵錯指令碼最簡單的方法之一就是執行指令碼，並讓它顯示出偵錯流（debug stream）。我們來做個比較。

正常地執行指令碼會產生

```
PS > ./publishing.ps1
Starting...
Done!
PS >
```

這並沒有提供太多有用的資訊。但是，我們只需要將偵錯偏好設定爲 Continue，就能看見偵錯流的內容：

```
PS > $DebugPreference = 'Continue'
PS > ./publishing.ps1
```

```
Starting...
DEBUG: Running on the following stages: Windows Linux
DEBUG: Getting pipeline artifact for: vscode-Windows
DEBUG: Downloading artifact from <redacted> to Temp:/vscode-windows-
➥ release.zip
DEBUG: Getting pipeline artifact for: vscode-Linux
DEBUG: Downloading artifact from <redacted> to Temp:/vscode-linux-release.zip
Done!
```

這就提供了更多有用的資訊。指令碼在 Windows 和 Linux 上執行了……但等等，難道它不也應該能在 macOS 上執行嗎？

```
$stages = @(
    if ($env:VSCODE_BUILD_STAGE_WINDOWS -eq 'True') { 'Windows' }
    if ($env:VSCODE_BUILD_STAGE_LINUX -eq 'True') { 'Linux' }
    if ($env:VSCODE_BUILD_STAGE_OSX -eq 'True') { 'macOS' }
)
```

你發現這個缺陷了嗎？我稍微等你一下。有找到了嗎？幾年前，Apple 將他們的作業系統名稱從 OSX 更改為 macOS，看來這個指令碼並沒有完全正確地更新，因為它依然是參考 VSCODE_BUILD_STAGE_OSX，而非 VSCODE_BUILD_STAGE_MACOS。第一個偵錯陳述式顯示它只在 Windows 和 Linux 上執行，這提示了我們，在那裡可能有一些問題。在無法進行互動的偵錯環境中，經常會使用這樣的偵錯方式。

Azure Pipelines 和 GitHub Actions 就是這類環境非常好的例子，在這些環境中，你無法遠端連線進入執行指令碼的容器或 VM，因此，你唯一的偵錯選項就是利用 PowerShell 的資料流，來提供更多的資訊。如果你能夠在「本機機器」或「可存取的容器／ VM」上執行指令碼，那麼這種偵錯的方式同樣很有用，但現在我們還要介紹一些其他補強性的解決方案。

25.2 逐行處理

使用 PowerShell 的資料流進行偵錯，是一種「對過去的偵錯」（debugging the past），因為你是在回顧已經發生的事情。這種偵錯方式雖然有用，但可能會有些繁瑣，因為你必須等待這些資料流顯示出內容之後，才能採取行動。如果偵錯流中的資訊不夠，你必須做出變更來增加偵錯流中的資訊，這就需要你一次又一次地執行你的指令碼。如果你試著要偵錯一個只在指令碼執行 30 分鐘後才出現的問題，這表示你進行的任何變更（即使只是為了獲得更多資訊），都將需要 30 分鐘的時間來進行驗證。幸好，PowerShell 團隊有幾種方式，可以縮短偵錯所需的時間。其中的一種方式被稱為「F8 偵錯」（F8 debugging）或「逐行偵錯」（line-by-line debugging）。

　　基本概念很簡單。我們拿一個大型的指令碼，在主控台中逐行執行它。聽起來要一行一行地複製貼上可能很繁瑣，但 VS Code 的 PowerShell 擴充套件簡化了這個使用體驗。讓我們從一個簡單的指令碼開始示範：

```
Write-Host 'hello'
$processName = 'pwsh'
Get-Process $processName
```

　　接著建立一個名為 test.ps1 的檔案，並將上面的程式碼寫入到檔案中，然後在 VS Code 中打開它。接著，點擊第一行（即 Write-Host），讓游標停留在第 1 行（圖 25.1）。

▌圖 25.1　我們在 Visual Studio Code 中的指令碼。右上角有 Run 和 Run Selection 按鈕

螢幕的右上角有兩個按鈕。如果你把滑鼠停留在這些按鈕上面，它們會分別顯示 Run 和 Run Selection (F8)。Run 按鈕會執行整份指令碼，我們稍後會回來解釋爲什麼這個按鈕如此特別。現在，讓我們先關注另一個按鈕。實際來看看，當游標停留在第 1 行時，我們點擊 Run Selection (F8) 按鈕會發什麼事。PowerShell 擴充套件會取你游標所在的那一行，並在圖 25.2 所展示的 PowerShell Integrated Console 執行這段程式碼。

▎圖 25.2　我們在 Visual Studio Code 中的指令碼。它只執行被突顯的部分

Run Selection 按鈕將執行任何你選取的程式碼片段，如圖 25.2 所示，或者，如果你沒有選取任何內容，它會執行目前所在的那一行。多選取幾行並點擊 Run Selection 按鈕，你會發現，它會準確地執行你所選取的內容。

TRY IT NOW　如果你還沒有這樣做，請嘗試執行最後兩行（可以同時選取兩行，或是一次選取一行），你會看到類似下面的輸出結果：

```
PS > $processName = 'pwsh'
Get-Process $processName


NPM(K)    PM(M)     WS(M)   CPU(s)      Id  SI ProcessName
------    -----     -----   ------      --  -- -----------
     0     0.00     40.48    17.77    5286 ...85 pwsh
     0     0.00     11.27    11.49   29257 ...57 pwsh
     0     0.00     13.94     3.32   32501 ...01 pwsh
     0     0.00    131.63   461.71   35051 ...51 pwsh
     0     0.00    121.53    19.31   35996 ...96 pwsh
```

這裡就變得有趣了。在 PowerShell Integrated Console 中點擊一下，然後執行 $processName。你會看到我們在指令碼中設定的值，在 PowerShell Integrated Console 中依然保持不變。這代表我們可以逐行執行指令碼，並在其執行的過程中看到指令碼的整體狀態，進而更清楚地了解我們的指令碼在做什麼。這也表示說我們可以更快地對指令碼進行偵錯，因為我們能夠即時了解發生情況的總覽，以及它們當下發生的時間點。

> **NOTE**　我們稱之為「F8 偵錯」，因為在 VS Code 中，Run Selection 對應的是 F8 鍵，所以你可以直接按 F8 ，而不必去點擊右上角的按鈕。

你已經可以在主控台中看到變數 $processName 的值，而且你還可以進一步操作，隨時將該值設定為其他內容。例如，在你的主控台中將 $processName 設定為 code*（圖 25.3），然後使用 Run Selection 來執行第 3 行（即 Get-Process ）。

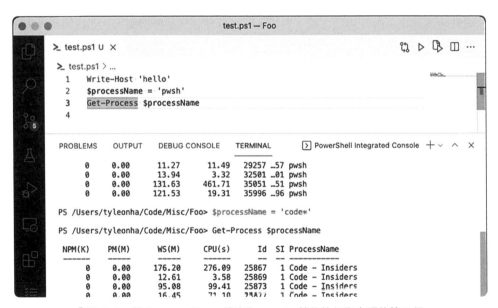

▌圖 25.3　將 $processName 設定為 code*，然後執行指令碼的第 3 行

請注意，輸出的不再是 pwsh 的結果，而是 code* 的結果。這種方式讓編輯器中的指令碼與主控台之間的界限變得模糊，當你想確認「指令碼是否能正確處理不同的輸入」時，這非常有幫助。話雖如此，請記得追蹤你所做的任何變更，以避免手動設定的變數在你的指令碼中引起其他問題。如果你的 PowerShell Integrated Console 出現問題，而你想要

重新啓動它，請在 Windows 或 Linux 上使用 Ctrl + Shift + P，或在 macOS 上使用 Cmd + Shift + P 開啓命令選擇區（Command Palette），輸入 `PowerShell: Restart Current Session`，並執行它。這樣可以提供一個全新的環境（一個新的 PowerShell 環境）來讓你使用。

上面的範例很簡單，這個策略本身也很簡單。以下是我們通常會使用的工作流程：

1 如果你的指令碼有參數，請在 PowerShell Integrated Console 中提前設定這些參數的值，來模擬帶有這些參數值執行指令碼的情況。

2 選取指令碼中你確信不太可能有問題的第一行或幾行；然後按下 F8 鍵。

3 進行深入調查。在主控台中執行重要的變數，來查看它們的值。你也可以在主控台中執行你所使用的函式，看看它們的回傳結果。

4 選取下一行並按下 F8 鍵。重複「步驟 3」或跳到「步驟 5」。

5 有發現看起來不對勁的地方嗎？對指令碼進行你認爲必要的修改，然後回到「步驟 1」。

採取這種策略，你會對偵錯「自己的 PowerShell 指令碼」以及「別人的 PowerShell 指令碼」（如第 23 章所述）更有信心。這在任何工作場合都是必要的技能，因爲當情況緊迫時，你會遇到指令碼出錯，並且必須挽起袖子去修復它們。

25.3 嘿，指令碼，利用中斷點，就在這裡暫停……

F8 偵錯對於互動式的指令碼偵錯來說，已經很足夠了，你甚至可以在本章這裡就結束，並表現得很好。但我們眞的想要爲你做好萬全準備，讓你能應對在現實世界中可能遇到的情形。爲此，我們想討論第三種偵錯方式，稱爲「中斷點偵錯」（breakpoint debugging）。中斷點偵錯是由我們的朋友（即軟體開發人員／工程師）發揚光大的。他們已經使用這種偵錯方式很多年了，而 PowerShell 團隊讓「在 PowerShell 中使用中斷點偵錯」成爲了可能，這對於一個 shell 而言是一項獨特的功能（Bash、cmd、Zsh 等都不具備中斷點偵錯的能力）。

這到底是什麼意思呢？簡單來說，從高的層次來看，中斷點偵錯的運作方式是你會「在偵錯狀態下」（with debugging，VS Code 的術語）執行你的指令碼；這告訴了 VS Code 你想在指令碼中的哪幾行停下來，以便進行更深入的檢查（這些「停止點」被稱為「中斷點」）。我們想再說得清楚一點：其實你在前一節中已經在做這件事了，那就是使用 F8 偵錯，你選取了一部分的指令碼來執行，直到你想要調查的點為止，只不過這次它與 VS Code 的整合更為深入。好的，讓我們來看看，如何在 VS Code 中設定中斷點，以及它的運作方式。

如圖 25.4 所示，當你將游標停留在一個行號上（如第 3 行），一個淡紅色的點會出現在 VS Code 的「巡覽邊」（它會一直存在於行號和左側的活動列之間）。如果你點擊那個紅點，它會變成實心的，當你把游標移開時，它不會消失。恭喜你，剛剛成功設定了的第一個中斷點！讓我們來測試一下這個中斷點吧。還記得 Run Selection 按鈕旁邊的 Run 按鈕嗎？那個按鈕會「在偵錯狀態下」執行你的指令碼，這表示如果設定了中斷點，指令碼會在那些中斷點暫停。讓我們來試試看吧。點擊右上角的 Run 按鈕，或按下 F5 鍵，這個按鍵對應到的就是 Run。

點擊這裡來放置一個中斷點。

▌圖 25.4　透過點擊行號旁的淡紅色點來放置一個中斷點

圖 25.5 展示了當你開始偵錯指令碼時會看到的總覽。在螢幕的最上方，你可以看到一組按鈕，這些按鈕用來控制「你希望如何進行偵錯流程」。

377

當暫停在中斷點時，顯示所有當下設定的變數。

箭頭和黃色反白處標示了你在指令碼中暫停的位置。

目前還不用關注這些。

整合式主控台告知你它目前正處於「指令碼偵錯中」的狀態。

圖 25.5　當你的指令碼暫停在一個中斷點時，VS Code 會顯示對於偵錯指令碼而言有幫助的資訊。這包括標示你在指令碼中暫停的位置、所有中斷點的清單、目前設定的變數清單等等。

這些按鈕各自的功能，如下所示：

- **Resume**：在指令碼上點擊「繼續」，讓指令碼繼續執行。
- **Step over**：執行目前反白的那一行，並在下一行停止。
- **Restart**：停止執行中的指令碼，並從頭開始執行。
- **Stop**：停止執行中的指令碼，並退出偵錯模式。

目前還不需要關注這些按鈕。它們是呼叫堆疊（call stack）概念的一部分，這比我們在本書中想要介紹的內容還要更進階。這也意謂著我們不會介紹 Call Stack 這個區域。同樣地，我們也不會介紹 Watch 這個區域，因為它並非必學的內容（而且坦白說，我們很少使用這個功能），所以如果你有興趣，就當作練習，留給你自行研究。

> **TRY IT NOW**　這是一個非常好的機會，讓你實際操作我們目前為止提到的所有不同的 UI 元素。執行（「在偵錯狀態下」）一個簡單的指令碼，在指令碼中，要設定一些變數並執行一些簡單的 cmdlet，如 Get-Process 或 Get-ChildItem。

在本書後續的內容中，請繼續使用「F8 偵錯」和「中斷點偵錯」，來提升你的技能。我們向你保證，這就像騎腳踏車一樣。一旦你熟練掌握了它，這些知識將永遠伴隨著你。你會在「找出指令碼問題」和「持續改善指令碼」等能力上，遠勝那些沒有這種基礎知識的人。

25.4　練習題

在「偵錯」這件事情上，練習才能達到完美。本章的練習題包括兩個部分。回頭看看你在第 22 章的練習題中看過的指令碼。請修改它，並增加更有用的日誌記錄（logging），讓你能更容易地理解指令碼的運作。

請確保「你增加的日誌記錄」只在你需要查看偵錯日誌時，才會顯示在螢幕上，避免在你不想看到偵錯日誌時擾亂螢幕。回顧你目前爲止在本書中寫過的所有指令碼。嘗試使用以下方式進行偵錯：

❏ F8 偵錯
❏ 中斷點偵錯

訣竅、秘訣和技巧

我們即將結束你的午餐學習月了，在此，我們想要分享一些額外的訣竅和技巧，來豐富你的學習內容。

26.1 個人設定檔、命令提示和色彩：自訂 shell

每個 PowerShell 工作階段都是從相同的設定開始的：相同的別名、相同的 PSDrive、相同的色彩等等。何不更進一步地自訂 shell 呢？

26.1.1 PowerShell 個人設定檔

我們之前解釋過，PowerShell 主機應用程式與 PowerShell 引擎本身，兩者之間是有區別的。主機應用程式，像是主控台或 VS Code，是你向 PowerShell 引擎傳送命令的一種方式。引擎負責執行命令，而主機應用程式負責顯示結果。主機應用程式也負責在每次啟動 shell 時，載入並執行個人設定檔指令碼（profile script）。

這些個人設定檔指令碼可以用來自訂 PowerShell 環境，包括載入模組、切換到不同的起始目錄、定義你想使用的函式等等。例如，以下是 Sarah 在她的電腦上使用的個人設定檔指令碼：

```
Import-Module ActiveDirectory
Import-Module DBATools
cd c:\
```

個人設定檔載入了 Sarah 最常使用的兩個模組，並且把工作目錄切換到她的 C: 磁碟機，那是她喜歡開始工作的位置。你可以在你的個人設定檔裡放入任何你喜歡的命令。

> **NOTE**　你可能會認為沒有必要載入 Active Directory 模組，因為當 Sarah 嘗試使用該模組中的某個命令時，PowerShell 就會自動載入它。然而，這個特定模組還對應到一個 AD: PSDrive，而 Sarah 喜歡在 shell 啟動時就立即使用它。

預設的個人設定檔是不存在的，而你所建立的個人設定檔指令碼的具體內容，將取決於你希望它如何運作。執行 `help about_profiles`，可以獲得更多詳細資訊，但你主要需要考慮的點是，你是否會在多個不同的主機應用程式中操作。例如：我們經常在一般的主控台、Windows Terminal 和 VS Code 之間來回切換。我們希望在這三個環境中都能使用相同的個人設定檔，因此，我們必須謹慎地在適當的位置，建立正確的個人設定檔指令碼。我們還必須小心處理個人設定檔中的內容，因為某些用於調整主控台特有設定的命令，如「色彩」，可能會在 VS Code 或 Windows Terminal 中造成錯誤。以下列出了主控台主機（console host）嘗試載入的檔案，以及嘗試載入它們的順序：

1 `$pshome\profile.ps1`：此個人設定檔將會對「電腦上的所有使用者」執行，無論他們使用的是哪個主機（請記住，`$pshome` 在 PowerShell 中是預先定義的，指的是 PowerShell 安裝資料夾的路徑）。

2 `$pshome\Microsoft.PowerShell_profile.ps1`：如果使用者使用的是「主控台主機」，此個人設定檔將會對電腦上「所有的這些使用者」執行。

3 `$pshome/Microsoft.VSCode_profile.ps1`：如果你使用的是裝有 PowerShell 擴充套件的 VS Code，那麼這個指令碼將會被執行。

4 `$home\Documents\WindowsPowerShell\profile.ps1`：此個人設定檔只會針對「目前的使用者」執行（因為它位於使用者的家目錄底下），無論他們使用的是哪個主機。

5 `$home\Documents\WindowsPowerShell\Microsoft.PowerShell_profile.ps1`：如果目前的使用者使用的是「主控台主機」，此個人設定檔將會被執行。如果他們使用裝有 PowerShell 擴充套件的 VS Code，則會改成執行 `$home\Documents\WindowsPowerShell\Microsoft.VSCode_profile.ps1` 這個指令碼。

萬一其中一個或多個指令碼不存在，也不會有什麼問題。主機應用程式將直接跳過它，然後繼續處理下一個。

在 64 位元系統上，由於 PowerShell 本身有分 32 位元和 64 位元版本，因此針對 32 位元和 64 位元的指令碼也有所不同。你可能不會希望在 64 位元版本的 shell 中執行與 32 位元版本相同的命令，也就是說，有些模組和其他的擴充功能僅適用於其中一種架構，因此，你不會想要「一個 32 位元的個人設定檔」嘗試在 32 位元的 shell 中載入「一個 64 位元的模組」，因為這是不可行的。

> **TRY IT NOW**　執行 `$Profile | Format-List -force` 並列出所有你的個人設定檔。

請留意，`about_profiles` 中的文件內容與我們在這裡列出的不同，但根據我們的經驗，前面的清單是正確的。關於這個清單，還有幾點額外的說明：

❑ `$pshome` 是一個內建的 PowerShell 變數，它包含了 PowerShell 本身的安裝資料夾；在大多數系統中，這個資料夾通常位於 C:\Program Files\PowerShell\7。

❑ `$home` 是另一個內建的變數，它指向目前使用者的個人設定檔資料夾（如 C:\Users\Sarah）。

❑ 我們使用 Documents 來表示文件資料夾，但在某些版本的 Windows 中，這個資料夾會被命名為 My Documents。

❑ 雖然我們提到「無論他們使用的是哪個主機」，但嚴格來說這不完全正確。對於 Microsoft 開發的主機應用程式（如 VS Code）來說是對的，但無法保證非 Microsoft 開發的主機應用程式的作者會遵循這些規則。

因為我們希望無論是在使用主控台主機還是 VS Code 的時候，都載入相同的 shell 擴充功能，所以我們選擇自訂 $home\Documents\WindowsPowerShell\profile.ps1，因為該個人設定檔在 Microsoft 提供的兩種主機應用程式中都會執行。

> **TRY IT NOW**　嘗試為自己建立一個或多個「個人設定檔指令碼」來測試你的個人設定檔。即使你只在其中放入一個簡單的訊息，如 `Write-Output "It Worked"`，這仍是一個很好的方法，來觀察不同檔案的運作情況。請記得，你必須要關閉 shell（或 VS Code）並重新開啟它，才能看到個人設定檔指令碼的執行。

請記住，個人設定檔指令碼是指令碼，會受到 shell 目前執行原則（execution policy）的約束。如果你的執行原則設定為 `Restricted`，那麼你的個人設定檔將不會執行；如果你的執行原則設定為 `AllSigned`，那麼你的個人設定檔必須經過簽署。第 4 章已討論過執行原則。

> **TIP** 在 VS Code 中，你可以執行 `code $profile` 這個命令，它會開啟 VS Code 的個人設定檔。同樣地，在主控台中，你可以執行 `notepad $profile`，它會開啟你主控台專屬的個人設定檔。

26.1.2　自訂提示字元

PowerShell 的提示字元（即 `PS C:\>`，你已經在本書中看過很多次了），是由一個名為 `Prompt` 的內建函式所產生的。如果你想自訂提示字元，你可以替換這個函式。你可以在你的個人設定檔指令碼中定義一個新的 `Prompt` 函式，這樣每次你開啟 shell 時，你所做的變更都會生效。以下是預設的提示字元：

```
function prompt
{
    $(if (test-path variable:/PSDebugContext) { '[DBG]: '}
    else { '' }) + 'PS ' + $(Get-Location) `
    + $(if ($nestedpromptlevel -ge 1) { '>>' }) + '> '
}
```

這個提示字元會先檢測 shell 的 `VARIABLE:` 磁碟機中是否已經定義了 `$DebugContext` 變數。如果有，這個函式會在提示字元的開頭加上 `[DBG]:`。如果沒有，提示字元則會被設定為 PS 加上目前的位置，這個位置是由 `Get-Location` cmdlet 所傳回的。如果 shell 是在一個由內建的 `$nestedpromptlevel` 變數所定義的巢狀提示字元中，提示字元就會加上 `>>`。

下面是一個替換用的提示字元函式。你可以直接把這個輸入到任何個人設定檔指令碼中，讓它成為 shell 工作階段的標準提示字元：

```
function prompt {
 $time = (Get-Date).ToShortTimeString()
 "$time [$env:COMPUTERNAME]:> "
}
```

這個替換用的提示字元會顯示目前時間，接著的是目前的電腦名稱（被括在中括號內）：

```
6:07 PM [CLIENT01]:>
```

請注意，這裡使用了 PowerShell 對雙引號的特殊處理方式，shell 會將變數（如 $time）替換為它們的值。

加入到個人設定檔中的程式碼，最有用的其中一段是變更你 PowerShell 視窗的標題列（title bar）：

```
$host.UI.RawUI.WindowTitle = "$env:username"
```

26.1.3　調整色彩

我們曾在前面的章節中提過，當一長串的錯誤訊息在 shell 中滾動時，我們會感到多麼焦慮。Sarah 在她小時候的英文課內心總是充滿掙扎，看到那些紅色的文字會讓她想起從 Hansen 老師那裡收到滿滿紅筆標注的作文。真討厭。幸好，PowerShell 讓你能修改它所使用的大多數預設顏色（圖 26.1）。

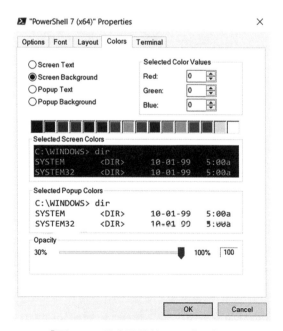

▌圖 26.1　設定預設的 shell 畫面顏色

要修改預設的文字前景顏色和背景顏色，可以點擊 PowerShell 視窗左上角的控制方塊。然後選擇 Properties，再選擇 Colors 頁籤。

要修改錯誤、警告和其他訊息的顏色有點難度，需要你執行一個命令。但你可以把這個命令放入你的個人設定檔中，這樣每次開啟 shell 時，它就會執行。以下是把「錯誤訊息」前景顏色改為綠色的方法，我們認為這種顏色更加平和：

```
(Get-Host).PrivateData.ErrorForegroundColor = "green"
```

你可以針對以下設定更改顏色：

- ❏ ErrorForegroundColor
- ❏ ErrorBackgroundColor
- ❏ WarningForegroundColor
- ❏ WarningBackgroundColor
- ❏ DebugForegroundColor
- ❏ DebugBackgroundColor
- ❏ VerboseForegroundColor
- ❏ VerboseBackgroundColor
- ❏ ProgressForegroundColor
- ❏ ProgressBackgroundColor

以下是一些你可以選擇的顏色：

- ❏ Red
- ❏ Yellow
- ❏ Black
- ❏ White
- ❏ Green
- ❏ Cyan
- ❏ Magenta
- ❏ Blue

這些顏色中大多數也有深色版本：DarkRed、DarkYellow、DarkGreen、DarkCyan、DarkBlue 等等。

26.2 運算子：-as、-is、-replace、-join、
　　-split、-contains、-in

這些額外的運算子在各種情況下都很有用。它們讓你能夠處理資料型別、集合和字串。

26.2.1 -as 和 -is

-as 運算子會產生一個物件，嘗試將一個現有物件轉換成不同的類型。舉例來說，如果你有一個含有小數的數字（可能來自除法運算的結果），你可以透過將該數字轉換或轉型成「整數」來去除掉小數的部分：

```
1000 / 3 -as [int]
```

被轉換的物件放在前面，後面接著的是 -as 運算子，然後在中括號中放入你想要轉換的型別。這些型別包括 [string]、[xml]、[int]、[single]、[double]、[datetime] 等等，這些應該是你最常使用的。更精確地說，將數字轉換為整數的這個例子，是將小數的部分四捨五入為整數，而不僅僅是截斷數字的小數部分。

-is 運算子的運作方式類似 -as：它用來判斷一個物件是否為某個特定型別，並回傳 True 或 False。以下有一些單行的範例：

```
123.45 -is [int]
"SRV02" -is [string]
$True -is [bool]
(Get-Date) -is [datetime]
```

> **TRY IT NOW**　嘗試在 shell 中執行這些單行命令，看看結果如何。

26.2.2 -replace

-replace 運算子使用正規表示式，來尋找一個字串內出現的所有另一個字串，並且用「第三個字串」替換掉這些出現的地方：

```
PS C:\> "192.168.34.12" -replace "34","15"
192.168.15.12
```

原始字串放在最前面，接著是 -replace 運算子。然後，你需要提供在原始字串中「要尋找的字串」，其後是「一個逗號」和「你想用於替換搜尋字串的字串」。在上面的範例中，我們把 34 替換成 15。

這個與 string replace() 方法不同，該方法只是靜態的文字替換。雖然它們的運作方式相似，但它們是非常不同的。

26.2.3 -join 和 -split

-join 和 -split 運算子是用來把「陣列」轉換為「有分隔符號的序列」，反之亦然。例如，假設你建立了一個有五個元素的陣列：

```
PS C:\> $array = "one","two","three","four","five"
PS C:\> $array
one
two
three
four
five
```

這個能夠運作，是因為 PowerShell 會自動把「以逗號分隔的序列」視為是一個陣列。現在，假設你把這個陣列合併成「一個以管線符號分隔的字串」。你可以用 -join 來做：

```
PS C:\> $array -join "|"
one|two|three|four|five
```

把這個結果儲存到一個變數中，可以讓你重複使用它，甚至可以把它輸送到一個檔案中：

```
PS C:\> $string = $array -join "|"
PS C:\> $string
one|two|three|four|five
PS C:\> $string | out-file data.dat
```

-split 運算子則是做相反的事情：它把「一個有分隔符號的字串」轉換成一個陣列。例如，假設你有一個包含了一行四欄、以定位字元分隔的檔案。把該檔案的內容顯示出來可能看起來像這樣：

```
PS C:\> gc computers.tdf
Server1 Windows East    Managed
```

請記住，gc 是 Get-Content 的別名。

你可以使用 -split 運算子，把它分割為四個獨立的陣列元素：

```
PS C:\> $array = (gc computers.tdf) -split "`t"
PS C:\> $array
Server1
Windows
East
Managed
```

請注意，這裡使用了跳脫字元，一個反引號和一個 t（`t），來表示定位符號。這必須放在雙引號中，才能讓跳脫字元被識別出來。產生的陣列包含了四個元素，你可以使用它們的索引序號（index number）來單獨存取它們：

```
PS C:\> $array[0]
Server1
```

26.2.4 -contains 和 -in

-contains 運算子對於 PowerShell 的新手來說常常會帶來很多困惑。你會看到有人試圖這樣做：

```
PS C:\> 'this' -contains '*his*'
False
```

實際上，他們應該使用的是 -like 運算子：

```
. PS C:\> 'this' -like '*his*'
True
```

-like 運算子是用來進行萬用字元的字串比較。-contains 運算子則用來判斷「一個指定的物件」是否存在於一個集合中。例如，建立一個由字串物件組成的集合，然後判斷「一個指定的字串」是否存在於該集合中：

```
PS C:\> $collection = 'abc','def','ghi','jkl'
PS C:\> $collection -contains 'abc'
```

```
True
PS C:\> $collection -contains 'xyz'
False
```

　　-in 運算子做的事情是相同的，但它把運算元的順序顛倒過來，所以集合放在右邊，而要判斷的物件放在左邊：

```
PS C:\> $collection = 'abc','def','ghi','jkl'
PS C:\> 'abc' -in $collection
True
PS C:\> 'xyz' -in $collection
False
```

26.3　字串處理

　　假設你有一個文字字串，你需要把它全部轉換為大寫字母。或者，你可能需要從字串中取得最後三個字元。你會怎麼做呢？

　　在 PowerShell 中，字串是物件，並且擁有許多方法。請記住，方法是指示物件做某件事的一種方式，通常是對它自己進行操作，而你可以將物件輸送給 gm，來探索可用的方法：

```
PS C:\> "Hello" | get-member
   TypeName: System.String
Name            MemberType       Definition
----            ----------       ----------
Clone           Method           System.Object Clone()
CompareTo       Method           int CompareTo(System.Object value...
Contains        Method           bool Contains(string value)
CopyTo          Method           System.Void CopyTo(int sourceInde...
EndsWith        Method           bool EndsWith(string value), bool...
Equals          Method           bool Equals(System.Object obj), b...
GetEnumerator   Method           System.CharEnumerator GetEnumerat...
GetHashCode     Method           int GetHashCode()
GetType         Method           type GetType()
GetTypeCode     Method           System.TypeCode GetTypeCode()
IndexOf         Method           int IndexOf(char value), int Inde...
IndexOfAny      Method           int IndexOfAny(char[] anyOf), int...
```

```
Insert              Method                      string Insert(int startIndex, str...
IsNormalized        Method                      bool IsNormalized(), bool IsNorma...
LastIndexOf         Method                      int LastIndexOf(char value), int ...
LastIndexOfAny      Method                      int LastIndexOfAny(char[] anyOf),...
Normalize           Method                      string Normalize(), string Normal...
PadLeft             Method                      string PadLeft(int totalWidth), s...
PadRight            Method                      string PadRight(int totalWidth), ...
Remove              Method                      string Remove(int startIndex, int...
Replace             Method                      string Replace(char oldChar, char...
Split               Method                      string[] Split(Params char[] sepa...
StartsWith          Method                      bool StartsWith(string value), bo...
Substring           Method                      string Substring(int startIndex),...
ToCharArray         Method                      char[] ToCharArray(), char[] ToCh...
ToLower             Method                      string ToLower(), string ToLower(...
ToLowerInvariant    Method                      string ToLowerInvariant()
ToString            Method                      string ToString(), string ToStrin...
ToUpper             Method                      string ToUpper(), string ToUpper(...
ToUpperInvariant    Method                      string ToUpperInvariant()
Trim                Method                      string Trim(Params char[] trimCha...
TrimEnd             Method                      string TrimEnd(Params char[] trim...
TrimStart           Method                      string TrimStart(Params char[] tr...
Chars               ParameterizedProperty       char Chars(int index) {get;}
Length              Property                    System.Int32 Length {get;}
```

以下是一些較為實用的字串方法：

❏ IndexOf() 告訴你字串中某個指定字元的位置：

```
PS C:\> "SRV02".IndexOf("-")
6
```

❏ Split()、Join() 和 Replace() 的操作方式類似於我們在上一節中介紹的 -split、-join 和 -replace 運算子。不過，我們傾向於使用 PowerShell 的運算子而非字串方法。

❏ ToLower() 和 ToUpper() 叫轉換字串的大小寫：

```
PS C:\> $computername = "SERVER17"
PS C:\> $computername.tolower()
server17
```

❏ Trim() 會移除字串兩端的空格。

391

❑ `TrimStart()` 和 `TrimEnd()` 分別用於移除字串開頭或結尾的空格：

```
PS C:\> $username = " Sarah "
PS C:\> $username.Trim()
Sarah
```

所有這些字串方法都是處理和修改 `String` 物件的好方法。請注意，所有這些方法都可以與字串的變數一起使用（就像 `ToLower()` 和 `Trim()` 的範例那樣），或者可以直接與靜態字串一起使用（就像 `IndexOf()` 的範例那樣）。

26.4 日期處理

如同 `String` 物件，`Date`（或者如果你偏好 `DateTime` 的話）物件也擁有很多方法，這些方法能對日期和時間進行處理和計算：

```
PS C:\> get-date | get-member
   TypeName: System.DateTime
```

Name	MemberType	Definition
Add	Method	System.DateTime Add(System.TimeSpan ...
AddDays	Method	System.DateTime AddDays(double value)
AddHours	Method	System.DateTime AddHours(double value)
AddMilliseconds	Method	System.DateTime AddMilliseconds(doub...
AddMinutes	Method	System.DateTime AddMinutes(double va...
AddMonths	Method	System.DateTime AddMonths(int months)
AddSeconds	Method	System.DateTime AddSeconds(double va...
AddTicks	Method	System.DateTime AddTicks(long value)
AddYears	Method	System.DateTime AddYears(int value)
CompareTo	Method	int CompareTo(System.Object value), ...
Equals	Method	bool Equals(System.Object value), bo...
GetDateTimeFormats	Method	string[] GetDateTimeFormats(), strin...
GetHashCode	Method	int GetHashCode()
GetType	Method	type GetType()
GetTypeCode	Method	System.TypeCode GetTypeCode()
IsDaylightSavingTime	Method	bool IsDaylightSavingTime()
Subtract	Method	System.TimeSpan Subtract(System.Date...
ToBinary	Method	long ToBinary()
ToFileTime	Method	long ToFileTime()

```
ToFileTimeUtc          Method         long ToFileTimeUtc()
ToLocalTime            Method         System.DateTime ToLocalTime()
ToLongDateString       Method         string ToLongDateString()
ToLongTimeString       Method         string ToLongTimeString()
ToOADate               Method         double ToOADate()
ToShortDateString      Method         string ToShortDateString()
ToShortTimeString      Method         string ToShortTimeString()
ToString               Method         string ToString(), string ToString(s...
ToUniversalTime        Method         System.DateTime ToUniversalTime()
DisplayHint            NoteProperty   Microsoft.PowerShell.Commands.Displa...
Date                   Property       System.DateTime Date {get;}
Day                    Property       System.Int32 Day {get;}
DayOfWeek              Property       System.DayOfWeek DayOfWeek {get;}
DayOfYear              Property       System.Int32 DayOfYear {get;}
Hour                   Property       System.Int32 Hour {get;}
Kind                   Property       System.DateTimeKind Kind {get;}
Millisecond            Property       System.Int32 Millisecond {get;}
Minute                 Property       System.Int32 Minute {get;}
Month                  Property       System.Int32 Month {get;}
Second                 Property       System.Int32 Second {get;}
Ticks                  Property       System.Int64 Ticks {get;}
TimeOfDay              Property       System.TimeSpan TimeOfDay {get;}
Year                   Property       System.Int32 Year {get;}
DateTime               ScriptProperty System.Object DateTime {get=if ((& {...
```

請注意這些屬性，它們讓你能存取 DateTime 的某個部分，例如日期、年份或月份：

```
PS C:\> (get-date).month
10
```

這些方法讓兩件事變得可行：計算和轉換成其他格式。例如，要取得 90 天前的日期，我們喜歡用 AddDays() 並搭配一個負數：

```
PS C:\> $today = get-date
PS C:\> $90daysago = $today.adddays(-90)
PS C:\> $90daysago
Saturday, March 13, 2021 11:26:08 AM
```

名稱以 To 開頭的方法，可用於以「另一種格式」提供日期和時間，比如簡短日期格式的字串：

```
PS C:\> $90daysago.toshortdatestring()
3/13/2021
```

這些方法都會根據你電腦上的目前地區設定，來決定日期和時間的正確格式化方式。

26.5 處理 WMI 日期

雖然 WMI 無法在 PowerShell 7 中使用，但我們知道還有一些人在使用 Windows PowerShell 5.1，所以我們想分享一些 WMI 的知識，關於它如何儲存日期和時間資訊，這些資訊通常儲存在難以使用的字串當中。例如，Win32_OperatingSystem 類別追蹤了電腦最後一次啟動的時間，其日期和時間資訊看起來像這樣：

```
PS C:\> get-wmiobject win32_operatingsystem | select lastbootuptime
lastbootuptime
--------------
20101021210207.793534-420
```

PowerShell 的開發者們知道你無法輕易地利用這些資訊，所以他們在每個 WMI 物件中加入了一對轉換方法（conversion methods）。只要把任何 WMI 物件輸送給 gm，你就可以在最後或接近最後的位置看到這些方法：

```
PS C:\> get-wmiobject win32_operatingsystem | gm
   TypeName: System.Management.ManagementObject#root\cimv2\Win32_OperatingS
ystem

Name                   MemberType    Definition
----                   ----------    ----------
Reboot                 Method        System.Management...
SetDateTime            Method        System.Management...
Shutdown               Method        System.Management...
Win32Shutdown          Method        System.Management...
Win32ShutdownTracker   Method        System.Management...
BootDevice             Property      System.String Boo...
...
PSStatus               PropertySet   PSStatus {Status,...
```

```
ConvertFromDateTime    ScriptMethod System.Object Con...
ConvertToDateTime      ScriptMethod System.Object Con...
```

我們省略了這段輸出大部分的中間內容，以便你能輕易地找到 `ConvertFromDateTime()` 和 `ConvertToDateTime()` 方法。在這個例子中，你從一個 WMI 的日期和時間開始，並且希望將其轉換為一般的日期和時間，因此你可以這樣做：

```
PS C:\> $os = get-wmiobject win32_operatingsystem
PS C:\> $os.ConvertToDateTime($os.lastbootuptime)
Thursday, October 20, 2015 9:02:07 PM
```

如果你想將這些日期和時間資訊整合到一般的表格中，你可以使用 `Select-Object` 或 `Format-Table` 來建立自訂的、計算後的欄位和屬性：

```
PS C:\> get-wmiobject win32_operatingsystem | select BuildNumber,__SERVER,
[CA]@{l='LastBootTime';e={$_.ConvertToDateTime($_.LastBootupTime)}}
BuildNumber              __SERVER              LastBootTime
-----------              --------              ------------
7600                     SRV02                 10/20/2015 9:02:07 PM
```

如果你使用的是 CIM 命令，處理日期就會少掉很多麻煩，因為它們會自動將大多數日期／時間的值轉換為人類可讀的形式。

26.6　設定預設的參數值

大部分的 PowerShell 命令都至少有幾個包含了預設值的參數。例如，執行 `Dir`，預設是指向目前的路徑，而你無需指定 `-Path` 參數。

預設值儲存在一個名為 `$PSDefaultParameterValues` 的特殊內建變數當中。每次你開啟一個新的 shell 視窗時，這個變數都是空的，它的目的是要讓一個雜湊表來填充它（你可以仕個人設定檔指令碼中這樣做，這樣你所設定的預設值就會一直有效）。

例如，假設你想建立一個新的認證物件（credential object），其中包含使用者名稱和密碼，並且希望這個認證自動套用到所有擁有 `-Credential` 參數的命令：

```
PS C:\> $credential = Get-Credential -UserName Administrator
-Message "Enter Admin credential"
PS C:\> $PSDefaultParameterValues.Add('*:Credential',$credential)
```

　　或者，你只想要讓 `Invoke-Command` 這個 **cmdlet** 每次執行時都會提示輸入認證。在這種情況下，你不會指定一個預設值，而是會指定一個執行 `Get-Credential` 命令的指令碼區塊：

```
PS C:\> $PSDefaultParameterValues.Add('Invoke-Command:Credential',
(Get-Credential -Message 'Enter administrator credential'
-UserName Administrator})
```

　　你可以看到，`Add()` 方法的第一個參數，其基本格式為 `<-cmdlet>:<parameter>`，而且 `<cmdlet>` 可以接受萬用字元，如 `*`。`Add()` 方法的第二個參數，是你想要作為預設值的值，或是一個執行其他命令的指令碼區塊。

　　你可以隨時檢視 `$PSDefaultParameterValues` 來查看它包含了什麼內容：

```
PS C:\> $PSDefaultParameterValues
Name                          Value
----                          -----
*:Credential                  System.Management.Automation.PSCredenti
Invoke-Command:Credential     Get-Credential -Message 'Enter administ
```

　　你可以閱讀 **shell** 的 `about_parameters_default_values` 說明文件來了解更多關於這個功能的資訊。

追求卓越

PowerShell 變數受到所謂的作用域（scope）控制。我們在第 16 章對作用域進行了簡單的介紹，而這也是影響這些預設參數值的因素之一。

如果你在命令列設定 `$PSDefaultParameterValues`，它將套用到該 shell 工作階段中執行的所有指令碼和命令。但如果你在一個指令碼中設定 `$PSDefaultParameterValues`，它只會套用到該指令碼所進行的操作。這是一個很實用的技巧，因為這意謂著你可以在指令碼啟動時設定一堆預設值，而它們不會套用到其他指令碼，或一般的 shell。

這個「在指令碼中發生的事情，就只會留在指令碼中」的概念是作用域的核心。如果你想進一步自行探索，可以在 shell 的 `about_scope` 說明文件中閱讀更多關於作用域的資訊。

26.7　玩轉指令碼區塊

指令碼區塊是 PowerShell 的一個核心部分，你應該已經使用它們很多次了：

❑ Where-Object 的 -FilterScript 參數接受一個指令碼區塊。

❑ ForEach-Object 的 -Process 參數接受一個指令碼區塊。

❑ 使用 Select-Object 建立自訂屬性的雜湊表，或是使用 Format-Table 建立自訂欄位的雜湊表，都接受指令碼區塊作為 E 或 Expression 鍵的值。

❑ 如同上一節所述，預設參數值可以被設定為指令碼區塊。

❑ 一些遠端和作業相關的命令，包括 Invoke-Command 和 Start-Job，它們的 -ScriptBlock 參數接受指令碼區塊。

那麼什麼是指令碼區塊呢？一般而言，它是被大括號 {} 括起來的任何內容，除了雜湊表以外，雜湊表也使用大括號，但是會以 @ 符號開頭。你甚至可以直接從命令列輸入一個指令碼區塊，並用它來給一個變數賦值。然後，你可以使用呼叫運算子 & 來執行該指令碼區塊：

```
PS C:\> $block = {
Get-process | sort -Property vm -Descending | select -first 10 }
PS C:\> &$block
Handles NPM(K)  PM(K)  WS(K) VM(M) CPU(s)    Id ProcessName
------- ------  -----  ----- ----- ------    -- -----------
    680     42  14772  13576  1387   3.84   404 svchost
    454     26  68368  75116   626   1.28  1912 powershell
    396     37 179136  99252   623   8.45  2700 powershell
    497     29  15104   6048   615   0.41  2500 SearchIndexer
    260     20   4088   8328   356   0.08  3044 taskhost
    550     47  16716  13180   344   1.25  1128 svchost
   1091     55  19712  35036   311   1.81  3056 explorer
    454     31  56660  15216   182  15.94  1596 MsMpEng
    163     17  62808  27132   162   0.94  2692 dwm
    584     29   7752   8832   159   1.27   892 svchost
```

你可以用指令碼區塊做更多事情。如果你想自行探索更多的可能性，可以閱讀 shell 的 about_script_blocks 說明文件。

26.8 更多訣竅、秘訣和技巧

就像我們在本章開頭所說的，這裡是我們想向你展示，但又不適合放在前面章節的一些額外小知識。當然，隨著你對 shell 的了解加深、經驗越豐富時，你會持續學到更多的訣竅和秘訣。

你還可以追蹤我們的 Twitter 動態：@TylerLeonhardt、@TravisPlunk 和 @PSJamesP，我們經常在這裡分享實用的訣竅和技巧。同時，別忘了還有 PowerShell.org 論壇。有時候，一步一步地學習，反而是一種成爲技術高手的簡單途徑，因此請參酌以上的資源，或任何你偶然發現的資源，把它們視爲持續提升你的 PowerShell 專業技能的方法。

學無止境 27

我們即將要讀完本書了，但是你的 PowerShell 探索之旅遠未結束。shell 中還有很多東西要學，以你在本書中學到的知識為基礎，你將能夠自我學習許多知識。本章雖短，卻能幫助你找到正確的學習方向。

27.1 深入探索的方向

首先，如果你是一名資料庫管理員（database administrator），無論是職業選擇還是偶然成為這個角色，我們強烈建議你深入研究 dbatools，這是一個免費的 PowerShell 模組，提供超過 500 個命令，能夠安全且迅速地自動完成你經常需要執行的各項任務。就像 PowerShell 社群一樣，dbatools 社群也是非常友善且積極的；你可以在 https://dbatools.io 了解更多關於這個社群和這個模組的資訊。dbatools 背後的團隊還寫了一本《*Learn dbatools in a Month of Lunches*》，你可以在 http://mng.bz/4jED 免費閱讀該書的一個章節。

我們的這一本書，著重於介紹要成為一名有效利用 PowerShell 工具的使用者所需的技能和技巧。換句話說，你應該能夠開始使用 PowerShell 提供的成千上萬個命令來完成任務，不論這些任務是與 Windows、Microsoft 365、SharePoint 或其他方面有關。

你的下一步是開始將命令組合起來，建立「自動化、多步驟的流程」，並且以能夠為其他人製作「封裝好、可直接使用的工具」的這樣一種方式來進行。我們稱之為「工具製作」（tool making），雖然它更類似於一個非常長的指令碼或函式，而光是這個主題就足夠另外寫成一本書了，例如：Don Jones 和 Jeffery Hicks 的《*Learn PowerShell Scripting in a Month of Lunches*》（Manning 出版社，2017 年）。不過，就算只用本書中學到的知識，你也能夠製作出帶有參數的指令碼，這些指令碼包含了你完成任務所需要的各種命令——這就是工具製作的開始。那麼，製作工具還包括哪些方面呢？

❑ PowerShell 的簡易指令碼語言

❑ 作用域

❑ 函式，以及在單一指令碼檔案整合多種工具的能力

❑ 錯誤處理

❑ 撰寫說明文件

❑ 偵錯

❑ 自訂格式化視圖

❑ 自訂類型的擴充功能

❑ 指令碼和資訊清單（manifest）模組

❑ 使用資料庫

❑ 工作流程

❑ 管線故障排除

❑ 複雜的物件階層

❑ 全球化（globalization）和地區化（localization）

❑ 代理函式（proxy function）

❑ 受限制的遠端操作和委派管理

❑ 使用 .NET

　　除此之外還有更多。如果你對此有濃厚的興趣，並且擁有相關的背景技能，你或許能成為 PowerShell 的第三類受眾：軟體開發者。圍繞著為 PowerShell 進行開發、在開發過程中使用 PowerShell 等，乃至於更多方面，存在著一整套的技巧和技術。它是一個非常龐大的產品！

27.2 我已經讀完本書了，
　　　　接下來該從何處著手呢？

　　現在最好的做法是挑選一項任務。從你的日常工作中選出一項你覺得重複性高的工作，並使用 shell 將它自動化。確實，學習如何編寫指令碼可能需要更長的時間，但當你第二次遇到這項任務時，你會發現工作已經完成了。你肯定會遇到一些不知道該如何處理的任務，那就是開始學習的最佳時機。以下是我們見過其他管理人員嘗試解決的一些任務：

❏ 編寫一個指令碼，來修改服務登入時所使用的密碼，並讓它能夠作用於多台執行該服務的電腦。（你可以用一條命令來完成這項任務。）

❏ 編寫一個指令碼，來自動化新使用者的配置程序，包括建立使用者帳號、信箱和家目錄。

❏ 編寫一個指令碼，來以某種方式管理 Exchange 或 M635 信箱。舉例來說，取得「佔據最大使用空間的信箱」的報表，或是依據「信箱大小」來建立計費報表。

　　最重要的一點是「不要想太多」。有一位 PowerShell 開發者曾經遇過一位系統管理人員，苦惱了數週努力編寫出一個穩固又可靠的 PowerShell 檔案複製指令碼，為的是要在一個 Web 伺服器陣列（a web server farm）中部署內容。問他：『為何不直接使用 xcopy 或 robocopy 呢？』。那位系統管理人員盯著他看了一會兒，然後笑了起來。他太沉迷於「用 PowerShell 來做」這個想法，而忘記了 PowerShell 也可以利用那些現成的優秀工具。

27.3 你會漸漸愛上的其他資源

　　我們在使用、撰寫關於 PowerShell 的文章和教學上花了很多時間。問問看我們各自的家人，我們有時甚至只有在吃晚餐時才不談論它，這表示我們收集了許多日常使用並推薦給所有學生的線上資源。希望這些資源也能帶給你一個好的開始：

❏ https://powershell.org：這裡應該是你首選的站點。從 Q&A 論壇到免費電子書、免費線上研討會、實體教學活動等各式各樣的資源，你都會在這裡找到。它是 PowerShell 社群的主要聚集平台，其中包括一個持續多年的 Podcast。

❏ https://youtube.com/powershellorg：PowerShell.org 的 YouTube 頻道，有許多免費的 PowerShell 影片，其中包括在 PowerShell + DevOps Global Summit 上錄製的演講內容。

❏ https://jdhitsolutions.com：這是 Jeff Hick 的網站，涵蓋了多種用途的指令碼和各種主題的 PowerShell 部落格。

❏ https://devopscollective.org：這是 PowerShell.org 的上級組織，主要專注於 IT 管理中更宏觀、更全面的 DevOps 方法。

學生們常常問我們，是否有其他推薦的 PowerShell 書籍。其中有兩本是 Don Jones 和 Jeffery 所著的《*Learn PowerShell Scripting in a Month of Lunches*》（Manning 出版社，2017 年），以及 Don Jones、Jeffery Hicks 和 Richard Siddaway 合著的《*PowerShell in Depth, Second Edition*》（Manning 出版社，2014 年）。還有一本是《*Windows PowerShell in Action, Third Edition*》（Manning 出版社，2017 年），對 PowerShell 這個語言進行了全面的介紹，是由其中一位程式設計師 Bruce Payette 與 Microsoft MVP Richard Siddaway 共同撰寫的。此外，我們也推薦 Jeffery Hicks、Richard Siddaway、Oisin Grehan 和 Aleksandar Nikolic 合著的《*PowerShell Deep Dives*》（Manning 出版社，2013 年），這是眾多 PowerShell MVP 們所撰寫的深度技術文章集（此書的銷售收益將捐給 Save the Children 慈善機構，所以如果可以的話請購買三本）。最後，如果你喜歡影音教學，http://Pluralsight.com 提供了許多 PowerShell 的影片。Tyler 還錄製了一個介紹 PowerShell 的影片「How to Navigate the PowerShell Help System」，原先在 Twitch 上播放，現在在 http://mng.bz/QW6R 可以免費觀看。

附錄：
PowerShell 速查表

這個附錄是一個整合許多細節和知識的好機會，把許多小技巧匯聚於一處。如果你經常忘記某個項目的用途或功能，請優先查閱這個附錄。

A.1 標點符號

PowerShell 中包含了許多標點符號，這些標點符號在「說明文件」中和實際在「shell 環境」中，往往有不同的含義。以下是它們在 shell 中的含義：

❏ 反引號（backtick，`` ` ``）是 PowerShell 的跳脫字元。它消除了緊接在其後任何字元的特殊含義。舉例來說，空格通常是分隔符號，這就是為什麼執行 cd c:\Program Files 會產生錯誤。對空格進行跳脫處理，如 cd c:\Program` Files，可以消除空格的特殊含義，讓空格被當作「字面字元」處理，進而使命令正常運作。

❏ 波浪號（tilde，~）作為路徑的一部分時，它代表目前使用者的家目錄，該目錄是根據 UserProfile 環境變數所定義的。

❏ 小括號（parentheses，()）這個符號被使用在幾種不同的情境中：

  ○ 就像在數學中一樣，小括號定義了執行的順序。PowerShell 會優先執行小括號內的命令，從最內層的小括號到最外層的小括號。這是一種很好的方式，可以先執行一個命令，然後將其輸出作為另一個命令的參數，例如：Get-Service -computerName (Get-Content c:\computernames.txt)。

- ○ 小括號也可包圍一個方法的參數，即使該方法不需要任何參數，也必須包含小括號，例如：`$mystring.replace('ship','spaceship')`，或是 `Delete()`。

- ❏ 中括號（square brackets，`[]`）在 shell 中有兩個主要的用途：

  - ○ 當你需要指向陣列或集合中的單一物件時，它被用來置入索引序號（index number），例如：`$services[2]` 會取得 `$services` 中的第三個物件（索引始終是從零開始）。

  - ○ 當你需要將一段資料轉換成特定類型時，它用來置入資料類型，例如：`$myresult / 3 -as [int]` 會將結果轉換為數值（整數），而 `[xml]$data = Get-Content data.xml` 會讀取 Data.xml 的內容，並嘗試將其解析為有效的 XML 文件。

- ❏ 大括號（curly braces，`{}`）也被稱作大括弧（curly brackets），它有三種主要用途：

  - ○ 它用來包住可執行的程式碼或命令的區塊，這些區塊被稱為指令碼區塊（script blocks）。它們經常被輸入到那些預期會接收指令碼區塊或篩選區塊的參數當中，例如：`Get-Service | Where-Object { $_.Status -eq 'Running' }`。

  - ○ 它用來包住構成雜湊表的「鍵 - 值組合」（key-value pair）。左大括號前面會固定放置一個 `@` 符號。在下面的例子中，我們使用大括號來包住雜湊表的「鍵 - 值組合」（這裡有兩組），同時也用來包住一個陳述式指令碼區塊，是第二個鍵 e 的值：`$hashtable = @{l='Label';e={expression}}`。

  - ○ 當變數名稱包含空格或其他一般在變數名稱中不合法的字元時，必須用大括號將該名稱括起來：`${My Variable}`。

- ❏ 單引號（single quotation marks，`'`）被用來包圍字串值。在單引號內，PowerShell 不會識別跳脫字元，同時也不會識別變數。

- ❏ 雙引號（double quotation marks，`"`）被用來包圍字串值。在雙引號內，PowerShell 會識別跳脫字元和 `$` 符號。跳脫字元會被處理，而 `$` 符號後的字元（字母或數字）會被當作變數名稱，並且該處會被替換成變數的內容。舉例來說，假設變數 `$one` 的值為 World，那麼 `$two = "Hello $one \`n"` 將包含 Hello World 和一個換行符號（`\`n` 表示換行）。

- ❏ 錢字符號（dollar sign，`$`）向 shell 表明，在其後的字母和數字代表一個變數名稱。這可能會讓管理變數的 cmdlet 在使用上有一些複雜。假設 `$one` 包含 two 這個值，那麼 `New-Variable -name $one -value 'Hello'` 會建立一個名為 two 的新變數，值為

Hello，因爲錢字符號告訴 shell「你想使用 $one 的內容」。相對應的，New-Variable -name one -value 'Hello' 才會建立「一個名爲 $one 的新變數」。

❑ 百分比符號（percent sign，%）是 ForEach-Object 這個 cmdlet 的別名。此外，它還是取餘數運算子（modulus operator），用來回傳除法運算的餘數。

❑ 問號（question mark，?）是 Where-Object 這個 cmdlet 的別名。

❑ 大於符號（right angle bracket，>）被視爲 Out-File 這個 cmdlet 的一種別名。嚴格來說，它不完全是別名，但它確實提供了 cmd.exe 風格的檔案重新導向（file redirection）功能：dir > files.txt。

❑ 數學運算子（math operators，+、-、*、/ 和 %），這些符號是標準的算術運算子。要注意的是，+ 符號也用於字串的串接。

❑ 破折號或連字號（dash or hyphen，-）會出現在參數名稱和許多運算子的前面，如 -computerName 或 -eq。它也用來分隔 cmdlet 名稱中「動詞」和「名詞」的部分，如 Get-Content，同時，它也作爲減法運算的運算子使用。

❑ at 符號（at sign，@）在 shell 中有四種用途：

  ○ 它會出現在雜湊表左大括號的前面（請參照本清單中對大括號的說明）。

  ○ 當它位於小括號前面時，用來包住一組以逗號分隔的值，並形成一個陣列，如：$array = @(1,2,3,4)。實際上，@ 符號和小括號都不是強制性的，因爲 shell 通常會將「任何由逗號分隔的序列」視爲一個陣列。

  ○ 它用來表示一個所謂的 here-string，這是一個字面字串區塊。一個 here-string 以 @" 開始，以 "@ 結束，且結束標記必須位於新一行的開頭。執行 help about_quoting_rules 可以獲得更多資訊和範例。here-string 也可以用單引號來定義。

  ○ 它也是 PowerShell 的映射運算子（splat operator）。如果你建立了一個雜湊表，其中的鍵與參數名稱相符，且這些鍵的值也正好是參數的值，那麼你就可以將雜湊表映射到 cmdlet。執行 help about_splatting 可以獲得更多資訊。

❑ and 符號（ampersand，&）是 PowerShell 的命令呼叫運算子，用來指示 shell 將某個項目當作命令來執行。舉例來說，$a = "Dir" 是將字串 Dir 放入變數 $a。然後 & $a 就會執行 Dir 命令。

❑ 分號（semicolon，;）在 PowerShell 中，被用來分隔在單行上兩個獨立的命令，例如：Dir ; Get-Process 會先執行 Dir，然後執行 Get-Process。輸出的結果會被傳送到同一個管線中，但 Dir 的結果並不會被輸送給 Get-Process。

❑ 井字號或錨點符號（pound sign 或 hash tag，#）被當作註解字元。# 符號後面的任何字元，直到下一個換行符號前，都會被 shell 忽略。角括號（angle brackets，< 和 >）則被用來定義區塊註解（block comment）的標籤：使用 <# 作為區塊註解的開始，#> 作為結束。區塊註解內的所有內容都會被 shell 忽略。

❑ 等號（equals sign，=）在 PowerShell 中，是賦值運算子，用來將值賦予給一個變數，例如：$one = 1。它不會用在相等比較；相等比較應該使用 -eq。另外，等號可以與數學運算子結合使用，例如：$var +=5 會將 5 加到變數 $var 目前的變數上。

❑ 管線符號（pipe，|）用來將一個 cmdlet 的輸出結果傳遞給另一個 cmdlet 當作輸入。第二個 cmdlet（接收輸出結果的那個）使用「管線參數繫結」（pipeline parameter binding）來決定由哪個參數或哪些參數來接收「由管線傳入的物件」。第 6 章和第 10 章對此進行了討論。

❑ 斜線或反斜線（forward slash 或 backward slash，/ 或 \）在數學運算式中被當作除法運算子，而無論是斜線（/）還是反斜線（\），都可以作為檔案路徑中的「路徑分隔符號」（a path separator），例如：C:\Windows 和 C:/Windows 是指的是同一個路徑。此外，反斜線也可以作為 WMI 的篩選條件及正規表示式的跳脫字元。

❑ 句號（period，.）主要有三種用途：

  ○ 它用來指出你想要存取的成員，如屬性、方法或物件：$_.Status 會存取 $_ 預留位置中任何物件的 Status 屬性。

  ○ 它用來以句號引用（dot-source）一份指令碼，這意謂著該指令碼將在「目前的作用域」中執行，並且在指令碼中定義的任何內容，在指令碼執行完畢後，都將繼續存在：. c:\myscript.ps1。

  ○ 兩個點（..）組成範圍運算子，這在本附錄後面會進行討論。此外，兩個點也被用來指向檔案系統中的父資料夾，如 ..\ 路徑所示。

❑ 逗號（comma，,）放置在引號之外時，它用來分隔序列或陣列中的項目，例如："One",2,"Three",4。它也可以用來把多個靜態值傳遞給參數：Get-Process -computername Server1,Server2,Server3。

❑ 冒號（colon，:，嚴格來說是兩個冒號）用來存取一個類別的靜態成員；這是 .NET Framework 程式設計概念的一部分；[-datetime]::now 就是一個例子（雖然執行 Get-Date 也能達到同樣的效果）。

❑ 驚嘆號（exclamation point，!）在 PowerShell 中，它是 -not 布林運算子的一個別名。

我們認為，在美國鍵盤上唯一一個 PowerShell 沒有積極使用的標點符號是插入記號（caret，^），雖然它們在正規表示式中有被使用。

A.2 說明文件

在說明文件中，標點符號的含義則略有不同：

❑ 中括號 [ ]：當中括號圍繞著任何文字時，表示該文字所指的內容是選擇性的（optional）。這可能包括一整個參數（[-Name <string>]），或者可能表示參數是位置性的，其名稱為選擇性的（[-Name] <string>）。它也可以表示參數既是選擇性的，如果實際使用的話，又能以位置性的方式使用（[[-Name] <string>]）。如果你有任何的疑慮，就都使用參數名稱，它始終是合法的。

❑ 相鄰的中括號 []：這表示一個參數能夠接受多個值（<string[]>，而非 <string>）。

❑ 角括號 < >：它們將資料類型括起來，表示一個參數所期望的值或物件的類型：<string>、<int>、<process> 等等。

請務必花時間閱讀完整的說明文件（在 help 命令後面加上 -full），因為它提供了最詳細的資訊，且多數情況下還附有使用範例。

A.3 運算子

PowerShell 不使用大多數程式語言中常見的傳統比較運算子，而是採用以下這些運算子：

❑ -eq：等於（-ceq 用於進行區分大小寫的字串比較）。

❑ -ne：不等於（ -cne 用於進行區分大小寫的字串比較）。

❑ -ge：大於或等於（-cge 用於進行區分大小寫的字串比較）。

❑ -le：小於或等於（-cle 用於進行區分大小寫的字串比較）。

❑ -gt：大於（-cgt 用於進行區分大小寫的字串比較）。

❑ -lt：小於（-clt 用於進行區分大小寫的字串比較）。

- ❑ -contains：如果在指定的集合中包含指定的物件（`$collection -contains $object`），則回傳 `True`；反之，-notcontains 則表示不包含的情況。
- ❑ -in：如果指定的物件存在於指定的集合中（`$object -in $collection`），則回傳 `True`；反之，-notin 則表示不包含的情況。

邏輯運算子用來將多個比較條件組合在一起：

- ❑ -not：將 `True` 和 `False` 反轉（`!` 符號是這個運算子的別名）。
- ❑ -and：兩個子運算式都必須爲 `True`，整個運算式才是 `True`。
- ❑ -or：任一個子運算式爲 `True`，整個運算式才是 `True`。

除此之外，還有一些運算子用於執行特定的功能：

- ❑ -join：將陣列中的元素串接成一個有分隔符號的字串。
- ❑ -split：將有分隔符號的字串分割成陣列。
- ❑ -replace：將一個字串「所有出現的地方」替換成另一個字串。
- ❑ -is：如果項目是指定的類型（`$one -is [int]`），則回傳 `True`。
- ❑ -as：將項目轉換爲指定的類型（`$one -as [int]`）。
- ❑ ..：是一個範圍運算子；1..10 會回傳 10 個物件，內容爲 1 到 10。
- ❑ -f：是一個格式化運算子（format operator），用來將預留位置替換爲指定的值：`"{0}, {1}" -f "Hello","World"`。

A.4 自訂屬性和欄位的語法

在多個章節中，我們展示了如何使用 `Select-Object` 定義自訂屬性，或分別透過 `Format-Table` 和 `Format-List` 定義自訂欄位和清單項目。以下是之前提到的雜湊表語法——你對每一個自訂屬性或欄位都要這樣做：

```
@{label='Column_or_Property_Name';expression={Value_expression}}
```

Label 和 Expression 這兩個鍵分別可以縮寫爲 l 和 e（請確保輸入的是小寫的 L 而不是數字 1；你也可以使用 n 代表 Name，用來取代小寫 L）：

```
@{n='Column_or_Property_Name';e={Value_expression}}
```

在運算式中，$_ 預留位置可以用來指向目前的物件（如目前的表格列，或是你正為其加入自訂屬性的物件）：

```
@{n='ComputerName';e={$_.Name}}
```

Select-Object 和以 Format- 開頭的 cmdlet，都會尋找 n 鍵（或是 name、label、l）和 e 鍵；以 Format- 開頭的 cmdlet 還可以使用 width 和 align（這些只適用於 -Format-Table）以及 formatstring。請閱讀 Format-Table 的說明文件來了解相關範例。

A.5　管線參數的輸入

在第 10 章中，你學到了參數繫結（parameter binding）有兩種類型：ByValue 和 ByPropertyName。ByValue 會先嘗試進行，如果 ByValue 不適用，這時才會使用 ByPropertyName。

對於 ByValue，shell 會查看從管線輸送的物件類型。你可以自行把物件輸送給 gm 來找出類型的名稱。然後，shell 會去確認，是否有任何 cmdlet 的參數可以接受該類型的輸入內容，以及是否設定為接受 ByValue 的管線輸入方式。一個 cmdlet 不可能有兩個參數以這種方式繫結相同的資料類型。換句話說，你不應該看到一個 cmdlet 有兩個參數滿足下列條件：各自接受 <string> 的輸入內容，並且都以 ByValue 的方式接受管線輸入。

如果 ByValue 的方式不適用，那麼 shell 會切換到 ByPropertyName 的方式。這時，它會查看從管線輸送進來的物件屬性，並嘗試找到名稱完全相同且能夠接受 ByPropertyName 管線輸入方式的參數。如果管線輸送進來的物件具有 Name、Status 和 ID 屬性，shell 會查看 cmdlet 是否有名稱為 Name、Status 和 ID 的參數。這些參數也必須被標記為「接受 ByPropertyName 的管線輸入方式」，這一點你可以在閱讀完整的說明文件時看到（在 help 命令後面加上 -full）。

讓我們來看看 PowerShell 是如何做到這一點的。在這個範例中，我們會提到所謂的「第一個 cmdlet」和「第二個 cmdlet」，假設你有一個像 Get-Service | Stop-Service 或是 Get-Process | Stop-Process 這樣的命令。PowerShell 遵循以下程序：

1　第一個 cmdlet 所產生的 TypeName 是什麼？你可以將 cmdlet 的結果輸送給 Get-Member 來自行查看。對於像 System.Diagnostics.Process 這樣的多段式類別名稱，只要記得最後一個部分：Process。

2 在第二個 cmdlet 中，是否有任何一個參數，能夠接受第一個 cmdlet 產生的物件類型（請閱讀第二個 cmdlet 的完整說明文件來確定這一點：`help <cmdlet name> -full`）？如果有的話，這些參數是否也接受 `ByValue` 的管線輸入方式？每個參數說明文件的詳細資訊都有顯示這項資訊。

3 如果「步驟 2」的答案是肯定的，那麼第一個 cmdlet 產生的整個物件，將被附加到「步驟 2」中被識別出的參數上。這樣就完成了，不需要繼續進行到「步驟 4」。但如果「步驟 2」的答案是否定的，就要繼續進行到「步驟 4」。

4 思考一下第一個 cmdlet 產生的物件。這些物件具有哪些屬性？你可以再次把第一個 cmdlet 的輸出結果輸送給 `Get-Member` 來查看這些屬性。

5 思考一下第二個 cmdlet 的參數（你需要再次閱讀完整的說明文件）。(a) 是否有任何參數名稱與「步驟 4」中的某個屬性相同？以及 (b) 是否有任何參數接受 `ByPropertyName` 的管線輸入方式？

　　如果有任何參數符合「步驟 5」中的條件，那麼屬性的值將被附加到名稱相同的參數上，然後第二個 cmdlet 就會執行。如果屬性名稱與支援 `ByPropertyName` 管線輸入方式的參數之間不相符，那麼第二個 cmdlet 會在沒有管線輸入的情況下執行。

　　請記住，你始終可以在任何命令上手動輸入參數和它們的值。這樣的話會阻止該參數以任何方式接受管線輸入，即便在正常情況下它本來就會這樣做。

A.6 何時使用 $_

　　這可能是 shell 最讓人感到困惑的事情之一：何時可以使用 `$_` 預留位置？就如同之前學到的，`$_` 是管線中「即將處理的物件」的預留位置。

　　這個預留位置只有在 shell「明確要尋找它，並準備好用某個內容填充它」時才有作用。一般來說，這只會發生在處理管線輸入的指令碼區塊中，在這種情況下，`$_` 預留位置將一次只包含一個管線輸入的物件。你會在以下幾個地方遇到這種情況：

❏ 在 `Where-Object` 的「篩選指令碼區塊」（filtering script block）中：

```
Get-Service | Where-Object {$_.Status -eq 'Running' }
```

❑ 在傳遞給 `ForEach-Object` 的指令碼區塊中，像是通常與該 **cmdlet** 搭配使用的「主要 `Process` 指令碼區塊」：

```
Get-CimInstance -class Win32_Service -filter "name='mssqlserver'" |
ForEach-Object -process { $_.ChangeStartMode('Automatic') }
```

❑ 在篩選函式或進階函式的 `Process` 指令碼區塊中。**Don Jones** 和 **Jeffery Hicks** 合著的 《*Learn PowerShell Toolmaking in a Month of Lunches*》（Manning 出版社，2012 年）有討論到這些知識。

❑ 在用來建立自訂屬性和表格欄位的雜湊表的運算式中。

　在所有這些情況中，`$_` 都只出現在指令碼區塊的大括號內。這是一個很好記的規則，用來判斷何時可以使用 `$_`。

411

NOTE

NOTE

NOTE

NOTE

NOTE